21世纪高等学校计算机
应用技术系列教材

Python
图像处理及可视化

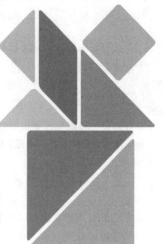

阎红灿　李爽　主　编

樊秋红　山艳　副主编

清華大学出版社

北京

内 容 简 介

本书共分 9 章。第 1 章综述 Python 语言的基本语法知识和数据结构；第 2 章介绍 Python 常用的图像处理第三方库的预备知识和安装方法；第 3 章系统介绍数字图像处理技术；第 4～8 章系统介绍常用图像库处理图像的增强、分割、配准、融合、可视化和形态学操作的应用；第 9 章是图像处理技术的综合应用，展示了两个应用案例：一是纳米材料 SEM 图像的结构颗粒统计分析；二是小儿肺部 X 光片的医学图像分析。

本书适合高等院校本科生和研究生作为图像处理技术类课程的教材，也可作为相关领域研究人员的学习或参考资料。

图书在版编目(CIP)数据

Python 图像处理及可视化/阎红灿，李爽主编.—北京：清华大学出版社，2023.9
  21 世纪高等学校计算机应用技术系列教材
  ISBN 978-7-302-64708-9

Ⅰ. ①P… Ⅱ. ①阎…②李… Ⅲ. ①图像处理软件－高等学校－教材 Ⅳ. ①TP391.413

中国国家版本馆 CIP 数据核字(2023)第 183548 号

责任编辑：贾　斌
封面设计：李　建
责任校对：胡伟民
责任印制：曹婉颖

出版发行：清华大学出版社
  网　　　址：http://www.tup.com.cn，http://www.wqbook.com
  地　　　址：北京清华大学学研大厦 A 座　　　邮　　编：100084
  社　总　机：010-83470000　　　　　　　　　邮　　购：010-62786544
  投稿与读者服务：010-62776969，c-service@tup.tsinghua.edu.cn
  质量反馈：010-62772015，zhiliang@tup.tsinghua.edu.cn
  课件下载：http://www.tup.com.cn，010-83470236
印　装　者：天津鑫丰华印务有限公司
经　　　销：全国新华书店
开　　　本：185mm×260mm　　印　　张：20　　　　　字　　数：498 千字
版　　　次：2023 年 10 月第 1 版　　　　　　　　印　　次：2023 年 10 月第 1 次印刷
印　　　数：1～1500
定　　　价：59.80 元

产品编号：089515-01

编　委　会

教材编委主任：许莹

编委成员：王晓雷,山艳,马会霞,李爽,许莹,郝晶,杨爱民,谷建涛,阎红灿,
　　　　　　蒋守芳,樊秋红

前　言

随着人工智能和大数据技术的发展，Python 语言得到越来越广泛的应用，其以简单易学、资源丰富、开发生态链完整等特点，使得各个行业的智能化改造得以小成本实现。在高校"新工科"和"医工融合"课程建设中，Python 语言也成为许多专业首选的编程教学语言，特别是对第三方图像库的支持，使得 Python 图像处理及可视化得到应用者的青睐。

本书的初衷是为工科和医工融合类选修课程提供学习参考，力图涵盖目前图像处理的技术和方法，主要应用 Python 第三方图库 OpenCV 的相关函数，编程实现图像处理功能，包括典型医学图像处理及可视化。特点有以下 3 个。

（1）为具有工科背景的学生和研究者快速掌握图像处理技术和医学图像应用知识提供捷径。

（2）为具有医学背景的学生和研究者提供应用 Python 处理图像的知识和技术，快速掌握 OpenCV 库的图像处理函数和技巧。

（3）提供图像处理技术的综合应用案例，包括工科应用中的纳米材料 SEM 图像分析案例和医学应用中的 X 光片图像处理案例，为相关领域研究者提供参考和关键技术支持。

本书第 1、2、8、9 章由阎红灿教授编写，第 4、5 章由樊秋红老师编写，第 6 章由李爽老师编写，第 3、7 章由山艳老师编写，第 9 章的案例取材于阎红灿老师指导的大学生创新创业训练计划项目，学生肖瑞凌、吴立钊、陈博勋、齐俊丽等为案例的编程实现做出了贡献。在本书的编写过程中，我们秉承初心，反复讨论修订，力求做到教材内容服务于工科背景和医学背景，并简化理论，注重编程应用，尤其最后的案例力求服务于专业和领域。最终的成稿凝结了每一位编者的辛勤付出。

教材编写参考了大量文献资料，特别是应用案例参阅了许多博客的文章和学习资料，在此向作者们表示诚挚的感谢。同时感谢研究生王子茹、窦桂梅、李铂初和张甜同学，他们辅助做了表格编辑工作，本书的出版也包含了他们的无私奉献。如果书中没有列全参阅的文献，请您谅解我们的疏漏，您的文章和资料给予我们很多提示和帮助，再次表示诚挚感谢！

由于编者水平有限，书中存在疏漏或不妥之处，敬请广大读者批评指正。

编　者

2023 年 6 月

目 录

第 **1** 章

Python语言基础

本章学习目标

- 解析 Python 语言的数据类型。
- 分析 Python 语言的控制结构。
- 掌握 Python 语言的列表、元组、字典与集合。
- 掌握函数的定义和应用。
- 理解 Python 语言的模块和类。

吉多·范罗苏姆有句名言:"人生苦短,我用 Python",Python 凭借其"优雅、明确、简单"迅速在 TIOBE(The Importance of Being Earnest)排行榜名列前茅,在科学计算、网络爬虫、数据分析和人工智能领域的优异表现,确实体现了 Python 语言的强势。尤其众多程序库的完善,Python 语言越来越适合科学计算、绘制高质量的 2D 和 3D 图形、图像视频分析等,也成为医用图像处理的首选工具。本章主要介绍 Python 语言的基础知识,为图形图像处理奠定基础。

1.1 Python 语言的数据类型

Python 语言是动态类型语言,变量不需要显式声明数据类型,根据变量的赋值,解释器会自动确定其数据类型。Python 语言支持六个标准的数据类型:Numbers(数字)、String(字符串)、List(列表)、Turple(元组)、Sets(集合)、Dictionary(字典),本书介绍最基本的数据类型数字和字符串。

1.1.1 整型和浮点型

在 Python 中,数值类型分为整型和浮点型两种。整型即 int 类型,其大小没有限制,可以是一个无限大的整数,如果长度过长,可以使用下画线分割,如 num = 123456789_9876543210。

十进制数字不能以 0 开头,如 num=0123 是错误的,但是输出时均为十进制。所以,其他进制以 0 开头,如二进制(0b)、八进制(0o)、十六进制(0x),见下面示例:

```
>>> num = 0b110    # 6
>>> num = 0o15     #13
>>> num = 0x1B     #27
```

浮点型也称为小数,即 float 类型。可以用科学记数法表示。但是浮点数运算可能会得到不精确的结果,见下面示例:

```
>>> sum = 0.1 + 0.2
>>> print(sum)
0.30000000000000004
>>> sum = 1e3
>>> print(sum)
1000.0
```

1.1.2　字符串

在处理的数据信息里,除了数值型数据外,还有大部分数据如姓名、地址、公司信息等,都是字符型数据。Python 提供的字符串运算符和处理函数,为计算机处理字符型数据提供了很大方便。

字符串是由数字、字母、下画线组成的一串字符,用来表示文本数据,一般记为 $s = "a_1 a_2 \cdots a_n"(n >= 0)$。字符串需要用引号括起来,可以是双引号,也可以是单引号。如 s = "hello world"或 s = 'hello world'。

【注意】

(1) 引号不能混用。例如,s = 'hello"或 s = "hello'会报错:"SyntaxError:EOL while scanning string literal"。

(2) 相同的引号不能嵌套使用。例如,s = "子曰"学而时习之,不亦乐乎?""是错误的,正确的是:s = '子曰"学而时习之,不亦乐乎?"'。

(3) 单引号和双引号都不能跨行使用,如果需要跨行,需加反杠符号"\"。例如:

S = "白日依山尽,\
黄河入海流".

(4) 三重引号可以换行,并且会保存字符串中的格式。例如:

S = '''白日依山尽,
黄河入海流'''.

字符串存储上类似字符数组,所以它每一位的单个元素都是可以提取的。例如,s = "abcdefghij",则 $s[1] = "b"$,$s[9] = "j"$。通常以串的整体作为操作对象,如在串中查找某个子串、求取一个子串、在串的某个位置上插入一个子串以及删除一个子串等。两个字符串相等的充要条件是:长度相等且各个对应位置上的字符都相等。设 p、q 是两个串,求 q 在 p 中首次出现位置的运算,叫作模式匹配。

1. 格式化字符串

在许多编程语言中都包含格式化字符串的功能,如 C 语言中的格式化输入输出。Python 中内置有对字符串进行格式化的操作,如表 1.1 所示。

表 1.1　字符串更换格式化字符含义

格式化字符	含　义
%c	转换成字符(ASCII 码值,或者长度为 1 的字符串)
%r	优先用 repr()函数进行字符串转换
%s	优先用 str()函数进行字符串转换

续表

格式化字符	含　义
%d	转换成有符号十进制
%u	转换成无符号十进制
%o	转换成无符号八进制
%x 或 %X	转换成无符号十六进制数
%e 或 %E	转换成科学记数法
%f 或 %F	转换成浮点型
%%	输出%

【例1.1】 占位符"%"应用示例。

十六进制形式输出：

```
>>> "%x" % 100
'64'
>>> "%X" % 110
'6E'
```

格式化操作浮点型和科学记数法形式：

```
>>> "%f" % 1000005
'1000005.000000'
>>> "%e" % 1000005
'1.000005e+06'
```

格式化操作整型输出：

```
>>> "We are at %d%%" % 100
'We are at 100%'
```

转换符还可以包括字段宽度、精度及对齐等功能,如表1.2所示。

表1.2　格式化操作符辅助指令

符　号	作　用
*	定义宽度或者小数点精度
—	左对齐
+	在正数前面显示加号(+)
0	显示的数字前面填充"0"而不是默认的空格
m.n	m是显示的最小总宽度,n是小数点后的位数

【注意】 字段宽度是转换后的值所保留的最少字符个数,精度则是结果中应该包含的小数位数。

【例1.2】 格式化操作对小数和字符串使用精度指令应用示例。

```
>>> "%.3f" % 123.12345
'123.123'
>>> "%.5s" % "hello world"
'hello'
```

格式化操作使用加号指令：

```
>>> "%+d" % 4
'+4'
>>> "%+d" % -4
```

```
'-4'
```

格式化操作使用最小宽度指令：

```
>>> from math import pi          #导入变量 pi
>>> '% -10.2f'% pi
'3.14      '
>>> '%10.2f' % pi                #右对齐
'      3.14'
```

从 Python 2.6 开始,新增了一种格式化字符串的方法——str. format(),它增强了字符串格式化的功能,基本语法是通过"{}"和":"来替代之前的"%"。format()方法可以有多个输出项,位置可以按指定顺序设置。

当使用 format()方法格式化字符串时,首先需要在"{}"中输入":"(":"称为格式引导符),然后在":"之后分别设置<填充字符><对齐方式><宽度>(见表 1.3)。

表 1.3   format()方法中的格式设置项

设 置 项	可 选 值
<填充字符>	如"＊""＝""－"等,但只能是一个字符,默认为空格
<对齐方式>	∧(居中)、＜(左对齐)、＞(右对齐)
<宽度>	一个整数,指格式化后整个字符串的字符个数

【例 1.3】　format 方法应用示例。

```
>>> "{:.2f}".format(3.1415926)          #结果保留 2 位小数
'3.14'
>>> "{:.4f}".format(3.1415926)          #结果保留 4 位小数
'3.1416'
>>> "{: ^30.4f}".format(3.1415926)      #宽度 30,居中对齐," = "填充,保留 4 位小数
' ============ 3.1416 ============ '
>>> '{:5d}'.format(24)                   #宽度 5,右对齐,空格填充,整数形式输出
'   24'
>>> '{:x> 5d}'.format(24)                #宽度 5,右对齐,"x"填充,整数形式输出
'xxx24'
```

2. 字符串运算符

字符串(string)可以进行连接等运算,常用的字符串运算符如表 1.4 所示。

表 1.4   Python 常用字符串运算符

操 作 符	描 述
+	字符串连接
＊	重复输出字符串
[]	通过索引获取字符串中的字符
[:]	截取字符串中的一部分,左闭右开原则,str[0,2]是不包含第三个字符的
in	成员运算符。如果字符串中包含给定的字符则返回 True
not in	成员运算符。如果字符串中不包含给定的字符则返回 True
r/R	原始字符串。所有的字符串都是直接按照字面的意思来使用,没有转义特殊或不能打印的字符。原始字符串除在字符串的第一个引号前加上字母 r(可以大小写)以外,与普通字符串有着几乎完全相同的语法
%	格式化字符串,见前一节

【例 1.4】 字符串运算符应用示例。

```
# exam1-4 字符串运算符应用
a = "Hello"
b = "Python"
print("a + b输出结果: ", a + b )
print( "a * 2输出结果: ", a * 2 )
print("a[1]输出结果: ", a[1] )
print("a[1:4]输出结果: ", a[1:4] )
if( "H" in a) :
    print("H在变量 a 中")
else :
    print("H不在变量 a 中")
if( "M" not in a) :
    print("M不在变量 a 中" )
else :
    print("M在变量 a 中")
print(r'\n')
print(R'\n')
```

运行结果:

```
a + b输出结果: HelloPython
a * 2输出结果: HelloHello
a[1]输出结果: e
a[1:4]输出结果: ell
H在变量 a 中
M不在变量 a 中
\n
\n
```

3. 字符串处理函数

Python 提供了很多内部字符串处理函数,被称为内建支持的方法,如表 1.5 所示。所有方法都支持 Unicode,有些甚至是专门用于 Unicode 的。

表 1.5 常用内建函数表

操 作 符	描 述
string. lower()	转换字符串中所有大写字符为小写
string. upper()	转换字符串中所有小写字符为大写
string split()	通过指定分隔符对字符串进行分隔并返回一个列表
int count()	返回一个字符串在另一个字符串中出现的次数
string. replace()	用来替换字符串中指定字符串或子字符串
string. capitalize()	把字符串的第一个字符转换为大写
string. center(width,fillchar)	返回一个原字符串居中,并使用 fillchar 填充至长度 width 的新字符串
string. isalnum()	如果 string 至少有一个字符并且所有字符都是字母或数字,则返回 True;否则返回 False
string. isalpha()	如果 string 至少有一个字符并且所有字符都是字母,则返回 True;否则返回 False

操　作　符	描　　　述
string. isdigit()	如果 string 只包含数字则返回 True；否则返回 False
string. isnumeric()	如果 string 中只包含数字字符，则返回 True；否则返回 False
string. endswith (obj, beg = 0, end＝len(string))	检查字符串是否以 obj 结束，如果 beg 或者 end 指定则检查指定的范围内是否以 obj 结束，如果是，返回 True；否则返回 False
string. expandtabs(tabsize=8)	把字符串 string 中的 tabsize 符号转换为空格，默认的空格数 tabsize 是 8
string. islower()	如果 string 中包含至少一个区分大小写的字符，并且所有这些(区分大小写的)字符都是小写，则返回 True；否则返回 False
str1. find (str2, beg, end = len (str1))	检查字符串 str1 中是否包含子字符串 str2，如果指定 beg(开始)和 end(结束)范围，则检查是否包含在指定范围内，如果包含子字符串则返回开始的索引值；否则返回－1

【例 1.5】　统计英文字符串的单词数量。

问题分析：读取一段字符串，将其中的"，""．""？""！"等标点符号替换成空格，然后应用 split 函数将单词提取出来，即可统计出单词个数。

参考代码如下：

```
♯exam1－5 统计单词个数
symble = ",?.!()"      ♯句子中的各类符号
line = input("请输入一段英文：")
for ch in symble:
    line = line. replace(ch," ")    ♯将符号替换为空格
words = line. split()    ♯去掉空格，将字符串中的单词提取出来
count = 0
for word in words:     ♯统计单词个数
     count += 1
print("单词个数：{}". format(count))
```

运行结果：

```
请输入一段英文：while there is life,there is hope! can I help you?
单词个数：11
```

4. 使用切片截取字符串

Python 语言中字符串提供区间访问方式，具体语法格式为：[头下标：尾下标]，这种访问方式称为"切片"。若有字符串 s，s[头下标：尾下标]表示在字符串 s 中取索引值从头下标到尾下标(不包含尾下标的字符串)。切片方式中，若头下标缺省，表示从字符串的开始取子串；若尾下标缺省，表示取到字符串的最后一个字符；若头下标和尾下标均缺省，则取整个字符串。

【例 1.6】　字符串切片操作应用示例。

```
>>> s = "Hello Mike"
>>> s[0:5]      ♯输出'Hello'
>>> s[6：-1]     ♯输出'Mik',这里无法取到最后一个字符
>>> s[:5]       ♯输出'Hello'
```

```
>>> s[6:]        #输出'Mike'
>>> s[:]         #输出'Hello Mike'
```

字符串切片还可以设置取子字符串的顺序,只需要再增加一个参数即可,将[头下标:尾下标]变成[头下标:尾下标:步长]。当步长值大于 0 时,表示从左向右取字符;当步长值小于 0 时,表示从右向左取字符。步长的绝对值减去 1,表示每次取字符的间隔是多少。

这里 s[::-1]的方式,可以很方便地求取一个字符串的逆序串。

【例 1.7】 判断车牌归属地。

问题分析:普通车牌形如"冀 B×××××"共 7 个字符,第一位是汉字,代表该车户口所在的省级行政区,为各省(直辖市、自治区)的简称,如北京就是京、上海就是沪、湖南就是湘、重庆就是渝、山东就是鲁、江西就是赣、福建就是闽。车牌号是第二位字母,为各地级市(地区、自治州、盟)字母代码,通常按省级车管所以各地级行政区状况分划排名,字母"A"为省会、首府或直辖市中心城区的代码,其后字母排名不分先后。截取第一个汉字即可判断出车辆归属地。carNo 和 carCap 分别存放车牌第一个汉字和对应的省会。注意一定是一一对应。

参考代码如下:

```
#exam1-7 判断车辆归属地
carNo = ["京","津","沪","渝","冀","豫","云","辽","黑","湘","皖","鲁","新","苏","浙",\
        "赣","鄂",\
        "桂","甘","晋","蒙","陕","吉","闽","贵","粤","青","藏","川","宁","琼"]
carCap = ["北京","天津","上海","重庆","河北","河南","云南","辽宁","黑龙江","湖南","安
徽",\
"山东","新疆维吾尔","江苏","浙江","江西","湖北","广西壮族","甘肃","山西","内蒙古","陕
西",\
"吉林","福建","贵州","广东","青海","西藏","四川","宁夏回族","海南"]
car = input("请输入车牌号: ")
str = car[0]                  #取出第一个汉字,采用 unicode 编码
print(str)
if str in carNo:             #判断是否在车辆列表中
    k = carNo.index(str)     #返回列表序号,用来对应省会
    print("您的车辆归属地是: {}".format(carCap[k]))
else:
    print("您的车牌号有误!")
```

运行结果:

请输入车牌号: 琼 A555WY
琼
您的车辆归属地是: 海南

1.2 Python 语言的控制结构

Python 语言的程序控制有顺序语句、分支语句和循环语句 3 种结构。顺序语句主要有输入(input)和输出(output),这里不再赘述,本节主要介绍分支语句和循环语句。

1.2.1 分支语句

分支语句分为单分支、双分支和多分支语句。

1. 单分支 if 语句

单分支结构是最简单的一种选择结构,其语法格式如下:

```
if 条件表达式:
    语句块
```

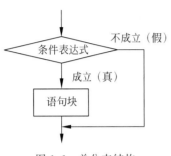

图 1.1　单分支结构

【注意】

(1) 条件表达式后面的":"是不可缺少的,它表示一个语句块的开始,后面几种形式的选择结构和循环结构中的":"也都是必须有的。

(2) 在 Python 语言中代码的缩进非常重要,缩进是体现代码逻辑关系的重要方式,所以在编写语句块时,务必注意代码缩进,且同一个代码块必须保证相同的缩进量。

当条件表达成立,结果为 True 时,语句块将被执行;如果条件表达式不成立,语句块不会被执行,程序会继续执行后面的语句(如果有),执行过程如图 1.1 所示。在这里,语句块有可能被执行,也有可能不被执行,是否执行依赖于条件表达式的判断结果。

2. 双分支 if-else 语句

有时不仅要考虑条件满足的情况,同时也要处理条件不满足的情况,这时就需要双分支结构。Python 使用关键字 if-else 实现双分支条件控制,基本形式如下:

```
if 条件表达式:
    语句块 1
else:
    语句块 2
```

条件表达式成立时执行语句块 1,当条件表达式不成立时将执行 else 语句下的语句块 2,执行过程如图 1.2 所示。

3. 多分支 if-elif-else 语句

根据一个条件的结果控制一段代码块的执行用单分支 if 语句,若条件失败时执行另一代码块用 else 语句。如果需要检查多个条件,并在不同条件下执行不同代码块,就要使用多分支 elif 语句,它是具有条件判断功能的 else 语句,相当于 else if。多分支结构的语法形式如下:

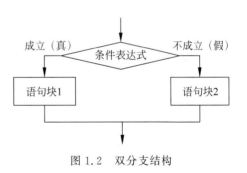

图 1.2　双分支结构

```
if 条件表达式 1:
    执行语句块 1
elif 条件表达式 2:
    执行语句块 2
elif 条件表达式 3:
    执行语句块 3
……
else:
    执行语句块 n
```

【例1.8】 根据用户的身高和体重计算用户的BMI指数,并给出相应的健康建议。指数,即身体质量指数,是用体重(kg)除以身高(m)的平方得出的数字[BMI=体重(kg)÷身高^2(m)],是目前国际上常用的衡量人体胖瘦程度以及是否健康的一个标准。下面先来看看标准的数值BMI。

过轻:低于18.5。

正常:18.5～23.9。

过重:24～27.9。

肥胖:28～32。

过于肥胖:32以上。

参考代码如下:

```
#exam1-8 计算 BMI 指数
height = eval(input("请输入您的身高(m):"))
weight = eval(input("请输入您的体重(kg):"))
BMI = weight/height/height
print("您的 BMI 指数是: {:.1f}".format(BMI))
if BMI < 18.5:
    print("您的体型偏瘦,要多吃多运动哦!")
elif 18.5 <= BMI < 24:
    print("您的体型正常,继续保持呦!")
elif 24 <= BMI < 28:
    print("您的体型偏胖,有发福迹象!")
elif 28 <= BMI < 32:
    print("不要悲伤,您是个迷人的胖子!")
else:
    print("什么也别说了,您照照镜子就知道了……")
```

运行结果:

```
请输入您的身高(m):1.8
请输入您的体重(kg):60
您的 BMI 指数是: 18.5
您的体型正常,继续保持呦!
```

思考:如果将第8行代码"elif 18.5<=BMI<24:"变为"elif BMI<24:"是否可行?为什么?如果可以,将代码优化再次运行。

当条件表达式需要多个条件同时判断时,使用or(或)表示两个条件中只要有一个成立即为真;使用and(与)表示两个条件同时成立条件表达式才为真。可连续使用and和or联立多个条件表达式。

【例1.9】 判断闰年:普通年能整除4且不能整除100的为闰年,能整除400的是闰年。

问题分析:年份变量为year,year%4==0和year%100!=0同时满足为闰年,或者满足条件year%400==0的是闰年。

参考代码如下:

```
#exam1-9 判断闰年
year = int(input("请输入一个年份: "))
if (year % 4) == 0 and (year % 100) != 0 or (year % 400) == 0:
    print("{0}是闰年".format(year))
```

```
else:
    print("{0}不是闰年".format(year))
```

运行结果：

```
请输入一个年份: 2020
2020是闰年
```

1.2.2　循环语句

循环结构有 for 循环和 while 循环两种结构。

1. for 循环

for 语句用一个循环控制器(Python 语言中称为迭代器)来描述其语句块的重复执行方式,它的基本语句格式如下:

```
for 变量 in 迭代器:
    语句块
```

其中,for 和 in 都是关键字。语句中包含了三部分,其中最重要的就是迭代器。由关键字 for 开始的行称为循环的头部,语句块称为循环体。与 if 结构中的语句块情况类似,这里语句块中的语句也是下一层的成分,同样需要缩进,且语句块中各个语句的缩进量必须相同。

迭代器是 Python 语言中的一类重要机制,一个迭代器描述一个值序列。在 for 语句中,变量按顺序取得迭代器表示的值序列中的各个值,对每一个值都将执行语句块一次。由于变量取到的值在每一次循环中不一定相同,因此,虽然每次循环都执行相同的语句块代码,但执行的效果却随变量取值的变化而变化。

由于迭代一个范围内的数字是十分常见的操作,Python 提供了一个内置的函数 range,可以返回包含一个范围内的数值的数组,适合放在 for 循环头部。range 函数有以下几种不同的调用方法。

(1) range(n)。range(n)得到的迭代序列为 $0,1,2,3,\cdots,n-1$,如 range(100)表示序列 $0,1,2,3,\cdots,99$。当 $n\leqslant 0$ 时序列为空。

(2) range(m,n)。range(m,n)得到的迭代序列为 $m,m+1,m+2,\cdots,n-1$,如 range(11,16)表示序列 $11,12,13,14,15$。当 $m\geqslant n$ 时序列为空。

(3) range(m,n,d)。range(m,n,d)得到的迭代序列为 $m,m+d,m+2d,\cdots$,按步长值 d 递增,如果 d 为负则递减,直至那个最接近但不包括 n 的等差值。因此,range(11,16,2)表示序列 $11,13,15$;range(15,4,-3)表示序列: $15,12,9,6$。这里的 d 可以是正整数,也可以是负数,正整数表示增量,而负数表示减量,也有可能出现空序列的情况。

如果 range()产生的序列为空,那么用这样的迭代器控制 for 循环时,其循环体将一次也不执行,循环立即结束。

【例 1.10】　统计英文句子中大写字符、小写字符和数字各有多少个。

问题分析:应用字符串函数 upper()、lower()和 digit(),使用分支语句逐个字符判断,并用 count_upper、count_lower、count_digit 这 3 个变量来计数。

参考代码如下:

```
#exam-10 统计英文句子中大写字符、小写字符和数字各有多少个
str = input("请输入一句英文:")
count_upper = 0
count_lower = 0
count_digit = 0
for s in str:
    if s.isupper(): count_upper = count_upper + 1
    if s.islower(): count_lower = count_lower + 1
    if s.isdigit(): count_digit = count_digit + 1
print("大写字符:",count_upper)
print("小写字符:",count_lower)
print("数字字符:",count_digit)
```

运行结果：

```
请输入一句英文:This boy is 12 years old.
大写字符: 1
小写字符: 16
数字字符: 2
```

2. while 循环

在 for 语句中，关注的是迭代器生成的遍历空间，然而有时循环的初值和终值并不明确，但是有清晰的循环条件，这时采用 while 语句会比较方便。

while 语句中用一个表示逻辑条件的表达式来控制循环，当条件成立时反复执行循环体，直到条件不成立时循环结束。while 语句的语法比较简单，格式如下：

```
while 条件表达式:
    语句块
```

同样，条件表达式后面的"："不可省略，注意语句块缩进。执行 while 语句时，先求条件表达式的值，如果值为 True 就执行循环体语句一次，然后重复上述操作；当条件表达式的值为 False 时，while 语句执行结束，执行过程如图 1.3 所示。

显然，while 语句可以实现 for 语句的所有计算。

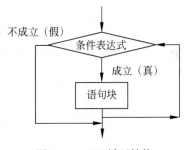

图 1.3　while 循环结构

【例 1.11】 利用 while 语句求 1～100 中所有偶数的和。

问题分析：1～100 中首先第一个数 $i=1$，判断奇偶性，如果是偶数累加，然后计数器 $i=i+1$ 加 1，如果 $i\leqslant100$，继续判断第 2 个数、第 3 个数、……，循环偶数累加，直到 101，结束。

参考代码如下：

```
#exam1-11 求 1 至 100 中所有偶数的和
sum = 0
i = 1
while i <= 100:
    if i % 2 == 0:        #判断 i 是否为偶数
        sum = sum + i
    i = i + 1
print("sum = ",sum)
```

运行结果：

```
sum = 2550
```

与前面的 for 语句相比,使用 while 语句时,必须自己管理循环中使用的变量 i,程序中的"i=i+1"就是自己在做增量操作。如果去掉"i=i+1"语句,变量 i 的值将一直等于 1,循环条件"i≤100"将一直成立,这个循环就一直无法结束,变成了"死循环"。相比较,如果循环比较规范,循环中的控制比较简单,实现可以确定循环次数,那么用 for 语句写的程序往往会更简单、更清晰。

3. break 和 continue 语句

前面学习了 for 语句和 while 语句,并知道 while 语句是在某一条件成立时循环执行一段代码块,而 for 语句是迭代一个集合的元素并执行一段代码块。然而有时可能需要提前结束一次迭代,进行新一轮迭代,或者跳出循环,执行循环后的代码。下面介绍循环控制的 break 语句。

Python 中的 break 语句的作用是结束当前循环,然后跳转到循环后的下一条语句。需要注意的是,break 只会退出 break 语句所在的最内层循环,也就是说,当程序为多层嵌套的循环结构时,break 语句只会跳出其所在的循环,而外层循环将继续进行迭代。具体参考下面例子。

【例 1.12】　判断一个正整数 $n(n \geqslant 2)$ 是否为素数。称一个大于 1 且除了 1 和其自身外,不能被其他整数整除的数为素数;否则称为合数。

问题分析:用定义判断 n 是否为素数,用 n 除以 2、3、$\cdots$、$n-1$,如果均不能整除,退出循环时循环变量等于 $n-1$;否则中间退出时循环变量 $i < n-1$。

参考代码如下:

```
# exam1-12 判断一个正整数 n(n>=2)是否为素数
n = int(input("输入一个正整数 n(n>=2):"))
for i in range(2,n):          # n 除以 2,3,4,…,n-1
    if n % i == 0: break      # 只要一个整除说明不是素数,结束循环
if i == n-1:
    print(n,"是素数")
else:
    print(n,"不是素数")
```

运行结果:

```
输入一个正整数 n(n>=2):9
9 不是素数
```

对于输入的正整数 n 来说,判断它是否为素数,就是在 $2 \sim n-1$ 的范围中寻找 n 的约数。如果在循环遍历的过程中,发现有一个整数 i 是 n 的约数,即 i 把 n 整除了,就不必再循环遍历下去,因为此时已经可以判定 n 不是素数,程序中使用 break 语句退出了循环。注意:当遇到 break 语句退出循环时,遍历还未结束,此时的 i 仍然在 $2 \sim n-1$。如果 n 是素数,循环情况又会怎样呢?当 n 是素数时。循环体中的 if 条件永远不会成立,break 语句永远执行不到,只有当 i 的取值超出 range() 的迭代范围时,循环才会退出,因此退出循环时 i 的值一定等于 $n-1$。for 语句后的 if/else 结构正是根据 i 的取值来判断循环的执行情况,从而得到 n 的判定结果。

在循环体中,如果遇到某种情况希望提前结束本次循环,并继续进行下次循环时,可以

使用 continue 语句；continue 语句与 break 语句的不同之处在于，break 将结束本次循环并
跳出循环，而 continue 仅仅是提前结束当前这次循环，继续进行下一次循环。下面例子展
示了 continue 循环控制语句的使用方式和效果：

```
for i in range(1,10 + 1):
    if i % 3 == 0:
        continue
print(i,end = ' ')
```

运行结果：

```
1 2 4 5 7 8 10
```

当 i 是 3 的倍数时，执行 continue 语句。continue 语句的作用是结束这一轮的循环，程
序跳转到循环头部，根据头部的要求继续循环，因此输出了不是 3 的倍数的所有数字。

1.3　Python 语言的列表、元组、字典与集合

通过前面的学习，可以使用清晰的结构编写程序处理有限的整数、浮点数和字符串数
据。本节将介绍更为复杂的组合数据结构。

1.3.1　列表

列表(list)用来有序存放一组相关数据，以便进行统一处理，如存放一组病人的血压数
值。下面的定义均是正确的：

```
>>> patients = ["花无缺","江小鱼","燕南天",'铁心兰',"江玉郎']
>>> dbp = [70,75,68,82,80]              # 低血压
>>> sbp = [120,130,126,138,140]         # 高血压
>>> patient1 = ["花无缺",70,120]
>>> patient2 = ["江小鱼",75,130]
>>> patient3 = ["铁心兰",68,126]
>>> patients = [patient1,patient2,patient3]
>>> patients = [["花无缺",70,120],["江小鱼",75,130],["铁心兰",68,126]]
```

将一组数据放在一对方括号"[ ]"中即定义了一个列表，每个数据称为元素，元素的个
数称为列表长度。元素可以是不同类型数据，元素也可以是列表，即可以嵌套定义。

1. 元素的索引和访问

和字符串一样，列表元素也有正向和反向两种索引方式，长度为 n 的列表最后一个元
素的索引可以是 $n-1$，也可以是 -1。功能见下面示例：

```
>>> patients = [["花无缺",70,120],["江小鱼",75,130],["铁心兰",68,126]]
>>> patients[1]
['江小鱼', 75, 130]
>>> patients[1][1]
75
>>> patients[ - 1]
['铁心兰', 68, 126]
```

2. 修改元素

通过索引号赋值可以直接修改元素，见下面示例：

```
>>> patients[-1][0] = '江玉郎'
>>> patients
[['花无缺', 70, 120],['江小鱼', 75, 130], ['江玉郎', 68, 126]]
```

3. 增加元素

使用 append()和 insert()方法可以增加元素，不同的是 insert()方法可以指定插入位置。见下面示例：

```
>>> patient4 = ['燕南天',66,130]
>>> patients.append(patient4)
>>> patients
[['花无缺', 70, 120], ['江小鱼', 75, 130], ['江玉郎', 68, 126], ['燕南天', 66, 130]]
```

如果使用 insert 方法，结果如下：

```
>>> patients.insert(2,patient4)
>>> patients
[['花无缺', 70, 120], ['江小鱼', 75, 130], ['燕南天', 66, 130], ['江玉郎', 68, 126]]
```

4. 删除元素

使用 del()、pop()和 remove()方法可以删除指定元素，见下面示例：

```
>>> patients = [['花无缺', 70, 120], ['江小鱼', 75, 130], ['燕南天', 66, 130], ['江玉郎', 68, 126]]
>>> del patients[-1]
>>> patients
[['花无缺', 70, 120], ['江小鱼', 75, 130], ['燕南天', 66, 130]]
>>> patients = [['花无缺', 70, 120], ['江小鱼', 75, 130], ['燕南天', 66, 130], ['江玉郎', 68, 126]]
>>> patients.pop(-1)
['江玉郎', 68, 126]
>>> patients
[['花无缺', 70, 120], ['江小鱼', 75, 130], ['燕南天', 66, 130]]
>>> patients = [['花无缺', 70, 120], ['江小鱼', 75, 130], ['燕南天', 66, 130], ['江玉郎', 68, 126]]
>>> patient = ['江玉郎', 68, 126]
>>> patients.remove(patient)
>>> patients
[['花无缺', 70, 120], ['江小鱼', 75, 130], ['燕南天', 66, 130]]
```

5. 其他常用操作

len()函数用来统计和返回列表的长度。例如：

```
>>> patients = [['花无缺', 70, 120], ['江小鱼', 75, 130], ['燕南天', 66, 130], ['江玉郎', 68, 126]]
>>> len(patients)
4
```

运算符 in 和 not in 判断指定元素是否在列表中。例如：

```
>>> "江小鱼" in patients
```

```
False
>>> patient = ['江小鱼', 75, 130]
>>> patient in patients
True
```

index()方法用来在列表中查找指定元素,如果存在,返回最小的索引值,如果不存在则直接报错。count()方法用来统计并返回列表中指定元素的个数。例如:

```
>>> patients = ['花无缺','江小鱼','铁心兰','江小鱼']
>>> patients.index('江小鱼')
1
>>> patients.count('江小鱼')
2
```

6. 遍历列表

从头至尾地访问列表元素,称为遍历列表,使用 range()函数实现遍历。

【例 1.13】 找出病人中高血压患者。

```
♯exam1-13 找出病人中高血压患者
patients = [['花无缺', 70, 120], ['江小鱼', 75, 130], ['燕南天', 66, 130], ['江别鹤', 68, 156]]
for p in patients:
    if p[2]> 140 :    ♯正常高压 90～140mmHg
        print("可能高血压患者: ",end = " ")
        print(p)
```

运行结果:

```
可能高血压患者: ['江别鹤', 68, 156]
```

7. 列表排序

sort()和 sorted()方法实现列表排序,可升序也可降序。sort()方法是"原地排序",直接改变原列表。sorted()方法为"非原地排序",只返回排序结果,不影响原列表。示例代码如下:

```
>>> sbp = [120,130,126,138,140]        ♯高血压列表
>>> sbp.sort()
>>> sbp
[120, 126, 130, 138, 140]              ♯升序
>>> dbp = [70,75,68,82,80]             ♯低血压列表
>>> dbp1 = sorted(dbp,reverse = True)  ♯降序
>>> dbp1
[82, 80, 75, 70, 68]
```

8. 列表切片

与字符串切片操作一样,格式如下:

列表[起始索引:终止索引:间隔值]

9. 列表扩充

类似于字符串的"＋"和"＊"运算,可以实现列表的合并和重复。extend()方法实现列表扩展。例如:

```
>>> patients = ['花无缺','江小鱼','铁心兰','江小鱼']
```

```
>>> old = ["江别鹤","燕南天"]
>>> patients.extend(old)
>>> patients
['花无缺', '江小鱼', '铁心兰', '江小鱼', '江别鹤', '燕南天']
>>> old
['江别鹤', '燕南天']
```

10. 列表复制和删除

使用 copy()方法实现列表复制,del 命令实现列表删除。例如:

```
>>> patients = ['花无缺','江小鱼','铁心兰','江小鱼']
>>> ps = patients.copy()
>>> ps
['花无缺', '江小鱼', '铁心兰', '江小鱼']
>>> del ps
```

1.3.2　元组

Python 语言中的元组与列表类似,也是用来存放一组相关的数据。两者的不同之处主要有以下两点。

(1) 元组使用圆括号(),列表使用方括号[ ]。

(2) 元组的元素不能修改。

所以,列表中所有需要修改元素的操作均不适合使用元组,其他操作与列表基本一致。见下列操作示例:

```
>>> score = (58,62,78,90,82,86)
>>> max(score)
90
>>> sorted(score,reverse = False)
[58, 62, 78, 82, 86, 90]
```

1.3.3　字典

字典是通过键、值对应的形式存储数据之间映射关系的一种数据结构,而创建字典的过程就是创建键与值之间的关联。定义空字典即将一对空的花括号"{ }"赋值给字典变量。

1. 使用 dict()函数创建字典

Python 提供的内置函数 dict()支持将一组双元素序列转换为字典。例如,病人的体重数据:

```
>>> weight = [('江小鱼',70),('花无缺',72),('铁心兰',60)]
>>> dicWeight = dict(weight)
>>> dicWeight
{'江小鱼': 70, '花无缺': 72, '铁心兰': 60}
```

存储双元素的可以是元组,也可以是列表,但是只能包含这两种元素;否则创建失败。

(1) 键值具有唯一性。

(2) 字典中的键必须是不可变类型,一般是字符串、数字或者元组,列表不能充当键,因为列表是可变的数据类型。

```
>>> dicPatient = {('江小鱼','男'):70, ('花无缺','男'): 72, ('铁心兰','女'): 60}
>>> dicPatient
{('江小鱼', '男'): 70, ('花无缺', '男'): 72, ('铁心兰', '女'): 60}
```

2．访问字典

字典没有索引，是通过键值访问。见下面示例：

```
>>> dicPatient = {('江小鱼','男'):70, ('花无缺','男'): 72, ('铁心兰','女'): 60}
>>> dicPatient['花无缺','男']
72
>>> dicPatient = {'江小鱼':('男',70), '花无缺':('男', 72), '铁心兰':('女', 60)}
>>> dicPatient['花无缺']
('男', 72)
>>> dicPatient['花无缺'][0]
'男'
```

3．字典的基本操作

添加和修改条目，通过键值操作。注意值为"元组"和"列表"的区别，见下面示例：

```
>>> dicPatient = {'江小鱼':('男',70), '花无缺':('男', 72), '铁心兰':('女', 60)}
>>> dicPatient['江玉郎'] = ('男',75)          #修改江玉郎体重
>>> dicPatient
{'江小鱼': ('男', 70), '花无缺': ('男', 72), '铁心兰': ('女', 60), '江玉郎': ('男', 75)}
>>> dicPatient['江小鱼'][1] = 75              #报错
Traceback (most recent call last):
  File "<pyshell#16>", line 1, in <module>
    dicPatient['江小鱼'][1] = 73
TypeError: 'tuple' object does not support item assignment
>>> dicPatient = {'江小鱼':['男',70], '花无缺':['男', 72], '铁心兰':['女', 60]}
>>> dicPatient['江小鱼'][1] = 90              #键值为列表时可以修改
>>> dicPatient
{'江小鱼': ['男', 90], '花无缺': ['男', 72], '铁心兰': ['女', 60]}
```

删除字典条目：del 字典名〔键〕

字典名.pop(键,默认值)

随机删除条目：字典名.popitem()

清除字典为空字典：字典名.clear

删除字典：del 字典名

查找字典：成员运算符 in，in 运算符确认指定的键是否在字典中，如果存在则返回 True；否则返回 False。

语句格式：键 in 字典名

获取条目值：get()方法按照指定键值访问字典，返回对应条目的值，如果不存在则返回默认值。

语句格式：字典 get(键,默认值)

4．字典的遍历

和列表一样，字典的遍历也是通过 for 循环来实现的。但是字典的条目有"键"和"值"两个部分，所以字典的遍历包括键的遍历、值的遍历和条目的遍历。操作函数如表 1.6 所示。

表 1.6　字典遍历函数及功能

序　　号	操　　作	函 数 名 称	功 能 描 述
1	键的遍历	keys()	返回字典中所有的键
2	值的遍历	values()	返回字典中所有的值
3	条目的遍历	items()	返回字典中所有的条目(元组)

应用示例如下：

```
>>> dicPatient = {'江小鱼':('男',70), '花无缺':('男', 72), '铁心兰':('女', 60)}
>>> dicPatient.keys()
dict_keys(['江小鱼', '花无缺', '铁心兰'])
>>> for key in dicPatient.keys():
        print(key)


江小鱼
花无缺
铁心兰


>>> dicPatient.values()
dict_values([('男', 70), ('男', 72), ('女', 60)])
>>> for value in dicPatient.values():
        print(value)
('男', 70)
('男', 72)
('女', 60)
```

条目的遍历示例：

```
>>> for item in dicPatient.items():
        print(item)
('江小鱼', ('男', 70))
('花无缺', ('男', 72))
('铁心兰', ('女', 60))
>>> for k,v in dicPatient.items():
        print("{}的性别体重是{}".format(k,v))
江小鱼的性别体重是('男', 70)
花无缺的性别体重是('男', 72)
铁心兰的性别体重是('女', 60)
```

5. 字典的排序

字典不支持条目的排序,即字典不支持 sort()函数,但是可以用 sorted()方法实现键的排序,从而间接实现字典的值的排序。由于中文编码的问题,暂不支持中文排序,见示例：

```
>>> dicPatient = {'江小鱼':('男',70), '花无缺':('男', 72), '铁心兰':('女', 60)}
>>> sorted(dicPatient)
['江小鱼', '花无缺', '铁心兰']    #没有排序
```

【例 1.14】　按照姓名升序输出每个人的体重。为了看到排序效果,姓名前加首字母,代码如下：

```
#exam1-14 字典的排序
dicPatient = {'j江小鱼':('男',70), 'h花无缺':('男', 72), 't铁心兰':('女', 60)}
sort_dic = sorted(dicPatient)    #生成关键词的排序列表
for name in sort_dic:
```

```
    print(name,dicPatient[name])
```

运行结果：

```
h 花无缺 ('男', 72)
j 江小鱼 ('男', 70)
t 铁心兰 ('女', 60)
```

6. 字典的合并

有时需要将两个字典合并成一个字典，可以通过3种方法实现字典的合并。

第一种，直接追加，代码如下：

```
>>> dicPatient = {'江小鱼':('男',70), '花无缺':('男', 72)}
>>> dic = {'慕容九':('女', 62),'黑蜘蛛':('男',75)}
>>> for k,v in dic.items():        #把字典的条目逐条追加
       dicPatient[k] = v
>>> dicPatient
{'江小鱼': ('男', 70), '花无缺': ('男', 72), '慕容九': ('女', 62), '黑蜘蛛': ('男', 75)}
```

第二种，使用 update()方法，代码如下：

```
>>> dicPatient = {'江小鱼':('男',70), '花无缺':('男', 72)}
>>> dic = {'慕容九':('女', 62),'黑蜘蛛':('男',75)}
>>> dicPatient.update(dic)
>>> dicPatient
{'江小鱼': ('男', 70), '花无缺': ('男', 72), '慕容九': ('女', 62), '黑蜘蛛': ('男', 75)}
```

第三种，使用列表合并和 dict()方法，代码如下：

```
>>> dicPatient = {'江小鱼':('男',70), '花无缺':('男', 72)}
>>> dic = {'慕容九':('女', 62),'黑蜘蛛':('男',75)}
>>> ls = list(dicPatient.items()) + list(dic.items())    #列表合并
>>> dic_new = dict(ls)
>>> dic_new
{'江小鱼': ('男', 70), '花无缺': ('男', 72), '慕容九': ('女', 62), '黑蜘蛛': ('男', 75)}
```

1.3.4 集合

Python 语言的集合和数学概念上的集合非常相似，用来存放一组无序且互不相同的元素。集合本身是可变类型但要求元素必须是不可变类型。集合除了支持数学中集合运算外，主要用来进行关系测试和消除重复元素。

1. 集合的创建

(1) 创建空集合：一对花括号"{ }"创建的是空字典，所以创建空集合不能使用了，只能用不带参数的 set()函数。

(2) 直接创建集合：直接将元素放在一对花括号中。

(3) 使用 set()函数：将序列转换为集合，常用来实现字符串或列表的去重。

```
>>> set1 = {}
>>> type(set1)
< class 'dict'>                #字典
>>> set1 = set()
>>> type(set1)
```

```
< class 'set'>                    #集合
>>> set1 = {1,3,5,7,9}
>>> set1 = {1,3,5,7,9,1,5}
>>> set1
{1, 3, 5, 7, 9}                  #去重
>>> s = set("Hello,world!")
>>> s
{'l', 'o', 'H', ',', 'e', 'r', 'd', 'w', '!'}
```

2. 集合的访问

集合的元素是无序的,也没有键和值的概念,所以集合元素的访问通过 for 循环完成。

【例 1.15】 生成 20 个 0~20 的随机数并输出。

问题分析:Python 语言内置的 random 库提供了各式各样的生成随机数的方法,不仅是生成整数随机数、浮点型随机数等功能,也可以生成符合正态分布、指数分布等要求的随机数,如表 1.7 所示。

表 1.7   random 随机函数

函　　数	描　　述
randint(a,b)	生成一个[a,b]区间的整数 >>> random.randint(10,100) 45
randrange(m,n,[,k])	生成一个[m,n]区间以 k 为步长的随机整数 >>> random.randrange(10,100,10) 60
getrandbits(k)	生成一个 k 比特长的随机整数(转换为十进制的数值范围就是 2 的 k 次方) >>> random.getrandbits(8) #范围:0-255,即 2 的 8 次方 230
choice(seq)	从序列 seq 中随机选择一个元素 >>> random.choice([1,2,3,4,5,6,7,8,9]) 8

shuffle(seq)	将序列 seq 中的元素随机排列并返回
	>>> seq = [1,2,3,4,5,6,7,8,9]
	>>> random.shuffle(seq)
	>>> seq
	[7, 3, 8, 4, 6, 1, 9, 5, 2]

```
#exam1-15 生成 20 个 0~20 个随机数
import random
ls = [ ]
for i in range(20):
    ls.append(random.randint(0,20))    #列表
s = set(ls)     #集合
print("20 个 0~20 的随机数:")
print(ls)
print("其中的数:")
print(s)
```

运行结果:

20 个 0～20 的随机数：
[3, 18, 12, 1, 0, 16, 0, 12, 19, 9, 6, 12, 16, 17, 9, 10, 20, 0, 4, 19]
其中的数：
{0, 1, 3, 4, 6, 9, 10, 12, 16, 17, 18, 19, 20}

3．集合的基本运算

集合的基本运算包括添加元素、删除元素和成员判断等操作。

（1）添加元素：add()和 update()方法。示例代码如下：

```
>>> se = {11, 22, 33}
>>> se.add(44)        #将参数作为一个元素加入集合
>>> se
{33, 11, 44, 22}
>>> se.add((11,22))     #将参数作为一个元素加入集合
>>> se
{33, (11, 22), 11, 44, 22}
```

update()方法比 add()方法更为方便。示例代码如下：

```
>>> se = {11, 22, 33}
>>> be = {22,44,55}
>>> se.update(be)
>>> se
{33, 22, 55, 11, 44}
>>> be.update({11,22})
>>> be
{22, 55, 11, 44}
```

（2）删除元素：discard()、remove()、pop()方法。示例代码如下：

```
>>> se = {11, 22, 33}
>>> se.discard(11)         #删除元素
>>> se
{33, 22}
>>> se = {11, 22, 33}
>>> se.remove(11)          #删除元素
>>> se
{33, 22}
>>> se = {11, 22, 33}
>>> se.pop()               #随机删除并返回一个元素
33
>>> se
{11, 22}
```

删除不存在的元素：

```
>>> se = {11, 22, 33}
>>> se.remove(55)            #删除不存在元素报错
Traceback (most recent call last):
  File "<pyshell#39>", line 1, in <module>
    se.remove(55)
KeyError: 55
>>> se.discard(55)           #删除不存在元素不报错
>>> se
{33, 11, 22}
```

（3）成员判断：in。示例代码如下：

```
>>> s = {1,2,3,4}
>>> if 2 in s:
    s.remove(2)
>>> s
{1, 3, 4}
```

4. 集合的数学运算

集合的数学运算有交、并、差和对称差 4 种操作，如图 1.4 所示。

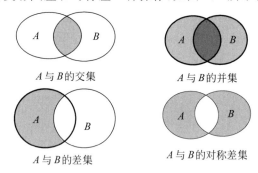

图 1.4　集合的数学运算

Python 对这些运算提供了两套方案，分别通过运算符和方法实现。

（1）交：A&B 和 intersection()方法，代码如下。

```
>>> A = {1,2,3,4,5}
>>> B = {4,5,6,7,8}
>>> A&B
{4, 5}
>>> A.intersection(B)
{4, 5}
```

（2）并：A|B 和 union()方法，代码如下。

```
>>> A = {1,2,3,4,5}
>>> B = {4,5,6,7,8}
>>> A.union(B)
{1, 2, 3, 4, 5, 6, 7, 8}
>>> A|B
{1, 2, 3, 4, 5, 6, 7, 8}
```

（3）差：A−B 和 difference()方法，代码如下。

```
>>> A = {1,2,3,4,5}
>>> B = {4,5,6,7,8}
>>> A − B
{1, 2, 3}
>>> A.difference(B)
{1, 2, 3}
```

（4）对称差：A^B 和 symmetric_difference()方法，代码如下。

```
>>> A = {1,2,3,4,5}
>>> B = {4,5,6,7,8}
>>> A^B
```

```
{1, 2, 3, 6, 7, 8}
>>> A.symmetric_difference(B)
{1, 2, 3, 6, 7, 8}
```

5. 集合的包含关系

两个集合之间一般有 3 种关系，即相交、包含、不相交。在 Python 中分别用下面的方法判断。

（1）set.isdisjoint(s)：判断两个集合是否不相交。

（2）set.issuperset(s)：判断集合是否包含其他集合，等同于 a>=b。

（3）set.issubset(s)：判断集合是否被其他集合包含，等同于 a<=b。

如果要真包含关系，就用符号>和>操作。

```
>>> se = {1,2,3,4,5,6}
>>> be = {2,3,4}
>>> print(se.isdisjoint(be))      #判断是否不存在交集(有交集 False,无交集 True)
False
>>> print(se.issubset(be))        #判断 se 是否是 be 的子集合
False
>>> print(be.issubset(se))        #判断 be 是否是 se 的子集合
True
>>> print(se >= be)               #判断 be 是否是 se 的子集合
True
```

1.4　Python 语言的函数

函数用来将复杂的问题分解为若干子问题，并逐一解决。Python 语言函数分为以下 4 类。

（1）内置函数。Python 提供了若干常用函数，如 abs()、len() 等，可以直接使用。

（2）标准库函数。安装 Python 语言解释器的同时会安装若干标准库，如 math、random、turtle 等。通过 import 语句导入标准库，然后使用其中定义的函数。

（3）第三方库函数。Python 社区提供了许多其他高质量的库，如 numpy、Matplotlib、jieba 等，需要提前安装相关组件或软件包（第 2 章介绍），然后通过 import 语句导入库，才能使用其中定义的函数。

（4）用户自定义函数。本节介绍自定义函数的应用。

1.4.1　函数的定义和调用

Python 语言中，定义函数的语法格式如下：

```
def 函数名([参数列表]):
    函数体
```

【注意】

（1）参数列表是形参，若有多个参数则用逗号分隔，若没有参数，空括号不能省略。

（2）圆括号后的冒号“:”必不可少。

（3）函数体相对于 def 关键字必须保持一定的空格缩进。

（4）函数体使用 return 语句返回值，可以有一个或多个，可以出现在任何位置，一旦第一条 return 语句执行，函数立即终止。

调用函数的语法格式如下：

函数名([实参列表])

【注意】

（1）实参是在程序运行时，实际传递给函数的数据。实参列表必须与函数定义时的形参列表一一对应。函数有 3 种方式将实参传递给形参，即按位置传递参数、按名称传递参数和按默认值传递参数。

（2）函数如果有返回值，可以在表达式中使用，如例 1-16。如果没有返回值，单独作为语句调用，如例 1-17。

【例 1.16】 找出 2～100 中所有的孪生素数。代码如下：

```
# exam1-16 找出 2～100 中所有的孪生素数
def prime(n):
    for i in range(2,n):
        if n % i == 0:
            break
            return False
    else:
        return True


for i in range(2,100+1):
    if prime(i) == True and prime(i+2) == True:        # 有返回值
        print("({:^4},{:^4})".format(i,i+2))
```

运行结果：

```
( 3  , 5  )
( 5  , 7  )
( 11 , 13 )
( 17 , 19 )
( 29 , 31 )
( 41 , 43 )
( 59 , 61 )
( 71 , 73 )
```

【例 1.17】 求任意两个连续整数和。代码如下：

```
# exam1-17 求任意两个连续整数的和
def calSum(n1,n2):
    sum = 0
    for i in range(n1,n2+1):
        sum += i
    print("sum = ",sum)
m1 = int(input("第一个整数："))
m2 = int(input("第二个整数："))


calSum(m1,m2)        # 无返回值,直接名称调用
```

运行结果：

```
第一个整数：10
第二个整数：20
```

```
sum = 165
```

1.4.2 函数的参数和返回值

1. 默认参数

声明函数时,若希望函数的一些参数是可选的,则可以在声明函数时为这些参数指定默认值。调用函数时,如果没有传入的对应实参,则使用指定的默认值。需注意的是,默认值参数必须放在形参列表的右边。

【例1.18】 根据期中成绩和期末成绩,计算总评成绩。

```
# exam1-18 根据期中成绩和期末成绩,计算总评成绩
def myScore(midScore,endSore,rate = 0.3):
    score = midScore * rate + endSore * (1 - rate)
    return score
print("总评成绩:{:.2f}".format(myScore(82,90)))          # 期中比例 30%
print("总评成绩:{:.2f}".format(myScore(82,90,0.5)))      # 期中比例 50%
```

运行结果:

```
总评成绩: 87.60
总评成绩: 86.00
```

2. 名称传递参数

函数调用时,实参默认按照位置顺序传递参数,称为位置参数;也可以通过名称(关键字)指定传入的参数,按照名称指定的参数称为名称参数,也称为关键字参数。

使用名称传递参数有3个优点:参数意义明确;传递的参数与顺序无关;如果有多个可选参数,则可以选择指定某个参数值。如将例1-18修改为名称传递参数后如下:

```
# exam1-18 根据期中成绩和期末成绩,计算总评成绩
def myScore(midScore,endSore,rate = 0.3):
    score = midScore * rate + endSore * (1 - rate)
    return score
print("总评成绩:{:.2f}".format(myScore(82,90)))          # 期中比例 30%
print("总评成绩:{:.2f}".format(myScore(rate = 0.5,endScore = 90,midScore = 82)))
```

3. 可变参数

定义函数时,使用带星号的参数,如 * param1,则意味着允许向函数传递可变量的参数,调用函数时,自该参数之后的所有参数都被收集为一个元组。使用带两个 * 的参数,如 ** param2,则可以允许向函数传递可变数量的参数,调用函数时,从该参数之后所有参数被收集为一个字典。

【例1.19】 利用可变参数输出名单。

```
# exam1-19 利用可变参数输出名单
def nameSheet( * c):
    for name in c:
        print("{:^4}".format(name),end = " ")
    return(len(c))
count = nameSheet("李白","杜甫","王维","屈原")
print("共{:^4}人".format(count))
```

运行结果：

李白　　杜甫　　王维　　屈原　共 4 人

【例 1.20】　利用可变参数计算总人数。

```
♯exam1 - 20 利用可变参数计算总人数
def sumGroup( ** gp):
    print(gp)
    sum = 0
    for key in gp:
        sum = sum + gp[key]
    return sum
print(sumGroup(female = 5,male = 12))
```

对比下面的代码，虽然参数的传递方式不同，但其运行结果相同：

```
♯exam1 - 20 利用可变参数计算总人数
def sumGroup(gp):
    print(gp)
    sum = 0
    for key in gp:
        sum = sum + gp[key]
    return sum
print(sumGroup({'female':5,'male':12}))
```

运行结果：

```
{'female': 5, 'male': 12}
17
```

4. 返回多个值

在函数体中使用 return 语句，可以从函数执行过程中跳出并返回一个值。如果需要返回多个值，则可以返回一个元组。

【例 1.21】　编写一个函数，返回两个整数的最大数、商和余数。

```
♯exam1 - 21 编写一个函数,返回两个整数的最大数、商和余数
def fun(m,n):
    big = max(m,n)
    return (big,m//n,m % n)
a,b,c = fun(9,4)
print("最大数:",a)
print("商:",b)
print("余数:",c)
```

运行结果：

```
最大数: 9
商: 2
余数: 1
```

1.5　Python 语言的模块和类

当退出 Python 解释器再重新进入时，之前定义的函数或者变量都将丢失，因此通常将

程序写到文件中以便永久保存下来,需要时就通过 python test.py 命令去执行,此时 test.py 被称为脚本(Script)。

随着程序的发展,功能越来越多,为了方便管理,通常将程序分成一个个文件,这样做程序的结构更清晰,方便管理。这时不仅可以把这些文件当作脚本去执行,还可以把它们当作模块导入到其他的模块中,实现功能的重复利用。

将数据和操作进行封装,有类变量、类方法、实例方法等,以备将来使用。本节重点介绍 Python 语言的模块。

1.5.1　模块的分类

一个 .py 文件就是一个模块。在开发过程中不会把所有的代码都写在一个 .py 文件中。随着代码量的增大,可以按照功能将函数或者类分开存放到不同的 .py 文件中。这样代码更方便管理及后期的维护,也便于其他程序调用当前已经实现的功能。

在开发过程中,也经常引用其他模块,如 time、os、configparser、re 等。

在 Python 中模块一般有以下 3 种。

① Python 内置模块(标准库模块)。

② 第三方模块。

③ 自定义模块。

Python 安装好后,其本身就带有的库,称为 Python 的内置库,即内置模块。而第三方模块需要单独安装后才能导入使用。

1.5.2　模块的导入

模块的导入应该在程序开始的地方使用 import 语句。模块的导入有 3 种形式。

1. import 模块名

导入模块的语句如下:

```
import module1[, module2[,... moduleN]]
```

或

```
import module1
import module2
...
import moduleN
```

使用 import 语句导入模块时,Python 解释器首先会去内置名称空间中寻找,即判断导入的模块是否为内置模块(如 time 模块就是 Python 内置模块),然后再去 sys.path 列表中定义的路径从前往后寻找 .py 文件。例如:

```
>>> import time
>>> time.time()                                    #time()为 time 模块中的方法
1581391754.3919158                                 #从 1970 年到现在的时间秒数
>>> print(time.localtime())                        #结构化时间 struct_time
time.struct_time(tm_year = 2020, tm_mon = 2, tm_mday = 11, tm_hour = 13, tm_min = 48, tm_
sec = 0, tm_wday = 1, tm_yday = 42, tm_isdst = 0)
>>> t = time.localtime()
```

```
>>> print(t.tm_year)
2020
>>> import datetime
>>> datetime.datetime.now()                    ♯ datetime 为 datetime 模块中的类
datetime.datetime(2020, 2, 11, 11, 30, 4, 487418)
>>> print(datetime.datetime.now())
2020 - 02 - 11 13:43:31.268319

>>> print(datetime.date.fromtimestamp(time.time()))♯ 时间戳直接转成日期格式 2016 -
08 - 19
2020 - 02 - 11
```

2. import 模块名 as 模块别名

在导入模块时还可以对模块进行重命名,以方便使用;若是当前文件中存在同名的方法或变量,也可以通过这种方式避免冲突。例如:

```
import datetime as date
date.datetime.now()
```

3. from 模块名 import 属性

from import 语句完成两个功能:导入模块的同时会新建一个名称空间,将模块中的名称存放在该名称空间中。from import 语法如下:

```
from modename import name1[, name2[, ... nameN]]
```

将 name1 和 name2 单个导入到当前的名称空间中,name1 和 name2 可以是模块中的变量、方法和函数等。既然是导入到当前的名称空间中,就可以直接拿来使用,前面不需要再添加模块名称。例如:

```
from datetime import datetime
print(datetime.now())      ♯ 不需要写成 datetime.datetime.now()
```

import 与 from…import 的区别如下。

import 模块:导入一个模块。注:相当于导入的是一个文件夹,是个相对路径。

from…import:导入模块中的一个函数。注:相当于导入的是一个文件夹中的文件,是个绝对路径。

1.5.3 Python 的常用内置模块

1. time 模块(时间模块)

在 Python 中,通常有 3 种方式来表示时间,即时间戳、格式化的时间字符串、元组(struct_time)。

(1) 时间戳(timestamp):通常,时间戳表示的是从 1970 年 1 月 1 日 00:00:00 开始按秒计算的偏移量。运行"type(time.time())",返回的是 float 类型。

(2) 格式化的时间字符串(Format String):'2020-02-10'时间格式化符号。

(3) 元组(struct_time):struct_time 元组共有 9 个元素,包括年、月、日、时、分、秒、一年中第几周、一年中第几天等。

2. random 模块(随机数模块)

前边已有应用,不再赘述。

3. OS 模块（Python 调用系统动作的接口）

```
import os
print(os.getcwd())                          # 获取当前工作目录
os.chdir('D:\\Py_dir')                       # 切换目录
print(os.curdir)                            # 返回当前目录
print(os.pardir)                            # 返回父级目录
os.makedirs('aaa\\bbb\ccc')                  # 递归创建目录
os.removedirs('aaa\\bbb\ccc')                # 递归删除空目录,若非空则停止删除
os.mkdir('aaa')                             # 创建单目录
os.rmdir('aaa')                             # 删除单个非空目录
print(os.listdir())                         # 查看目录内容
os.remove()                                 # 删除一个文件
os.rename("oldname","newname")              # 重命名文件与目录
os.stat('aaa\\1.txt')                        # 获取文件的信息
print(os.sep)                               # 输出当前系统的分隔符 Windows 下是'\',Linux 下是'/'
os.linesep                                  # 输出当前系统的行终止符
os.pathsep                                  # 输出当前系统的路径分隔符
os.system()                                 # 执行系统命令
os.name()                                   # 返回系统类型
os.environ                                  # 返回环境变量
os.path.abspath()                           # 返回绝对路径
os.path.split('/aaa/bbb/1.txt')             # 把路径跟文件名分开
os.path.dirname('/aaa/bbb/1.txt')           # 返回文件所在的路径
os.path.basename('/aaa/bbb/1.txt')          # 返回文件名
os.path.exists('/aaa/bbb/1.txt')            # 判断目录是否存在
os.path.isabs('/aaa/bbb/')                  # 判断是否为绝对路径
os.path.isdir('/aaa/bbb/')                  # 判断目录是否存在
os.path.join(['aaa','bbb'])                 # 合并目录
```

4. sys 模块（对 Python 解释器的操作）

```
import sys
print(sys.argv)             # 以列表形式返回文件的绝对路径和所传递的参数
print(sys.argv[0])          # 返回当前文件的绝对路径
print(sys.argv[1])          # 返回传入当前文件的第一个参数
sys.exit()                  # 退出程序
sys.path                    # 返回模块路径的环境变量
print(sys.platform)         # 返回操作系统的名称
```

5. logging（日志模块）

logging 模块中的日志级别从小到大分为 debug（调试）、info（信息）、warning（警告）、error（错误）及 critical（严重）。logging 模块默认输出 warning 级别的日志,也可以对日志级别和输出格式进行个性化设置。

6. configparser（解析配置文件模块）

配置文件的格式与 Windows 下的 ini 配置文件相似,可以包含一个或多个节（Section）,每个节可以有多个参数（键＝值）。

7. re 模块（正则表达式）

正则表达式是一种小型的、用来匹配字符串的高度专业化的编程语言,Python 将正则表达式嵌入到 re 模块中。字符串自身的方法是完全匹配,而有些场景字符串自身的方法并

不能完全满足。比如：在一堆人员中过滤出电话号，这时就需要使用模糊匹配，而正则表达式就是为了提供模糊匹配的一种编程语言。

```
import re
s = "My name is Ye xiaohei"
print(re.findall('xiaohei',s))              # findall 以列表的形式输出所有匹配项
>>>['xiaohei']
print(re.findall('h.i',s))                  # 只能匹配一个字符,换行符(\n)除外
>>>['hei']
print(re.findall('^hei',s))                 # ^ 只从开头匹配
>>>[]
print(re.findall('hei$',s))                 # $ 只在结尾匹配
>>>['hei']
```

1.5.4　图形模块 turtle

turtle 库是 Python 语言中一个很流行的绘制图像的函数库。想象一个小乌龟，在一个横轴为 x、纵轴为 y 的坐标系原点(0,0)位置开始，它根据一组函数指令的控制，在这个平面坐标系中移动，从而在它爬行的路径上绘制图形。

1. 画布

画布就是绘图区域，可以设置它的大小和初始位置。

设置画布大小的语句格式：

```
turtle.screensize(canvwidth = None, canvheight = None, bg = None)
```

参数分别为画布的宽(单位像素)、高、背景颜色。例如：

```
turtle.screensize(800,600,"green")
turtle.screensize()              # 返回默认大小(400,300)
turtle.setup(width = 0.5, height = 0.75, startx = None, starty = None)
```

setup 方法的参数：width 和 height 输入宽和高为整数时表示像素，为小数时表示占据计算机屏幕的比例；(startx,starty)坐标表示矩形窗口左上角顶点的位置，如果为空，则窗口位于屏幕中心。例如：

```
turtle.setup(width = 0.6, height = 0.6)
turtle.setup(width = 800, height = 600, startx = 100, starty = 100)
```

2. 画笔

在画布上，默认有一个坐标原点为画布中心的坐标轴，坐标原点上有一只面朝 x 轴正方向小乌龟。坐标原点(位置)和面朝 x 轴正方向(方向)就是使用位置方向描述小乌龟(画笔)的状态。

画笔包括画笔的属性、颜色、画线的宽度等。

(1) turtle.pensize()：设置画笔的宽度。

(2) turtle.pencolor()：没有参数传入，返回当前画笔颜色，传入参数设置画笔颜色，可以是字符串，如"green"、"red"，也可以是 RGB 三元组。

(3) turtle.speed(speed)：设置画笔移动速度，画笔绘制的速度范围[0,10]，为整数，数字越大表示越快。

3. 绘图命令

操纵画笔绘图有许多命令,这些命令可以划分为 3 种:一种为运动命令;一种为画笔控制命令;还有一种是全局控制命令。具体说明见表 1.8 至表 1.10。

表 1.8　画笔运动命令

命　令	说　明
turtle. forward(distance)	向当前画笔方向移动 distance 像素长度
turtle. backward(distance)	向当前画笔相反方向移动 distance 像素长度
turtle. right(degree)	顺时针方向移动 degree
turtle. left(degree)	逆时针方向移动 degree
turtle. pendown()	移动时绘制图形,默认时也为绘制
turtle. goto(x,y)	将画笔移动到坐标为 (x,y) 的位置
turtle. penup()	提起笔移动,不绘制图形,用于另起一个位置绘制
turtle. circle()	画圆,半径为正(负),表示圆心在画笔的左边(右边)画圆
setx()	将当前 x 轴移动到指定位置
sety()	将当前 y 轴移动到指定位置
setheading(angle)	设置当前朝向为 angle 角度
home()	设置当前画笔位置为原点,朝向东
dot(r)	绘制一个指定直径和颜色的圆点

表 1.9　画笔控制命令

命　令	说　明
turtle. fillcolor(colorstring)	绘制图形的填充颜色
turtle. color(color1,color2)	同时设置 pencolor＝color1、fillcolor＝color2
turtle. filling()	返回当前是否在填充状态
turtle. begin_fill()	准备开始填充图形
turtle. end_fill()	填充完成
turtle. hideturtle()	隐藏画笔的 turtle 形状
turtle. showturtle()	显示画笔的 turtle 形状

表 1.10　全局控制命令

命　令	说　明
turtle. clear()	清空 turtle 窗口,但是 turtle 的位置和状态不会改变
turtle. reset()	清空窗口,重置 turtle 状态为起始状态
turtle. undo()	撤销上一个 turtle 动作
turtle. isvisible()	返回当前 turtle 是否可见
stamp()	复制当前图形
turtle. write(s[, font = ("fontname",font_size,"font_type")])	写文本,s 为文本内容,font 是字体的参数,分别为字体名称、大小和类型;font 为可选项,font 参数也是可选项

4. 应用实例

【例 1.22】　绘制太阳花。

参考代码如下:

```
＃exam1-22 绘制太阳花
```

```
import turtle
import time
#同时设置 pencolor = color1, fillcolor = color2
turtle.color("red", "yellow")
turtle.begin_fill()
for _ in range(50):
    turtle.forward(200)
    turtle.left(170)
turtle.end_fill()
turtle.mainloop()
```

程序运行结果如图 1.5 所示。

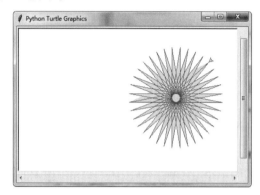

图 1.5　绘制太阳花

1.5.5　扩展模块 NumPy

NumPy 是 Python 中科学计算的基础软件包,它提供了众多数学运算工具,这些数学运算工具包括线性代数中的矩阵和向量运算、傅里叶变换、多维数组运算、数据统计运算以及丰富的数学函数库。

在编写机器学习算法时,需要对矩阵、向量进行各种数值计算。这些繁杂的计算都可以交给 NumPy 来完成;NumPy 对数值积分、微分、内插、外推等数学任务的计算也非常有用;在图像处理方面,NumPy 也提供了丰富的图像处理函数库来完成图像处理任务,如镜像图像、旋转图像等。

NumPy 是 Python 语言的扩展库。因此,需要额外安装 NumPy 库,安装 NumPy 库非常简单,使用 Python 的 pip 工具可以在线安装 NumPy 库。pip 工具主要用于 Python 包的查找、下载、安装、卸载的功能,pip 工具主要是从 Python Package 包管理库查找 Python 包,大多数流行的 Python 开源项目的作者都会将开源项目包上传到 Python Package 包管理库中。

pip 命令文件在 Python 的 Scripts 文件夹里,如目录"C:\Users\Administrator\AppData\Local\Programs\Python\Python38-32\Scripts",如果提前设置好环境变量 path,使用会更为方便;否则需要在当前目录下使用该命令。

当 pip 版本不是最新版本时,pip 会提示是否更新 pip 版本。在 Windows 命令行窗口输入更新命令:

```
python - m pip install - upgrade pip
```

更新后,使用 pip install numpy 命令完成安装,如图 1.6 所示。

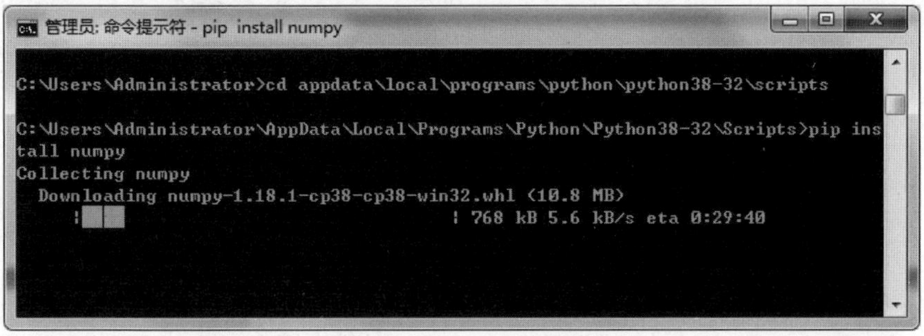

图 1.6 pip 安装第三方库

如果安装的是 pip3 版本,也可以使用 pip3 安装,操作过程相同。安装成功后就可以导入第三方模块了。例如:

```
>>> import numpy
```

【例 1.23】 绘制树叶。

```
#exam1-23 绘制树叶
from numpy import *
from random import random
import turtle
turtle.reset()
x = array([[.5],[.5]])
p = [0.85,0.92,0.99,1.00]
A1 = array([[.85, 0.04],
     [-0.04,.85]])
b1 = array([[0],[1.6]])
A2 = array([[0.20,-0.26],
     [0.23,0.22]])
b2 = array([[0],[1.6]])
A3 = array([[-0.15,0.28],
     [0.26,0.24]])
b3 = array([[0],[0.44]])
A4 = array([[0,0],
     [0,0.16]])
turtle.color("blue")
cnt = 1
while True:
cnt += 1
if cnt == 2000:
    break
r = random()
if r < p[0]:
    x = dot(A1 , x) + b1
elif r < p[1]:
    x = dot(A2 , x) + b2
elif r < p[2]:
    x = dot(A3 , x) + b3
else:
    x = dot(A4 , x)
#print x[1]
```

```
turtle.up()
turtle.goto(x[0][0] * 50,x[1][0] * 40 - 240)
turtle.down()
turtle.dot()
```

程序运行结果如图 1.7 所示。

图 1.7　绘制树叶

第2章
Python图像处理库及安装

本章学习目标
- 对比了解 Python 常用图像库。
- 掌握第三方库的安装方法。
- 掌握 OpenCV 安装过程。
- 解析医学图像库 Pydicom。

现实世界充满了各种数据,而图像就是其中的重要组成部分,若想其有所应用,就需要对这些图像进行处理。图像处理是分析和操纵数字图像的过程,旨在提高其质量或从中提取一些信息,然后将其用于某些方面。例如,医学图像的处理,主要目的就是为了更清晰地看到病灶局部,为医生做出诊断提供真实的数据。

图像处理中的常见任务包括显示图像,基本操作如裁剪、翻转、旋转等,更有图像增强、分割、分类、配准和特征提取、图像恢复和图像识别等。Python 之所以成为图像处理任务的最佳选择,是因为这一科学编程语言日益普及,并且其自身免费提供许多最先进的图像处理工具,尤其是 Python 社区提供的第三方库,为图像处理提供了便捷工具。

本书应用最多的是 OpenCV 库和 Matplotlib 库,有时也会提及 Scikit-Image 和 Pillow 库,首先让我们了解一下用于图像处理任务的一些常用 Python 库。

2.1 Python 常用图像处理库

2.1.1 Scikit-Image

Scikit-Image 全称是 Scikit-Image SciKit(toolkit for SciPy),也称为 skimage,是一个基于 NumPy 数组的开源 Python 包。它实现了用于研究、教育和工业应用的算法和实用程序。即使是对那些刚接触 Python 的初学者,也是一个相当简单的库。此库代码质量非常高,并已经过同行评审,是由一个活跃的志愿者社区编写的。

skimage 包由许多子模块组成,各个子模块提供不同的功能。主要子模块列表如表 2.1 所示。

表 2.1　skimage 子模块功能

子模块名称	主要实现功能
io	读取、保存和显示图片或视频
data	提供一些测试图片和样本数据

子模块名称	主要实现功能
color	颜色空间变换
filters	图像增强、边缘检测、排序滤波器、自动阈值等
draw	操作于 numpy 数组上的基本图形绘制,包括线条、矩形、圆和文本等
transform	几何变换或其他变换,如旋转、拉伸和拉伸变换等
morphology	形态学操作,如开闭运算、骨架提取等
exposure	图片强度调整,如亮度调整、直方图均衡等
feature	特征检测与提取等
measure	图像属性的测量,如相似性或等高线等
segmentation	图像分割
restoration	图像恢复
util	通用函数

Scikit-Image 是基于 NumPy,因此需要安装 NumPy 和 SciPy,同时需要安装 Matplotlib 进行图片的实现等。因此,需要安装以下包(括号内表示当前较新版本):

```
numpy (1.18.1)
Matplotlib (3.2.1)
scikit-image (0.16.2)
scipy (1.4.1)
```

也可以直接下载集成开发环境 Anaconda,该环境已经集成了数字图像处理相关的包,因此安装起来比较方便。

一般使用 pip 命令安装,在 cmd 窗口输入命令:

```
pip install scikit - image
```

可以通过以下程序简单测试相关库是否安装成功:

```
import numpy as np
import scipy as sp
import Matplotlib.pyplot as plt
from skimage import io
img = io.imread("./cat.png")          # 读取图片文件
print(img.shape)                       # 输出图片
plt.imshow(img)                        # 显示图片
plt.show()
```

若显示正常,则可以认为相关的库安装成功。

2.1.2 NumPy

NumPy(Numerical Python)是 Python 中的一个线性代数库。对每个数据科学或机器学习 Python 包而言,这都是一个非常重要的库,SciPy(Scientific Python)、Matplotlib (Plotting Library)、Scikit-Learn 等都在一定程度上依赖于 NumPy。

NumPy 支持数组结构,对数组执行数学运算和逻辑运算时,NumPy 非常重要,在用 Python 对 n 维数组和矩阵进行运算时,NumPy 提供了大量有用特征。

图像本质上是包含数据点像素的标准 NumPy 数组,因此,通过使用基本的 NumPy 操作,如切片、脱敏和花式索引,可以修改图像的像素值。可以使用 skimage 加载图像并使用 Matplotlib 显示,也可以使用 NumPy 来对图像进行脱敏处理。

如果你已经装有 Anaconda,那么可以使用以下命令通过终端或命令提示符安装 NumPy:

```
conda install numpy
```

如果没有 Anaconda,可以在 cmd 窗口使用 pip 命令从终端上安装 NumPy:

```
pip install numpy
```

2.1.3　SciPy

SciPy 是 Python 的另一个核心科学模块,就像 NumPy 一样,可用于基本的图像处理和处理任务,是一个用于数学、科学、工程领域的常用软件包,可以处理插值、积分、优化、图像处理、常微分方程数值解的求解、信号处理等问题。它用于有效计算 NumPy 矩阵,使 NumPy 和 SciPy 协同工作,可高效解决问题。

值得一提的是,子模块 scipy.ndimage 提供了在 n 维 NumPy 数组上运行的函数。该软件包目前包括线性和非线性滤波、二进制形态、B 样条插值和对象测量等功能。使用 SciPy 的高斯滤波器可以对图像进行模糊处理。

在联网的情况下,进入 Windows 命令行输入"pip install scipy"命令,可完成安装。

2.1.4　PIL/Pillow

PIL(Python Imaging Library)是一个免费的 Python 编程语言库,它增加了对打开、处理和保存许多不同图像文件格式的支持。然而,它的发展停滞不前,其最后一次更新还是在 2009 年。幸运的是,PIL 有一个正处于积极开发阶段的分支 Pillow,非常易于安装。Pillow 能在所有主要操作系统上运行并支持 Python 3。该库包含基本的图像处理功能,包括点操作、使用一组内置卷积内核进行过滤以及颜色空间转换。

Pillow 的文档:http://pillow.readthedocs.io/en/latest/。

Pillow 的 github:https://github.com/python-pillow/Pillow。

在联网的情况下,进入 Windows 命令行输入"pip install pillow"命令,可完成安装。

使用方式:

```
# python2
import Image
# python3(因为是派生的 PIL 库,所以要导入 PIL 中的 Image)
from PIL import Image
```

如打开一个图像文件的操作如下:

```
from PIL import Image    # Python3 使用
im = Image.open("1.png")
im.show()
```

Pillow 库中,核心模块 Image,此外还有 ImageChops(图片计算)、ImageInhance(图片

效果)、ImageFilter(图片滤镜)、ImageDraw(绘图)等主要模块,使用 ImageFilter 可增强 Pillow 中的图像。

例如,过滤操作就有多种,见下面的代码:

```
from PIL import Image, ImageFilter
im = Image.open('1.png')
im.filter(ImageFilter.GaussianBlur)          # 高斯模糊
im.filter(ImageFilter.BLUR)                   # 普通模糊
im.filter(ImageFilter.EDGE_ENHANCE)          # 边缘增强
im.filter(ImageFilter.FIND_EDGES)            # 找到边缘
im.filter(ImageFilter.EMBOSS)                # 浮雕
im.filter(ImageFilter.CONTOUR)               # 轮廓
im.filter(ImageFilter.SHARPEN)               # 锐化
im.filter(ImageFilter.SMOOTH)                # 平滑
im.filter(ImageFilter.DETAIL)                # 细节
```

2.1.5　OpenCV-Python

OpenCV 的全称是 Open Source Computer Vision Library,是一个跨平台的计算机视觉库。OpenCV 是由 Intel 公司发起并参与开发,以 BSD 许可证授权发行,可以在商业和研究领域中免费使用。OpenCV 可用于开发实时的图像处理、计算机视觉及模式识别程序。该程序库也可以使用 Intel 公司的 IPP 进行加速处理。

OpenCV-Python 是 OpenCV 的 Python API,其不仅速度快(因为后台由用 C/C++ 编写的代码组成),也易于编码和部署(由于前端的 Python 包装器),这使其成为执行计算密集型计算机视觉程序的绝佳选择。

OpenCV 具有以下特性。

① 图像数据操作(分配、释放、复制、设定、转换)。

② 图像与视频 I/O(基于文件/摄像头输入、图像/视频文件输出)。

③ 矩阵与向量操作与线性代数计算(相乘、求解、特征值、奇异值分解 SVD)。

④ 各种动态数据结构(列表、队列、集、树、图)。

⑤ 基本图像处理(滤波、边缘检测、角点检测、采样与插值、色彩转换、形态操作、直方图、图像金字塔)。

⑥ 结构分析(连接成分、轮廓处理、距离转换、模板匹配、Hough 转换、多边形近似、线性拟合、椭圆拟合、Delaunay 三角化)。

⑦ 摄像头标定(寻找并跟踪标定模板、标定、基础矩阵估计、homography 估计、立体匹配)。

⑧ 动作分析(光流、动作分割、跟踪)。

⑨ 对象辨识(特征方法、隐马尔可夫链模型 HMM)。

⑩ 基本 GUI(显示图像/视频、键盘鼠标操作、滚动条)。

⑪ 图像标识(直线、圆锥、多边形、文本绘图)。

OpenCV 模块包括 cv-OpenCV 主要函数、cvaux-辅助(试验性) OpenCV 函数、cxcore-数据结构与线性代数算法和 highgui GUI 函数。

本书选用 OpenCV 作为主要处理工具。

2.1.6　SimpleCV

SimpleCV 也是用于构建计算机视觉应用程序的开源框架,通过它可以访问如 OpenCV 等高性能的计算机视觉库,而无须首先了解位深度、文件格式或色彩空间等。学习难度远远小于 OpenCV,并且正如宣传的标语所说,"它使计算机视觉变得简单"。支持 SimpleCV 的一些观点如下。

① 即使是初学者也可以编写简单的机器视觉测试。

② 摄像机、视频文件、图像和视频流都可以交互操作。

2.1.7　Mahotas

Mahotas 是另一个用于 Python 的计算机视觉和图像处理库,它包含传统的图像处理功能(如滤波和形态学操作)以及用于特征计算的更现代的计算机视觉功能(包括兴趣点检测和局部描述符)。该接口使用 Python,适用于快速开发,但算法是用 C++实现的,并且针对速度进行了优化。

Mahotas 库运行很快,它的代码很简单,对其他库的依赖性也很小。

2.1.8　SimpleITK

ITK(Insight Segmentation and Registration Toolkit)是一个开源的跨平台系统,为开发人员提供了一整套用于图像分析的软件工具。其中,SimpleITK 是一个建立在 ITK 之上的简化层,旨在促进其在快速原型设计、教育及脚本语言中的使用。SimpleITK 是一个包含大量组件的图像分析工具包,支持一般的过滤操作、图像分割和配准。

SimpleITK 本身是用 C++编写的,但可用于包括 Python 在内的大量编程语言。

2.1.9　Pgmagick

Pgmagick 是 GraphicsMagick 库基于 Python 的包装器。GraphicsMagick 图像处理系统有时被称为图像处理的瑞士军刀。它提供了强大而高效的工具和库集合,支持超过 88 种主要格式图像的读取、写入和操作,包括 DPX、GIF、JPEG、JPEG-2000、PNG、PDF、PNM 和 TIFF 等重要格式。

2.1.10　Pycairo

Pycairo 是图形库 Cairo 的一组 Python 绑定。Cairo 是一个用于绘制向量图形的 2D 图形库。向量图形很有趣,因为它们在调整大小或进行变换时不会降低清晰度。Pycairo 库可以从 Python 调用 cairo 命令。

Pycairo 可以绘制线条、基本形状和径向渐变,效果如图 2.1 所示。

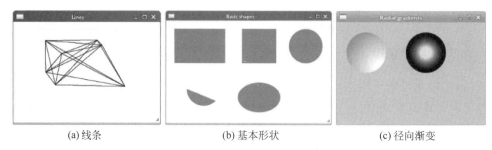

(a)线条　　　　　　　　(b)基本形状　　　　　　　　(c)径向渐变

图 2.1　Pycairo 绘制的图形

2.2　第三方库的安装方法

Python 语言功能强大的原因之一就是具有很多第三方库,图像处理库就是其中一部分。在 http://pypi.python.org/pypi 的 Python 社区里,提供 20 多万个第三方库(每天增加),如图 2.2 所示。

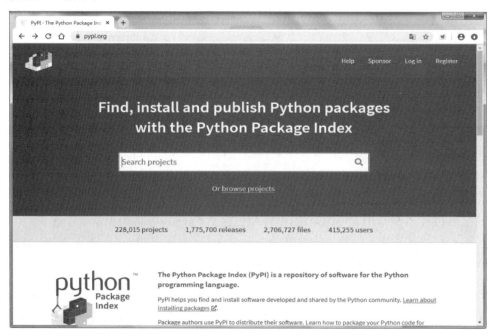

图 2.2　Python 社区

在 Python 社区,可以搜索任何主题的 Python 第三方库。例如,搜索"OpenCV",会得到图 2.3 所示界面。选择适合开发的第三方库,阅读该库的使用方法,完成自己所需功能。

使用 Python 第三方库前,必须先安装库,常用的安装方法介绍如下。

2.2.1　pip 命令和环境变量

1. pip 命令

pip 命令是每个操作系统都提供的命令行,可以在 Windows 命令行下输入"pip -h"来检

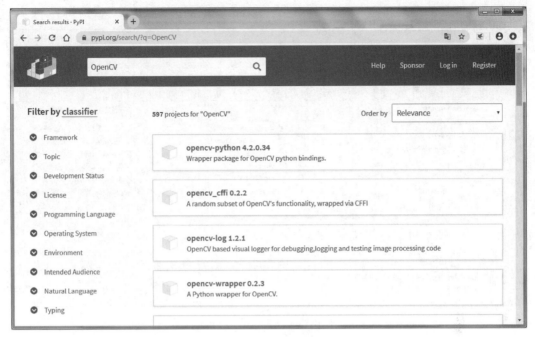

图 2.3　OpenCV 搜索界面

阅 pip 命令的相关信息。

　　选择"开始"→"附件命令提示符",输入"pip -h"命令,会出现图 2.4 所示窗口。

图 2.4　pip 命令相关信息

　　一般情况下,如果安装 Python 2 版本是不小于 2.7.9,Python 3 版本是不小于 3.4,pip 已一起随 Python 安装成功了。图 2.5 是 Python 3.8 版本的安装目录,可以看出 Python 安装默认的目录为"C:\Users\Administrator\AppData\Local\Programs\Python\Python38-32",而 pip 自动放在 Scripts 文件夹里。

图 2.5 中还能看到 pip3. exe 文件,可见 pip 还有一个 pip3 命令,两者区别如下。

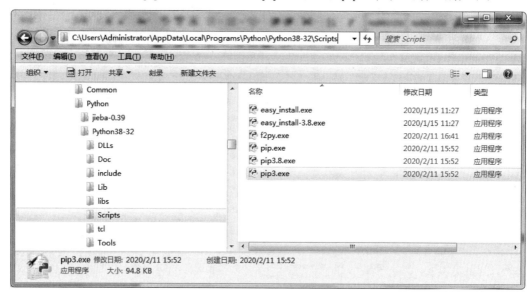

图 2.5　随 Python 一起安装的 pip 命令文件

(1) pip 是 Python 的包管理工具,pip 和 pip3 版本不同,都位于 Scripts\目录下。

(2) 如果系统中只安装了 Python 2,就只能使用 pip。

(3) 如果系统中只安装了 Python 3,那么既可以使用 pip 也可以使用 pip3,两者等价。

(4) 如果系统中同时安装了 Python 2 和 Python 3,则 pip 默认给 Python 2 用,pip3 指定给 Python 3 用。

(5) 虚拟环境中,若只存在一个 Python 版本,可以认为在用系统中 pip 和 pip3 命令都是相同的。

如果没有 Python,首先需要到官网 https://www.python.org/免费下载安装程序。如果没有 pip,需要到 Python 社区下载 pip 压缩包,然后解压。安装过程如下。

第一步:打开 Windows 的命令提示符。

第二步:进入解压后的 pip 目录。

第三步:在命令提示符下输入命令"python setup.py install"进行 pip 模块安装,安装完成后会有"Finished"字样。

2. 设置环境变量

pip 命令类似于 DOS 的一个外部命令,要想在任何路径下使用 pip 命令,就必须在 Python 安装后设置 pip 或 python 目录的环境变量;否则必须到安装目录下使用该命令。

环境变量的设置方法:打开"计算机"属性窗口,如图 2.6 所示。选择"高级系统设置"→"环境变量",打开图 2.7 所示对话框。通过"编辑"按钮,将"C:\Users\Administrator\AppData\Local\Programs\Python\Python38-32\Scripts"路径添加到系统变量"path"中,注意各路径以";"分号隔开。

pip 命令是否安装成功,或者是否可以正常使用,可以通过命令"pip list"或"pip help"测试。如图 2.8 所示,如果没有报错,则表示成功。

图 2.6 "计算机"属性

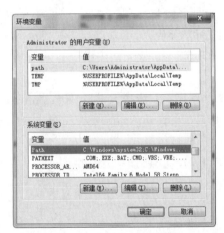

图 2.7 "环境变量"设置

图 2.8 检测 pip 命令

pip 方法安装需要你的计算机联网。如果安装过程中显示 pip 版本低,可用"python -m pip install　--update pip"命令升级。pip 常用功能如表 2.2 所示。

表 2.2　pip 常用功能

命　　令	功　　能
pip install <第三方库>	安装指定的第三方库
pip install -U <第三方库>	使用-U 标签更新已安装的指定第三方库
pip uninstall <第三方库>	卸载指定的第三方库
pip download <第三方库>	下载但不安装指定的第三方库
pip show <第三方库>	列出指定的第三方库的详细信息
pip list	列出当前系统已经安装的第三方库
pip search <关键词>	根据关键词在名称和介绍中搜索第三方库

2.2.2　文件安装

有些第三方库使用 pip 命令可以将文件下载到本地,但无法安装。原因是这些第三方库提供的并不是可执行文件,而是源代码,下载以后需要结合用户的操作系统进行编译后再安装,如果操作系统没有编译环境,pip 就无法安装。这种情况下,可以直接下载编译后的版本。

国内提供 whl 文件镜像的网站有:清华大学(https://mirrors.tuna.tsinghua.edu.cn/simple/)、中国科技大学(https://pypi.mirrors.ustc.edu.cn/simple/)等。

whl 文件是 Python 库的一种打包格式,相当于安装包文件。实际上 whl 文件是一个压缩格式的文件,可以改其扩展名为 .zip 查看其中内容。

例如,安装 wordcloud 库(64 位),在 UCI 页面(https://www.lfd.uci.edu/~gohlke/pythonlibs/)查找 wordcloud 对应版本(wordcloud-1.5.0-cp37-cp37m-win64.whl),下载后,使用 pip 命令安装。在命令窗口输入:

pip install wordcloud－1.5.0－cp37－cp37m－win64.whl

当屏幕显示"Successfully……"时,表示安装成功。

2.2.3　程序安装

类似于操作系统下的批处理文件,Python 也可以创建安装文件,一次性自动安装一批第三方库。

例如,同时安装表 2.3 所示的 10 个第三方库,借助 os 库,用程序批量自动安装。

表 2.3　需安装的 10 个第三方库

序　号	库　　名	用　　途
1	Jieba	中文分词
2	pyinstall	打包 Python 源文件为可执行文件
3	pillow	图像处理
4	numpy	N 维数据表示及运算

序　号	库　　名	用　　途
5	Matplotlib	二维数据可视化
6	Requests	HTTP 协议访问及网络爬虫
7	BeautifulSoup4	HTML 和 XML 解析器
8	Pandas	高效数据分析和计算
9	Scikit-Learn	机器学习和数据挖掘
10	PyGame	简单小游戏开发框架

os 库是 Python 标准库,包含几百个函数,具有处理常用路径、进程管理、环境参数设置等功能,还提供通用、基本的操作系统交互功能。

创建一个名为 autoinstall.py 程序,代码如下:

```
#autoinstall.py
Import os
Libs = {"jieba","pyinstaller","pillow","numpy"," Matplotlib","requests","beautifulsoup4"\
"pandas","sklearn","pygame"}
Try
    for lib in libs
        os.system("pip install " + lib)
    print("Successful")
except:
  print("Failed")
```

首先引入 os 库,建立一个集合 libs,包含表 2.3 所列的 10 个库名;然后使用"try …except"捕获异常,在"try"语句中,使用 for lib in libs 逐一遍历集合中的每一个元素(库),使用 os.system()循环调用指令:pip install＋集合中一个元素;为提升用户体验,增加了两条 print()输出语句告诉用户安装是否成功。

在 Windows 命令行输入命令"python autoinstall.py",即可完成批量安装。可以使用"pip list"命令查看安装列表。

2.2.4　pip 版本升级和镜像安装

pip 升级或者安装第三方库时,由于安装源问题,经常出现连接超时,下载不了安装包。一般提示信息:"cannot find a version……"。这里介绍一种镜像安装的方法,常用的镜像数据源有以下几个。

- 阿里云:http://mirrors.aliyun.com/pypi/simple/
- 豆瓣(douban):http://pypi.douban.com/simple/
- 清华大学:https://mirrors.tuna.tsinghua.edu.cn/
- 中国科学技术大学:http://pypi.mirrors.ustc.edu.cn/simple/

例如,使用"pip install pydicom"命令安装 pydicom 库时,给出提示信息:

```
WARNING: You are using pip version 20.0.1, however version 20.2.2 is available.
You should consider upgrading via the 'python － m pip install －— upgrade pip' command.
```

然而使用"python -m pip install --upgrade pip"命令并不能进行升级安装,这时可以使用镜像安装修改下载源。

第一步,Windows 下找到系统盘下 C:\Users\用户名\AppData\Roaming,查看在 Roaming 文件夹下有没有 pip 文件夹,如果没有需创建一个。

第二步,进入 pip 文件夹,创建一个 pip.ini 文件。

第三步,使用记事本的方式打开 pip.ini 文件,输入:

```
[global]
index - url = https://pypi.tuna.tsinghua.edu.cn/simple/          # 指定下载源
trusted - host = https://pypi.tuna.tsinghua.edu.cn/simple/       # 指定安全域名
```

存盘退出,在命令提示符下输入命令:

```
pip install - i https://pypi.tuna.tsinghua.edu.cn/simple/ -- upgrade pip - user
```

完成 pip 的升级后就可以正常使用了。

当然也可以直接使用镜像完成其他库的安装,如安装 pydicom 库,使用命令:

```
pip install pydicom - i https://pypi.tuna.tsinghua.edu.cn/simple
```

或者命令:

```
pip install keras - i http://pypi.douban.com/simple -- trusted - host pypi.douban.com
```

其中 pydicom 和 keras 是安装的库,https://pypi.tuna.tsinghua.edu.cn 和 http://pypi.douban.com 是镜像数据源,可以根据自己需求相应变化。

2.3 图像处理库 Scikit-Image 安装

前面介绍了 10 种图像处理库,其中 PIL 和 Pillow 只提供最基础的数字图像处理,功能有限,Scikit-Image 是基于 SciPy 的一款图像处理包,它将图片作为 NumPy 数组进行处理,提供分割、几何变换、色彩操作、分析、过滤等算法。所以,在第 3 章数字图像处理部分选用了 Scikit-Image 库的部分功能。

Scikit-Image 是纯 Python 语言实现的 BSD 许可开源图像处理算法库,主要的优势在于以下几点。

① 提供一套高质量易用性强的图像算法库 API。

② 满足研究人员与学生学习图像处理算法的需要,算法 API 参数可调。

③ 满足工业级应用开发需求,有实际应用价值。

Scikit-Image 主要模块如图 2.9 所示。

Scikit-Image 库的安装如图 2.10 所示。

命令提示行输入命令:

```
C:\Users\Administrator > pip install scikit - image
```

安装成功的提示信息如图 2.11 所示,从图中还可以看出同时安装了 SciPy 和 Matplotlib,并显示出版本号。用"pip list"命令显示安装列表如图 2.11 所示。

结合 2.1.1 小节介绍的内容,可以测试和应用 Scikit-Image 中的功能函数处理图像。

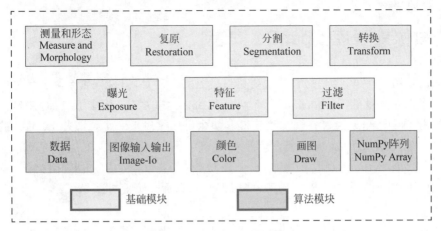

图 2.9　Scilit-Image 主要模块

图 2.10　Scilit-Image 库的安装

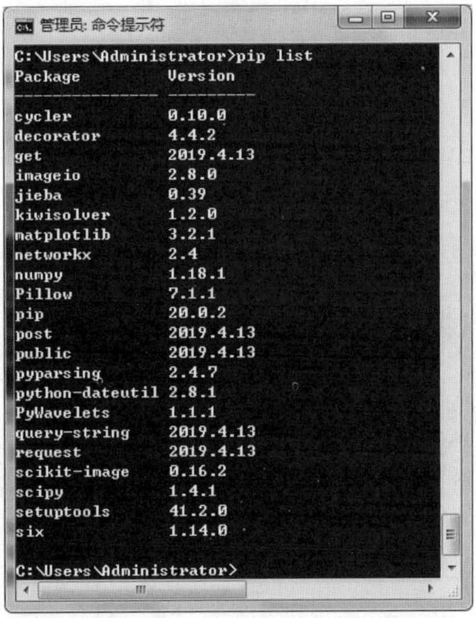

图 2.11　pip list 显示安装列表

2.4　图像处理库 OpenCV 安装

　　OpenCV 用 C++语言编写，它的主要接口也是 C++语言，但是依然保留了大量的 C 语言接口。该库也有大量的 Python、Java 和 MATLAB/OCTAVE(版本 2.5)的接口。这些语言的 API 接口函数可以通过在线文档获得。如今也提供对于 C♯、Ch、Ruby、GO 的支持。

　　简单理解 OpenCV 就是一个库，是一个 SDK、一个开发包，解压后可以直接使用。OpenCV 有两个 Python 接口，老版本的 cv 模块使用 OpenCV 内置的数据类型，新版本的 cv2 模块使用 NumPy 数组。对于新版本的模块，可以通过下面方式导入：

```
import cv2
```

而老版本的模块则通过下面方式导入：

```
import cv2.cv
```

但是使用之前，需要安装 OpenCV。

2.4.1　pip 命令安装 OpenCV

　　由于 OpenCV 模块使用 NumPy 数组，所以安装 OpenCV 之前首先安装 NumPy 和 SciPy 模块，安装时需特别注意版本的匹配问题。本书采用的版本环境是：Windows 7，Python 3.8，NumPy 1.18.3，OpenCV 4.2.0。

　　命令提示行输入命令：

```
C:\Users\Administrator > pip install numpy
```

pip 命令会自动搜索最新 NumPy 的版本，完成 NumPy 的安装。

　　注：在 Anaconda 环境下，由于自带 NumPy 和 SciPy 模块，所以直接在 Prompt 窗口安装 OpenCV 即可。

　　然后，命令提示行输入命令(pip 和 pip3 均可)：

```
C:\Users\Administrator > pip install opencv - python
C:\Users\Administrator > pip3 install Opencv - python
```

安装过程如图 2.12 和图 2.13 所示。

图 2.12　OpenCV 安装命令

图 2.13　OpenCV 安装成功

2.4.2　whl 文件安装 OpenCV

从图 2.12 中可以看出，执行"pip3 install Opencv-python"命令时，实际上是联网下载安装文件"OpenCV_python-4.2.0.34-cp38-win32.whl"，然后进行安装。所以，也可以自己直接从网上下载匹配的 whl 文件，然后通过执行以下命令完成安装：

C:\Users\Administrator > pip install opencv_python － 4.2.0.34 － cp38 － win32.whl

这种安装方法时间更为高效，而 pip 方法更为快捷。

2.4.3　直接下载 OpenCV

到 OpenCV 官网(https://OpenCV.org/)下载 Windows 平台的 OpenCV 最新版本，如图 2.14 所示。由于 OpenCV 支持许多平台，如 Windows、Android、Maemo、FreeBSD、OpenBSD、iOS、Linux 和 macOS，一般都是用 Windows，所以在这里下载 Win pack，如图 2.15 所示。

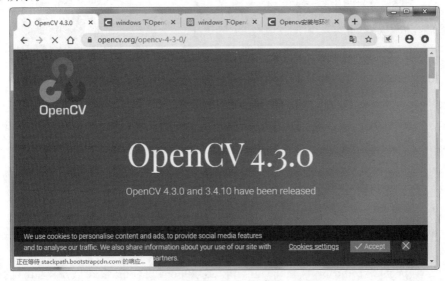

图 2.14　OpenCV 官网

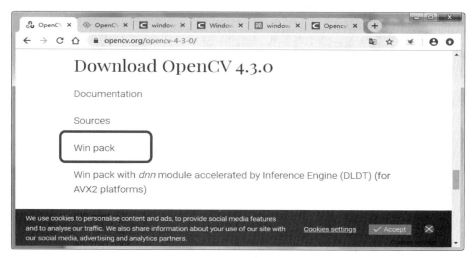

图 2.15 OpenCV 4.3.0 版本的 Win pack 下载

下载文件如图 2.16 所示，这里放在 C 盘根目录下。双击该文件将其解压缩，单击"extract"按钮，解压后生成"OpenCV"文件夹，包含文件如图 2.17 所示。其中 build 是 OpenCV 使用时要用到的一些库文件，而 sources 中则是 OpenCV 官方提供的一些 demo 示例源代码。

为了方便使用，需要在系统环境变量的 path 中加入 bin 目录，当前版本的 bin 目录为 C:\OpenCV\build\x64\vc15\bin。

图 2.16 OpenCV 4.3.0 版本对应的文件

图 2.17 解压后 OpenCV 包含的文件

OpenCV 文件夹可以放在硬盘的任何位置，为了编程引用方便，需要设置默认搜索路径的环境变量。

将"C:\OpenCV\build\x64\vc15\bin"和"C:\OpenCV\build\x64\vc15\lib"的目录路径设置在环境变量 path 中。设置窗口如图 2.18 所示。

图 2.18　OpenCV 的路径设置

最后,将"C:\OpenCV\build\python\cv2\python-3.8"路径下的"cv2.cp38-win_amd64.pyd"复制到"C:\Users\Administrator\AppData\Local\Programs\Python\Python38-32\Lib\site-packages"文件夹里。注意:根据自己的安装目录和版本做相应的选择。

2.4.4　API

在介绍第三方库时,多次提到 Python API,什么是 API?

操作系统是用户与计算机硬件系统之间的接口,用户通过操作系统的帮助,可以快速、有效和安全、可靠地操纵计算机系统中的各类资源,以处理自己的程序。为使用户能方便地使用操作系统,OS 又向用户提供了以下两类接口。

(1) 用户接口。操作系统专门为用户提供了"用户与操作系统的接口",通常称为用户接口。该接口支持用户与 OS 之间进行交互,即由用户向 OS 请求提供特定的服务,而系统则把服务的结果返回给用户。

(2) 程序接口。操作系统向编程人员提供了"程序与操作系统的接口",简称程序接口,又称应用程序接口(Application Programming Interface,API),该接口是为程序员在编程时使用的。系统和应用程序通过这个接口,可在执行中访问系统中的资源和取得 OS 的服务,也是程序能取得操作系统服务的唯一途径。大多数操作系统的程序接口是由一组系统调用(System Call)组成,每一个系统调用都是一个能完成特定功能的子程序。

操作系统提供的 API 有两类,即 Windows API 和 UNIX API。

Windows 系统除了协调应用程序的执行、内存的分配、系统资源的管理外,同时也是一个很大的服务中心。调用这个服务中心的各种服务(每种服务就是一个函数),可以帮助应用程序达到开启视窗、描绘图形和使用周边设备等目的,由于这些函数服务的对象是应用程序,所以称之为 API 函数。

API 是一些预先定义的函数,或指软件系统不同组成部分衔接的约定,用来提供应用程序与开发人员基于某软件或硬件得以访问的一组例程,用户无须访问源代码,也无须理解内部工作机制的细节。

图 2.19 对话框

Python 使用 API 时需要提前导入或者安装含有 API 函数的库,下面以调用 Windows API 函数 MessageBox 为例介绍 API 调用方法。

MessageBox 是 Windows 的一个 API 接口,作用是显示一个对话框,如图 2.19 所示。原型如下:

```
int WINAPI MessageBox(HWND hWnd,LPCTSTR lpText,LPCTSTR
lpCaption,UINT uType);
```

第一个参数 hWnd,指明了该对话框属于哪个窗口,lpText 为窗口提示信息,lpCaption 则为窗口标题,uType 则是定义对话框的按钮和图标。Python 调用这个函数有以下两种方法。

1. 通过第三方模块 pywin32 调用

第三方模块 pywin32 定义了窗口函数,使用前要确认是否安装了此模块,可以在命令提示行下输入"pip list"命令查看是否安装。如果列表里没有 pywin32,则使用"pip install pywin32"命令;如果机器是 Windows 7 的 64 位操作系统,则使用"pip install pypiwin32"命令完成安装。之后就可以通过 import 命令导入使用了。

```
>>> import win32api
>>> win32api.MessageBox(0, "要继续吗?","百度经验",1+16)
```

2. 通过 Python 内置模块 ctypes 调用

Windows 的 API 其实是以 dll 文件(动态链接库)方式存在的。但是库函数定义时并没有 MessageBox,却有 MessageBoxA 和 MessageBoxW,MessageBoxA 是针对 ASCII 码进行对话框处理,如果当前操作系统的编码为 GBK,使用这个函数时中文会显示为乱码,而 MessageBoxW 则是针对 Unicode 编码进行对话框处理。因而使用 MessageBoxW 函数。

内置模块可以直接应用,所以此方法很简单:

```
>>> import ctypes
>>> ctypes.windll.user32.MessageBoxW(0,"要继续吗?","百度经验",1+16)
```

运行结果如图 2.19 所示。

2.5 图像可视化库 NumPy 和 Matplotlib 安装

Matplotlib 是 Python 中最常用的可视化工具之一,可以非常方便地创建海量类型的 2D 图表和一些基本的 3D 图表。Matplotlib 最早是为了可视化癫痫病人的脑皮层电图相关的信号而研发,因为在函数的设计上参考了 MATLAB,所以叫作 Matplotlib。

Python 的可视化库是 Matplotlib,之所以总是把 NumPy 也要放在一起,原因很简单,

Matplotlib 离不开 NumPy，在 NumPy 中，可以非常方便地创建各种不同类型的多维数组，并且执行一些基本操作，而图像数据的颜色灰度值正好选择这个数据结构存放。

Matplotlib 和 Pyplot 的惯用别名分别是 mpl 和 plt，这里简单示例应用 Matplotlib 和 Pyplot 完成图形绘制的过程，更多应用会在第 7 章可视化章节系统介绍。

【例 2.1】 应用 Matplotlib 和 Pyplot 绘制 2D 柱形图或饼图，图 2.20 所示为 3 种动物的奔跑速度。

```python
import numpy as np
import Matplotlib as mpl
import Matplotlib.pyplot as plt

mpl.rcParams['axes.titlesize'] = 20
mpl.rcParams['xtick.labelsize'] = 16
mpl.rcParams['ytick.labelsize'] = 16
mpl.rcParams['axes.labelsize'] = 16
mpl.rcParams['xtick.major.size'] = 0
mpl.rcParams['ytick.major.size'] = 0
# 包含了狗、猫和猎豹的最高奔跑速度，还有对应的可视化颜色
speed_map = {
    'dog': (48, '#7199cf'),
    'cat': (45, '#4fc4aa'),
    'cheetah': (120, '#e1a7a2')
}
# 整体图的标题
fig = plt.figure('Bar chart & Pie chart')
# 在整张图上加入一个子图,121 的意思是在一个 1 行 2 列的子图中的第一张
ax = fig.add_subplot(121)
ax.set_title('Running speed - bar chart')
# 生成 x 轴每个元素的位置
xticks = np.arange(3)
# 定义柱状图每个柱的宽度
bar_width = 0.5
# 动物名称
animals = speed_map.keys()
# 奔跑速度
speeds = [x[0] for x in speed_map.values()]
# 对应颜色
colors = [x[1] for x in speed_map.values()]
# 画柱状图,横轴是动物标签的位置,纵轴是速度,定义柱的宽度,设置柱的边缘为透明
bars = ax.bar(xticks, speeds, width=bar_width, edgecolor='none')
# 设置 y 轴的标题
ax.set_ylabel('Speed(km/h)')
# x 轴每个标签的具体位置,设置为每个柱的中央
ax.set_xticks(xticks + bar_width/2)
# 设置每个标签的名字
ax.set_xticklabels(animals)
# 设置 x 轴的范围
ax.set_xlim([bar_width/2 - 0.5, 3 - bar_width/2])
# 设置 y 轴的范围
ax.set_ylim([0, 125])
# 给每个 bar 分配指定的颜色
for bar, color in zip(bars, colors):
```

```
        bar.set_color(color)
# 在 122 位置加入新的图
ax = fig.add_subplot(122)
ax.set_title('Running speed - pie chart')
# 生成同时包含名称和速度的标签
labels = ['{}\n{} km/h'.format(animal, speed) for animal, speed in zip(animals, speeds)]
# 画饼状图,并指定标签和对应颜色
ax.pie(speeds, labels = labels, colors = colors)

plt.show()
```

运行结果如图 2.20 所示。

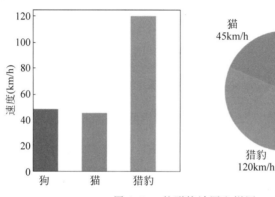

图 2.20　柱形统计图和饼图

【例 2.2】　Matplotlib 中最基础的模块是 Pyplot。先从最简单的点图和线图开始,比如有一组数据,还有一个拟合模型(见图 2.21),通过下面的代码实现可视化:

```
import numpy as np
import Matplotlib as mpl
import Matplotlib.pyplot as plt

# 通过 rcParams 设置全局横纵轴字体大小
mpl.rcParams['xtick.labelsize'] = 24
mpl.rcParams['ytick.labelsize'] = 24
np.random.seed(42)
# x 轴的采样点
x = np.linspace(0, 5, 100)
# 通过下面曲线加上噪声生成数据,所以拟合模型就用 y 了……
y = 2 * np.sin(x) + 0.3 * x ** 2
y_data = y + np.random.normal(scale = 0.3, size = 100)
# figure()指定图表名称
plt.figure('data')
# '.'标明画散点图,每个散点的形状是个圆点
plt.plot(x, y_data, '.')
# 画模型的图,plot 函数默认画连线图
plt.figure('model')
plt.plot(x, y)
# 两个图画一起
plt.figure('data & model')
# 通过'k'指定线的颜色,lw 指定线的宽度
# 第三个参数除了颜色外也可以指定线形,如'r--'表示红色虚线
plt.plot(x, y, 'k', lw = 3)
```

```
# scatter 可以更容易地生成散点图
plt.scatter(x, y_data)
# 将当前 figure 的图保存到文件 result.png
plt.savefig('result.png')
# 一定要加上这句才能让画好的图显示在屏幕上
plt.show()
```

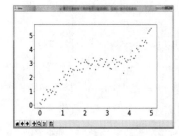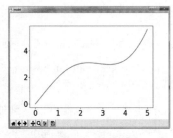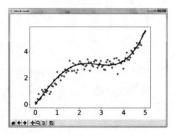

图 2.21　绘制的点图和折线图

【例 2.3】　应用 Matplotlib 和 Pyplot 绘制 3D 曲面图和柱状图形。

```
import Matplotlib.pyplot as plt
import numpy as np
# 3D 图标必需的模块,project = '3d'的定义
from mpl_toolkits.mplot3d import Axes3D
np.random.seed(42)
n_grids = 51                    # x - y 平面的格点数
c = n_grids // 2                # 中心位置
nf = 2                          # 低频成分的个数
# 生成格点
x = np.linspace(0, 1, n_grids)
y = np.linspace(0, 1, n_grids)
# x 和 y 是长度为 n_grids 的 array
# meshgrid 会把 x 和 y 组合成 n_grids * n_grids 的 array,X 和 Y 对应位置就是所有格点的坐标 X, Y =
np.meshgrid(x, y)
# 生成一个 0 值的傅里叶谱
spectrum = np.zeros((n_grids, n_grids), dtype = np.complex)
# 生成一段噪声,长度是(2 * nf + 1) ** 2/2
noise = [np.complex(x, y) for x, y in np.random.uniform( - 1,1,((2 * nf + 1) ** 2//2, 2))]
# 傅里叶频谱的每一项和其共轭关于中心对称
noisy_block = np.concatenate((noise, [0j], np.conjugate(noise[:: - 1])))
# 将生成的频谱作为低频成分
spectrum[c - nf:c + nf + 1, c - nf:c + nf + 1] = noisy_block.reshape((2 * nf + 1, 2 * nf + 1))
# 进行反傅里叶变换
Z = np.real(np.fft.ifft2(np.fft.ifftshift(spectrum)))
# 创建图表
fig = plt.figure('3D surface & wire')
# 第一个子图,surface 图
ax = fig.add_subplot(1, 2, 1, projection = '3d')
# alpha 定义透明度,cmap 是 color map
# rstride 和 cstride 是两个方向上的采样,越小越精细,lw 是线宽
ax.plot_surface(X, Y, Z, alpha = 0.7, cmap = 'jet', rstride = 1, cstride = 1, lw = 0)
# 第二个子图,网线图
ax = fig.add_subplot(1, 2, 2, projection = '3d')
ax.plot_wireframe(X, Y, Z, rstride = 3, cstride = 3, lw = 0.5)
```

```
plt.show()
```

这些 3D 图表需要使用 mpl_toolkits 模块,这个例子中先生成一个所有值均为 0 的复数 array 作为初始频谱,然后把频谱中央部分随机生成,但同时对共轭关于中心对称的子矩阵进行填充。这相当于只有低频成分的一个随机频谱。最后进行反傅里叶变换,就得到一个随机波动的曲面,如图 2.22 所示。

【注意】 程序的第 18 行:

```
noise = [np.complex(x, y) for x, y in np.random.uniform( - 1,1,((2 * nf + 1) ** 2//2, 2))]
```

运行有误,显示:TypeError:'float' object cannot be interpreted as an integer。在 Python2 中,'整数/整数＝整数',以上面的 51/2 就会等于 25,并且是整数。而在 Python3 中,'整数/整数＝浮点数',也就是 51/2＝25.5,不过,使用 '//'就可以达到原 Python2 中'/'的效果。

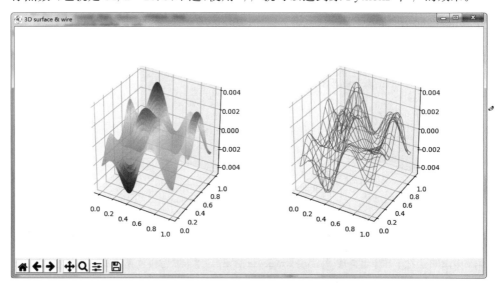

图 2.22　三维曲面图和柱状图

2.1.2 小节介绍了 NumPy 的安装。与 NumPy 相似,这里给出 Matplotlib 安装命令。直接进入 cmd 窗口,输入命令:

```
pip install matplotlib
```

安装之后,可以在 Python 环境使用"import matplotlib. pyplot as plt"命令测试是否成功。

2.6　医学图像库 Pydicom

2.6.1　医学影像学

医学影像学(Medical Imaging)是研究借助某种介质(如 X 射线、电磁场、超声波等)与人体相互作用,把人体内部组织器官结构、密度以影像方式表现出来,供诊断医师根据影像提供的信息进行判断,从而对人体健康状况进行评价的一门科学,包括医学成像系统和医学图像处理两方面相对独立的研究方向。

仪器主要包括 X 光成像仪器、CT(普通 CT、螺旋 CT)、正子扫描(PET)、超声(分 B 超、彩色多普勒超声、心脏彩超、三维彩超)、核磁共振成像(MRI)、心电图仪器、脑电图仪器等。

医学数字成像和通信(Digital Imaging and Communications in Medicine,DICOM)是医学图像和相关信息的国际标准(ISO 12052)。DICOM 被广泛应用于放射医疗、心血管成像以及放射诊疗诊断设备(X 射线、CT、核磁共振、超声等),并且在眼科和牙科等其他医学领域得到越来越深入和广泛的应用。所有患者的医学图像都以 DICOM 文件格式进行存储。这个格式包含关于患者的 PHI(Protected Health Information,https://en.wikipedia.org/wiki/Protected_health_information)信息,如姓名、性别、年龄以及其他图像相关信息,比如捕获并生成图像的设备信息、医疗的一些上下文相关信息等。医学图像设备生成 DICOM 文件,医生使用 DICOM 阅读器(能够显示 DICOM 图像的计算机软件)阅读并对图像中发现的问题进行诊断。

目前采用的标准是 DICOM 3.0,每张图像中都携带着大量的信息,这些信息具体可以分为以下四类,即 Patient、Study、Series 和 Image。每个 DICOM Tag 都是由两个十六进制数的组合来确定的,分别为 Group 和 Element。例如,(0010,0010)这个 Tag 表示的是 Patient's Name,它存储着这张 DICOM 图像的患者姓名。

CT、核磁共振、超声等利用精确的 X 线束、γ 射线、超声波等,与灵敏度极高的探测器一同围绕人体的某一部位做一个接一个的断面扫描,所以扫描后得到的图像是多层的图像,把一层层的图像在 z 轴上堆叠起来就可以形成三维图像(这就涉及三维重建的问题),这时,每一层的图像都可以存储在 dicom 文件中(当然,dicom 文件不是单纯的像素信息,还有很多的数据头部信息),如图 2.23 所示。

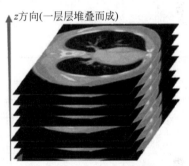

图 2.23 DICOM 图像层

2.6.2 DICOM 文件结构

DICOM 文件是指按照 DICOM 标准而存储的医学文件,一般由 DICOM 文件头和 DICOM 数据集合组成,其结构如图 2.24 所示。

图 2.24 DICOM 数据集合结构

1. 文件头

DICOM 文件头包含了标识数据集合的相关信息,每个 DICOM 文件都必须包括一个文件头,该文件头包含三部分内容。

    ① 文件导言,由 128 字节组成。

    ② DICOM 前缀,可根据这长为 4 字节的字符串是否等于"DICM"来判断该文件是否为 DICOM 文件。

    ③ 文件信息元素。

2. 数据集

DICOM 文件的主要组成部分是数据集,由 DICOM 数据元素按照指定的顺序依次排列组成。对于 DICOM 文件,一般采用显式传输,数据元素按照标签 Tag 从小到大顺序排列。最基本的单元是数据元,数据元主要由四部分组成。

    ① DICOM TAG:存储该项信息的标识。

    ② VR(Value Representation):存储描述该项信息的数据类型。

    ③ value length:存储描述该项信息的数据长度。

    ④ value:存储描述该项信息的数据值。

3. DICOM TAG

DICOM TAG 具体可分为四大类,即 Patient、Study、Series 和 Image,分类说明分别如表 2.4~表 2.7 所示。

表 2.4　**Patient Tag**

组	元　　素	Tag 描述	中 文 解 释	VR
0010	0010	Patient's Name	患者姓名	PN
0010	0020	Patient ID	患者 ID	LO
0010	0030	Patient Birth Date	患者出生日期	DA
0010	0032	Patient Birth Time	患者出生时间	TM
0010	0040	Patient Sex	患者性别	CS
0010	1030	Patient Weight	患者体重	DC
0010	21C0	Pregnancy Status	怀孕状态	US

表 2.5　**Study Tag**

组	元　　素	Tag 描述	中 文 解 释	VR
0008	0050	Accession Number: An RIS generated number that identifiles the order for Study	检查号:RIS 的生成序号,用以标识做检查的次序	SH
0020	0010	Study ID	检查 ID	SH
0020	000D	Study Instance UID: Unique identifier for the Study	检查实例号:唯一标记检查不同的号码	UI
0008	0020	Study Date: Date the study started	检查日期:检查开始的日期	DA
0008	0030	Study Time: Time the study started	检查时间:检查开始的时间	TM
0008	0061	Modalities in Study	一个检查中含有的不同检查类型	CS
0008	0015	Body Part Examined	检查的部位	CS
0008	1030	Study Description	检查的描述	LO
0010	1010	Patient's Age	做检查时患者的年龄,而不是此刻患者的真实年龄	AS

表 2.6　Series Tag

组	元 素	Tag 描述	中 文 解 释	VR
0020	0011	Series Number： A number that identifies this Series	序列号： 识别不同检查的号码	IS
0020	000E	Series Instance UID： Unique identifier for the Series	序列实例号： 唯一标记不同序列的号码	UI
0008	0060	Modality	检查模态（MRI/CT/CR/DR）	CS
0008	103E	Series Description	检查描述和说明	LO
0008	0021	Series Date	检查日期	DA
0008	0031	Series time	检查时间	TM
0020	0032	Image Position (Patient)： The x, y and z coordinates of the upper left hard corner of the image，in mm	图像位置： 图像的左上角在空间坐标系中的坐标(x,y,z)，单位是 mm，如果在检查中，则指该序列中第一张影像左上角的坐标	DS
0020	0037	Image Orientation (Patient)： The direction cosines of the first row and the first column with respect to the patient	图像方位： 第 1 行和第 1 列相对于病人的方向余弦	DS
0018	0050	Slice Thickness： Nominal slice thickness，in mm	层厚： 名义上的切片厚度，单位为 mm	DS
0018	0088	Spacing between Slices	层与层之间的间距，单位为 mm	DS
0020	1041	Slice Location： Relative position of exposure expressed in mm	切片位置： 实际的相对位置，单位为 mm	DS
0018	0023	MR Acquisition	MR 学习	CS
0018	0015	Body Part Examined	身体部位	CS

表 2.7　Image Tag

组	元 素	Tag 描述	中 文 解 释	VR
0008	0008	Image Type： Image identification characteristics	图片类型： 图像识别特征	CS
0008	0018	SOP Instance UID	SOP 实例 UID	
0008	0023	Content Date： The date the image pixel data creation started	影像拍摄的日期	DA
0008	0033	Content Time	影像拍摄的时间	TM
0020	0013	Imagc/Instance Number： A number that identifies this image	图像码： 辨识图像的号码	IS
0028	0002	Samples Per Pixel： Number of samples (planes) in this image	图像上的采样率： 这个图像中的样本数量	US

续表

组	元　素	Tag 描述	中 文 解 释	VR
0028	0004	Photometric Interpretation：Specifies the intended interoretation of the pixel data	光度计的解释,对于 CT 图像,用两个枚举值 MONOCHROME1、MONOCHROME2 来判断图像是否是彩色的,MONOCHROME1/2 是灰度图,RGB 则是真彩色图,还有其他	C5
0028	0010	Rows：Number of rows in the image	图像的总行数,行分辨率	US
0028	0011	Columns：Number of columns in the image	图像的总列数,列分辨率	US
0028	0030	Pixei Spacing：Physical distance in the patient between the center of each pixel	像素间距：像素中心之间的物理间距	DS
0028	0100	Bits Allocated：Number of bits allocated for each pixel sample. Each sample shall have same number of bits allocated	分配的位数：存储每一个像素值时分配的位数,每一个样本应该拥有相同的这个值	US
0028	0101	Bits Stored：Number of bits stored for each pixel sample. Each sample shall have the same number of bits stored	存储的位数:有 12～16 列举值存储每一个像素用的位数,每一个样本应该有相同值	US
0028	0102	High Bit：Most significant bit for pixel sample data.Each sample shall have the same high bit	高位：像素样本数据的最有效位,每个样品应具有相同的高位	US
0028	0103	Pixel Representation：Data representation of the pixel Samples.Each sample shall have the same pixel representation.Enum：0000H＝unsigned integer,0001H＝2's complement.	像素数据的表现类型：这是一个枚举值,分别为十六进制数 0000 和 0001.0000H＝无符号整数,0001H＝2 的补码	US
0028	1050	Window Center	窗位	DS
0028	1051	Window Width	窗宽	DS

组	元　素	Tag 描述	中 文 解 释	VR
0028	1052	Rescale Intercept： The value b in relationship between stored values（SV）and the output units. Output units＝ m＊SV ＋b. Required if Modality LUT Sequence （0028,0030）is not present.	截距： 如果表明不同模态的 LUT 颜色对应表不存在时，则使用方程 units ＝ m＊SV ＋b。计算真实的像素值到呈现像素值，其中这个值为表达式中的 b	DS
0028	1053	Rescale Slope： m in the equation specified by Rescale Intercept(0028,1052) Required if Rescale intercept is present.	重新调整斜率： 由 Rescale 指定的等式中的 m 截取（0028, 1052）。如果重新缩放截距，则需要调用 Rescale	DS
0028	1054	Rescale Type： Specifies the output units of Rescale Slope(0028,1053)and Rescale Intercept(0028,1052). Enum：US＝Unspecified Requried if Photometric Interpretation is MONOCHROME2,and Bits Stored is greater than 1. This specifies an identity Modality LUT transformation.	重缩放类型： 指定重缩放斜率（0028,1053）和重缩放截距（0028,1052）的输出单位。 例如：如果光度解释为 MONOCHROME2，则 US 不需指定值，并且存储的位大于 1。这个操作指定了身份模态 LUT 转换	LO

4. VR 分类

VR 是 DICOM 标准中用来描述数据类型的，共有 27 个值。简单分类如表 2.8 所示。

表 2.8　VR 分类

VR	含　　义	允 许 字 符	数 据 长 度
CS-Code String 代码字符串	开头结尾可以有没有意义的空格的字符串，如"CD123_4"	大写字母、0～9、空格以及下画线字符	最多 16 个字符
SH-Short String 短字符串	短字符串，如电话号码、ID 等		最多 16 个字符
LO-Long String 长字符串	一个字符串，可能在开头、结尾填有空格。如"Introduction to DICOM"		最多 64 个字符
ST-Short Text 短文本	可能包含一个或多个段落的字符串		最多 1024 个字符
LT-Long Text 长文本	可能包含一个或多个段落的字符串，与 LO 相同，但可以更长		最多 10240 个字符
UT-Unlimited Text 无限制文本	包含一个或多个段落的字符串，与 LT 类似		最多（2^{32} － 2）个字符

续表

VR	含　义	允许字符	数据长度
AE-Application Entity 应用实体	标识一个设备的名称的字符串,开头和结尾可以有无意义的字符,如"MyPC01"		最多 16 个字符
PN-Person Name 病人姓名	有插入符号(^)作为姓名分隔符的病人姓名。如"SMITH^JOHN" "Morrison-Jones^ Susan^^^ Ph. D、Chief Executive Officer"		最多 64 个字符
UI-Unique Identifier(UID) 唯一标识符	一个用作唯一标识各类项目的包含 UID 的字符串,如"1.2.840.10008. 1.1"	0-9 和半角句号(.)	最多 64 个字符
DA-Date 日期	格式为 YYYYMMDD 的字符串; YYYY 代表年; MM 代表月; DD 代表日,如"20050822"表示 2005 年 8 月 22 日	0-9	8 个字符

2.6.3　Pydicom 图形库处理

Pydicom 是一个用于处理 DICOM 格式文件的 Python 包,支持 DICOM 格式的读取:可以将 DICOM 文件读入 Python 结构,同时支持修改后的数据集可以再次写入 DICOM 格式文件。但需要注意,它不是被设计为查看图像,主要是用来操作 DICOM 文件的各种数据元素。

安装开放源代码计算机视觉库命令:pip install pydicom。

也可以使用命令:pip3 install pydicom 或者 pip install -U pydicom 安装最新发布版。

安装 Pydicom 软件包后,就可以使用了。

如果数据源出现问题,可以使用镜像数据源安装,如清华大学提供的数据源:

pip install pydicom − i https://pypi.tuna.tsinghua.edu.cn/simple

安装成功的提示如图 2.25 所示,使用"pip list"命令可以观察到 Pydicom 库。也可以

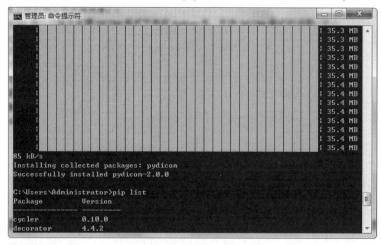

图 2.25　Pydicom 库安装界面

用以下命令测试安装是否成功：

```
import pydicom
```

2.6.4 Pydicom 库的应用

【**例 2.4**】 读取医学 CT 图片，将数据头部信息和像素信息从 DICOM 文件中读取出来。

```
# 读取 DICOM 文件并显示
import pydicom                                # 导入所需库
# import Matplotlib.pyplot as plt
import pylab

ds = pydicom.dcmread('IMG02.dcm')             # 读取文件
print(ds.dir())                               # 查看所有属性列表
print(ds.dir('pat'))                          # 查看含有'pat'的所有属性列表
print(ds.PatientName, ds.PatientID)           # 显示病人 ID 和姓名

data_element = ds.data_element('PatientID')   # 每一项数据含有的分量
print(data_element)                           # 比较各项内容
print(data_element.tag, data_element.VR, data_element.value)

pixel_bytes = ds.PixelData                    # 像素值矩阵
pix = ds.pixel_array                          # 像素矩阵
print(pix.shape)                              # 打印矩阵维度
pylab.imshow(pix, cmap = pylab.cm.bone)       # cmap 表示 colormappylab.show()
pylab.show()
# plt.imshow(pix, "gray")                     # 以灰度图像显示
# plt.show()
```

运行结果如图 2.26 所示。

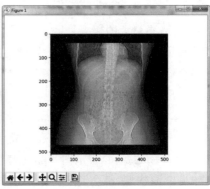

图 2.26 例 2.4 的运行结果

第 3 章

数字图像处理基础

本章学习目标

- 理解数字图像特征和读取方法。
- 掌握图像的转换技术。
- 掌握图像直方图的绘制。
- 掌握图像的点运算、代数运算和几何运算。
- 了解图像插值。

了解数字图像的存储格式和特征是对图像进行处理的基础,本章在认识数字图像的前提下,介绍数字图像的读取和显示及不同格式之间的转换,最后介绍数字图像的点运算、代数运算和几何变换。

3.1 数字图像的基本概念

3.1.1 数字图像

1. 认识数字图像

数字图像是由模拟图像数字化得到的以像素为基本元素的,可以用数字计算机或数字电路存储和处理的图像。数字图像是把图像按行与列分割成 $m \times n$ 个网格,由一些尺寸很小的矩形小块组成,如图 3.1 所示。矩形小块就是像素,$m \times n$ 就是图像的分辨率。当把图像放大时,会出现马赛克的效果,其实就是一个个矩形的像素。

对于彩色数字图片,通常表示成一个 $H \times W \times C$ 的三维矩阵。其中,H 表示图片的高,W 表示图片的宽,C 表示图片的通道数。$H \times W$ 就是图片的分辨率,也就是像素点的个数。对于每个像素点,都会表示一个颜色,用一个 C 维的向量描述,即 C 个通道。

2. 像素

像素(Pixel)是数字图像中最小的基本元素,是离散化的。每个像素具有整数行(高)和列(宽)位置坐标,同时每个像素都具有整数灰度值或颜色值。像素并不像"g"和"cm"是绝对的度量单位,而是可大可小的。像素本身的大小对应实际物体空间大小,但像素对应的最小尺度是受到成像设备本身的分辨能力限制的,如某个 MR 扫描仪生成的图像的像素大小是 2×2mm。

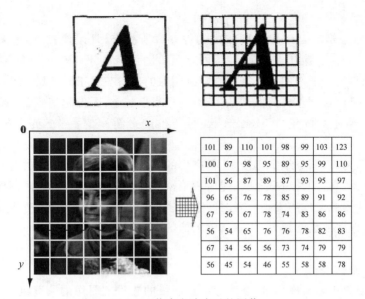

图 3.1 像素点阵表示的图像

3．分辨率

图像分辨率表示图像垂直和水平方向的像素点的数量。例如，一张分辨率为 640×480 的图片，有 640 行、480 列像素点，即 $640 \times 480 = 307200$ 个像素点，就是常说的 30 万像素的图片。而一张分辨率为 1600×1200 的图片，它的像素就是 200 万。图 3.2 给出不同分辨率的图像。显然，一幅图像的分辨率越大，它所能够表现的细节就越详细。

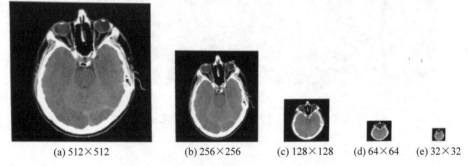

(a) 512×512 (b) 256×256 (c) 128×128 (d) 64×64 (e) 32×32

图 3.2 不同分辨率的脑 CT 截面图像

图像分辨率与显示器分辨率。显示器分辨率用于确定显示图像的区域大小，而图像分辨率用于确定组成一幅图像的像素数目。例如，在显示器分辨率为 1024×768 的显示屏上，一幅图像分辨率为 320×240 的图像约占显示屏的 1/12，而一幅图像分辨率为 2400×3000 的图像在这个显示屏上是不能完全显示的。对于具有相同图像分辨率的图像，屏幕分辨率越低（如 800×600），则图像看起来越大，但屏幕上显示的细节少；屏幕分辨率越高（如 1024×768），则图像看起来就越小。另外，在显示一幅图像时，可能会出现图像的高宽比与显示屏上显示图像高宽比不一致。这是由于显示设备定义的高宽比与图像的高宽比不一致。

数字图像质量由两个指标来衡量，即图像的空间分辨率和灰度分辨率。

1) 空间分辨率

图像的空间分辨率是由单位面积内的像素数所决定,常以像素/英寸来表示,单位为dpi(pixels per inch)。例如,250dpi 表示的就是该图像每英寸含有 250 个点或像素。在数字图像中,图像空间分辨率的大小直接影响到图像的质量。对于同样尺寸的一幅图,如果图像分辨率越高,单位长度包含的像素数目越多,像素点越小,图像越清晰、逼真。例如,72dpi 分辨率的 1×1 英寸图像包含 5184 像素,而 300dpi 分辨率的 1×1 英寸图像包含 90000 像素。

空间分辨率越高,图像细节越清晰,但产生的文件尺寸大,同时处理的时间也就越长,对设备的要求也就越高。所以在采集图像时要根据需要选择分辨率。另外,图像的尺寸、图像的空间分辨率和图像文件的大小三者之间有着密切的联系。图像的尺寸越大,图像的空间分辨率越高,图像文件也就越大,所以调整图像的大小和空间分辨率,即可改变图像文件的大小。

2) 灰度分辨率

图像的灰度分辨率又称色阶,指图像中灰度级的数目。图像的灰度级数量用 2 的整数次幂表示,如 8bit 有 256 个灰度级。

图像的灰度分辨率由图像的灰度级别决定,图像的灰度级越高,其灰度分辨率就越高;反之就越小。一幅图像的灰度分辨率越高,它能表现的细节就越细。图 3.3 给出不同灰度分辨率的图像。

(a) 灰度分辨率256   (b) 灰度分辨率128   (c) 灰度分辨率64

图 3.3   不同灰度分辨率的人物图像

4. 图像的表示

数字图像是二维图像用有限数字数值像素的表示。那么,一幅数字图像就转化成矩阵。数字图像矩阵 f 的表示为

$$f(y,x) = \begin{bmatrix} f(0,0) & \cdots & f(0,N-1) \\ \vdots & & \vdots \\ f(M-1,0) & \cdots & f(M-1,N-1) \end{bmatrix}$$

也可以用传统矩阵表示数字图像和像素,即

$$A = \begin{bmatrix} a_{0,0} & \cdots & a_{0,N-1} \\ \vdots & & \vdots \\ a_{M-1,0} & \cdots & a_{M-1,N-1} \end{bmatrix}$$

M、N 为行列数,为正整数,像素的灰度级为 2 的 k 次幂,k 为整数,动态取值范围为[0,

255],图像存储所需的比特数为 $b=M\times N\times k$。在矩阵 $f(y,x)$ 的表示中,元素下标一般是行下标在前,列下标在后,因此这里先是纵坐标 y(对应行),然后才是横坐标 x(对应列)。

3.1.2 数字图像基本操作

在图像处理中,图像的读取、显示、保存是最基本的操作。使用 Python 进行图像处理时有多个库可以使用,如 OpenCV、PIL、Matplotlib.pyplot、skimage。OpenCV 读进来的是 NumPy 数组,PIL 有自己的数据结构,但可以转换成 NumPy 数组。OpenCV、PIL、Matplotlib、skimage 读取的图像数据类型均是 unit8,取值范围为 0~255。PIL、Matplotlib 和 skimage 读入的顺序是 RGB,而 OpenCV 读入顺序是 BGR。

1. 使用 OpenCV 库实现

1)读取图像

使用 OpenCV 中的 imread() 函数读取图像,该函数支持各种静态图像文件格式,如 bmp、jpeg、jpg、png、TIFF 等。语法格式为:

```
retval = cv2.imread(filename[, flags])
```

(1) retval 为函数返回值,返回读取到的图像。若未读取到图像,则返回 None。

(2) filename 读取图像的路径。图像应该在工作目录下;否则给出图像完整路径。

(3) flags 指定读取图像文件的类型。常用参数设置如下。

① cv2.IMREAD_COLOR:加载彩色图像,将图像转换为三通道 BGR 彩色图像。图像的任何透明度都将被忽略(默认)。

② cv2.IMREAD_GRAYSCALE:以灰度模式加载图像。

③ cv2.IMREAD_UNCHANGED:保持原格式不变。

也可以使用 1、0、-1 代替表示上述 3 种图像读取方式。

例如:

```
import cv2
img = cv2.imread('lena.jpg',0)    #以灰度图像读取工作目录下的 lena 图片
```

【注意】 该函数通过内容而不是文件扩展名来决定图像类型;图像数据以 B、G、R 顺序存储。

2)显示图片

OpenCV 中提供了多个显示图像函数。

(1) imshow() 函数。

imshow() 函数用来显示图像。语法格式为:

```
cv2.imshow(winname, mat)
```

① winname:显示窗口的名字。

② mat:要显示的图像。

直接使用 imshow() 函数显示图像,同时完成创建指定名称的窗口和在窗口显示图像两个操作。

（2）namedWindow()函数。

namedWindow()函数用来创建指定名称的窗口。语法格式为：

```
cv2.namedWindow(winname[, flags])
```

① winname：窗口的名称。

② flags：显示窗口的标志，有以下两个。

- cv2.WINDOW_AUTOSIZE：根据显示图像自动调整窗口，不能手动更改窗口大小（默认）。
- cv2.WINDOW_NORMAL：可以调整窗口大小。

例如：

```
cv2.namedWindow('showing', cv2.WINDOW_NORMAL)
```

（3）waitKey()函数。

waitKey()函数实现键盘绑定功能。用来等待按键，当用户按下任意键后，该语句会被执行，并获取返回值。语句格式为：

```
retval = cv2.waitKey([delay])
```

① retval：函数返回值。如果有按键被按下，则返回该按键的 ASCII 码；否则返回—1。

② delay：表示等待键盘触发的时间，单位为 ms。0 是指"永远"的特殊值。

（4）destroyAllWindows 函数。

cv2.destroyAllWindows 函数用来释放所有窗口。语法格式为：

```
cv2.destroyAllWindows()
```

【例 3.1】 在一个窗口显示读取的图像，并通过按键关闭所有打开的窗口。

```
import cv2
img = cv2.imread('E:/pyproject/lena.jpg',1)        ♯读取彩色图像
cv2.namedWindow('showing', cv2.WINDOW_NORMAL)      ♯创建一个名称为 showing 的窗口
cv2.imshow("showing",img)                          ♯显示名称为"showing"窗口
cv2.waitKey()
cv2.destroyAllWindows()
```

图 3.4　例 3.1 运行结果

运行程序后，名为"showing"窗口显示图像，当按下键盘上的按键时，窗口"showing"会被释放；否则程序没有任何反应。

运行结果如图 3.4 所示。

3）保存图像

OpenCV 中使用 imwrite()函数保存图像。语法格式为：

```
cv2.imwrite(filename,img[, params])
```

① filename：要保存图像文件的完整路径名。

② img：被保存图像的名称（可以理解为指向图片的指针）。

③ params：对于 JPEG，其表示的是图像的质量，用 0～100 的整数表示，默认为 95；对

于 png ,参数 params 表示的是压缩级别,默认为 3。

【例 3.2】 将读取的图像保存到指定位置。

```
import cv2
img = cv2.imread('lena.jpg',1)
cv2.imwrite('E:/pyproject/1.jpg',img)    #将图片保存到指定位置,并进行命名
```

4) 显示图片信息

打开图像文件后,可以通过一些属性来查看图片信息。

① shape:图像的行数和列数。

② size:返回图像的像素数目。

③ dtype:返回图像的数据类型。

【例 3.3】 读取图像,查看图片信息。

```
import cv2
img = cv2.imread('lena.jpg',1)
print (img.shape)           # shape[0] = 图像高,shape[1] = 图像宽,shape[2] = 图像通道数量
print(img.size)             # img.size 返回图像的像素数目
print(img.dtype)            # img.dtype 返回图像的数据类型, uint8 是 0~255 的整数
```

运行结果为:

```
(200, 200, 3)
120000
uint8
```

2. 使用 Pillow 库实现

通过 Pillow 库也可以实现图像的打开、保存和显示。

Image 类是 PIL 中的核心类。PIL 的 Image 类中常用的方法如下。

(1) Open()函数。

使用 Open()函数实现打开一张图像。语法格式如下:

```
dst = Image.open(filename[,mode])
```

① 该函数返回一个 Image 对象。

② filename:打开图像的完整路径。

③ mode:打开图像的模式,如"r"为只读模式;"r+"为可读可写模式;"w+"为可读可写,同时打开一个新的文件。

(2) Save()函数。

Save()函数实现保存指定格式的图像。语法格式为:

```
Save(filename,format)
```

① Filename:保存图像文件的完整路径。

② Format:保存图像的格式,如"jpg""bmp"等。

例如:

```
im.save("1.png",'jpg')    #将 PNG 类型图片保存成 JPG 类型
```

(3) show()函数。

使用 show()函数显示图片。将图像保存到临时文件,并调用实用程序来显示图像。

（4）查看图片信息。

Open（）函数返回 Image 对象，该对象有 size、format、mode 等属性。size 表示图像的宽度和高度；format 表示图像的格式，如 JPEG、PNG 等；mode 表示图像的模式，定义的像素类型还有图像深度等，常见的有 RGB、HSV 等。"L"表示灰度图像，"RGB"表示彩色图像；"CMYK"表示预先压缩的图像。

【例 3.4】 读取一幅图像并显示图片及信息：

```
from PIL import Image
img = Image.open('lena.jpg')
img.show()
print(img.size)          # 图片的尺寸
print(img.format)        # 图片的格式
print(img.mode)          # 图片的模式
```

程序运行如图 3.5 所示。

图 3.5　例 3.4 运行结果

运行结果：

```
(200, 200)
JPEG
RGB
```

3. 使用 Matplotlib 库实现

通过 Matplotlib.pyplot 实现图像的读取、显示和保存，见表 3.1。

表 3.1　Matplotlib 库实现图像基本操作的函数

函　　数	作　　用
plt.imread(filename)	读取图像
plt.imshow(image)	对图像处理，并显示格式
plt.show(image)	将 plt.Imshow()处理后的图像显示出来
plt.savefig()	保存图像

【例 3.5】 读取一幅图像并以灰度图像显示：

```
import Matplotlib.pyplot as plt
img = plt.imread('lena.jpg',plt.cm.gray)      # 以灰度图像读取
plt.figure('image')                            # 图像窗口名称
```

```
plt.imshow(img,cmap = 'gray')          #灰度图像模式
plt.axis('on')                          #关掉坐标轴为off
plt.title('image')                      #图像标题
plt.show()
```

运行结果如图 3.6 所示。

图 3.6 例 3.5 运行结果

4. 使用 Skimage 库实现

Skimage 提供了 io 模块,这个模块是用来实现图像输入输出操作的,见表 3.2。

表 3.2 Skimage 提供的图像输入输出函数

函 数	作 用	参 数
imread(filename)	读取图片	filename 表示需要读取的文件路径
imshow(arr)	显示图片	表示需要显示的 arr 数组
imsave(filename,arr)	保存图片	filename 表示保存的路径和名称,arr 表示需要保存的数组变量

【例 3.6】 读取单张灰度图片:

```
from skimage import io
img = io.imread('lena.jpg',as_grey = True)       #以灰度图像打开图片
io.imshow(img)
io.show()
```

运行结果如图 3.7 所示。

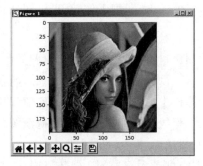

图 3.7 例 3.6 的运行结果

为了方便练习,也提供一个 data 模块,里面嵌套了一些示例图片,可以直接使用。如果不想从外部读取图片,就可以直接使用这些示例图片,见表 3.3。

表 3.3　Skimage 自带的图片

函　数　名	图　　片	函　数　名	图　　片
astronaut	宇航员图片	coffee	一杯咖啡图片
lena	lena 美女图片	camera	拿相机的人图片
coins	硬币图片	moon	月亮图片
checkerboard	棋盘图片	horse	马图片
page	书页图片	chelsea	小猫图片
hubble_deep_field	星空图片	text	文字图片
clock	时钟图片	immunohistochemistry	结肠图片

保存图片的同时也起到了转换格式的作用。如果读取时图片格式为 JPG,保存为 PNG 格式,则将图片从 JPG 格式转换为 PNG 格式并保存。例如:

```
from skimage import io,data
img = data.chelsea()          ♯读取自带的小猫图片
io.imsave('d:/cat.jpg',img)    ♯将图片保存到指定位置,格式为 jpg 图片
```

3.2　数字图像的类型与存储格式

3.2.1　数字图像类型

数字图像一般采用两种方式存储静态图像,即位图(Bitmap)存储模式和向量(Vector)存储模式。

向量图只存储图像内容的轮廓部分,而不是图像数据的每一点。这种方法的本质是用数学公式描述一幅图像,准确地说是几何学。图像中每个形状都是一个完整的公式,称为一个对象。公式化表示图像使得向量图具有两个优点:文件数据量小;图像质量与分辨率无关。无论将图像放大还是缩小,图像总是以显示设备允许的最大清晰度显示。向量图色彩不够丰富,绘制出来的图像不够逼真。

位图也称为栅格图像,是通过许多像素点表示一幅图像,每个像素具有颜色属性和位置属性。位图分为以下 4 种,即二值图像、灰度图像、真彩色图像和索引图像。

1. 二值图像

二值图像只有黑、白两种颜色,也叫黑白图像。二值图像中每个像素的取值仅有 0、1 两个值,“0”代表黑色,“1”代表白色,没有中间的过渡。图 3.8 所示为二值图像字母 A 在计算机内的存储形式。所以,在计算机中二值图像的每个像素值仅用一位二进制数表示。

二值图像通常用于文字、工程线条图的扫描识别和掩模图像的存储表示,如医学心电图中的线条图形就是典型的二值图像。

在 Python 中,最小的数据类型是无符号的 8 位数。因此,在 Python 中没有二值图像这种数据类型,二值图像通常是通过处理后得到的,然后使用 0 表示黑色,使用 255 表示白色。

2. 灰度图像

灰度图像也称为灰阶图像,图像中每个像素取值为[0,255],0 表示纯黑,255 表示纯白,

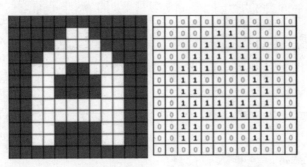

图 3.8　二值图像字母 A 在计算机内的存储形式

如图 3.9 所示。每个像素用 8 位二进制数表示,共有 $2^8 = 256$ 种灰度级。通常所说的黑白
照片,就包含了黑白之间的所有灰度色调。在图像处理中,灰度图像通常存储为二维数组。

3. RGB 真彩色图像

RGB 图像分别用红(R)、绿(G)、蓝(B)三原色的组
合来表示每个像素的颜色。每一个像素的颜色由 R、G、
B 这 3 个分量来表示,直接存放在图像矩阵中,用 M、N
分别表示图像的行列数,3 个 $M \times N$ 的二维矩阵分别表

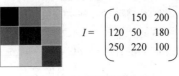

图 3.9　灰度图像的表示

示各个像素的 R、G、B 这 3 个颜色分量,如图 3.10 所示。RGB 图像为 24 位图像,R、G、B
分量分别占用 8 位,可以包含 2^{24} 种不同的颜色。通常用一个三维数组来表示一幅 RGB 彩
色图像,表示为$[M \times N \times 3]$。

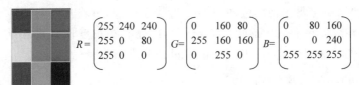

图 3.10　RGB 真彩色图像的表示

4. 索引图像

计算机在还未能实现 24 位真彩色图像出现之前,就创造了索引颜色。索引颜色也称为
映射颜色,在这种模式下,颜色都是预先定义的。索引图像把像素直接作为索引颜色的序
号,根据索引颜色的序号就可以找到该像素的实际颜色。当把索引图像读入计算机时,索引
颜色将被存储到调色板中。调色板是包含不同颜色的颜色表,每种颜色以红、绿、蓝 3 种颜
色的组合来表示。调色板的单元个数是与图像的颜色数一致的。256 色图像有 256 个索引
颜色,相应的调色板就有 256 个单元。

索引图像包括调色板和图像数据两个部分。调色板是把颜色进行排列、编号,图像数据
对应为该点像素的颜色序号而非颜色本身。调色板为 $m \times 3$ 矩阵,每一行代表一种颜色,各
元素的值介于$[0,1]$,乘以 255 来表示实际值。

3.2.2　图像类型的转换

在图像处理中,根据需要将图像类型进行转换,最常用的就是将 RGB 图像转换为灰度
图像或二值图像。

1. RGB 图像转换为灰度图像

（1）使用 PIL 的 convert()函数。

PIL 中使用 convert()函数实现转换。语法格式为：

```
convert(mode,matrix,dither,palette,colors)
```

其中，mode 表示转换模式，一般为 RGB（真彩色）、L（灰度图像）、CMYK（压缩图）
例如：

```
from PIL import Image
img = Image.open('lena.jpg').convert('L')
```

（2）使用 skimage 的 imread()函数。

imread()函数在读取图像时可以直接以灰度图像读取。例如：

```
from skimage import io
img = io.imread('lena.jpg', as_grey = True)
```

（3）使用 OpenCV 中的 imread()函数。

imread()函数将图像文件以灰度图像读取。例如：

```
import cv2
img = cv2.imread('lena.jpg', 0)
```

2. RGB 图像转化为二值图像

彩色图像二值化是图像处理中非常常用的方法，处理方法也多种多样。二值化后做进一步处理。图像二值化要先将彩色图像转换为灰度图像，再将灰度图像转换为二值图像。彩色图像转换为灰度图像，上面已经介绍了，下面来看灰度图像转换为二值图像。在OpenCV 中，图像的二值化提供了阈值 threshold 函数。语法格式为：

```
cv2.threshold(src, x, y, Methods)
```

① src：指原始图像，该原始图像为灰度图。

② x：指用来对像素值进行分类的阈值。

③ y：指当像素值高于（有时小于）阈值时应该被赋予的新的像素值。

④ Methods：指不同的阈值方法，这些方法有 cv2. THRESH_BINARY、cv2. THRESH_
BINARY_INV、cv2. THRESH_TRUNC、cv2. THRESH_TOZERO、cv2. THRESH_TOZERO_
INV。第 5 章还会详细介绍 threshold 函数在图像分割中的应用。

【例 3.7】　读取一幅彩色图像，将其二值化：

```
import cv2
img = cv2.imread('lena.jpg',0)
ret, thresh = cv2.threshold(img, 12, 255,cv2.THRESH_BINARY |cv2.THRESH_TRIANGLE)
cv2.imshow('grey', img)
cv2.imshow('binary', thresh)
cv2.waitkey()
cv2.destroyAllWindows()
```

运行结果如图 3.11 所示。

图 3.11 彩色图片的二值化

3.2.3 图像数据类型及转换

在 Skimage 库中,一张图片就是一个简单的 NumPy 数组,数组的数据类型有很多种,相互之间也可以转换。这些数据类型及取值范围如表 3.4 所示。

表 3.4 图像的数据类型及取值范围

数 据 类 型	取 值 范 围
uint8	0 或 255
uint16	0 或 65535
uint32	0 或 232
float	$-1\sim1$ 或 $0\sim1$
int8	$-128\sim127$
int16	$-32768\sim32767$
int32	$-2^{31}\sim2^{31}-1$

一张彩色图像的像素值范围是 $[0,255]$,因此默认类型是 unit8,可用以下代码查看数据类型:

```
from skimage import io,data
img = data.chelsea()          #打开 skimage 自带图片"小猫图片"
print(img.dtype.name)
```

Skimage 提供的图像数据类型转换如表 3.5 所示。

表 3.5 Skimage 提供的图像数据类型转换

名　　　称	作　　　用
img_as_float	转换为 64bit
img_as_ubyte	转换为 8bit uint
img_as_uint	转换为 16bit uint
img_as_int	转换为 16bit int

一张彩色图像转换为灰度图像后,它的类型就由 unit8 变成了 float,float 类型的取值范围是 $[-1,1]$ 或 $[0,1]$。

【例 3.8】 图像数据类型 unit8 转换为 float:

```
from skimage import data,img_as_float
img = data.chelsea()
print(img.dtype.name)
dst = img_as_float(img)
```

```
print(dst.dtype.name)
```

运行结果：

```
uint8
float64.
```

3.2.4　图像像素操作

1. 使用 Skimage 库实现

在 Skimage 库中图片读入程序后，是以 NumPy 数组存在的。对数组元素的访问，实际上就是对图片像素点的访问。

灰度图片的访问方式：

```
gray[i,j]
```

彩色图片的访问方式：

```
img[i,j,c]
```

其中：i 表示图片的行数；j 表示图片的列数；c 表示图片的通道数（RGB 三通道分别对应 0、1、2）。坐标是从左上角开始。

【例 3.9】　输出小猫图片的 G 通道中的第 20 行 30 列的像素值：

```
from skimage import io,data
img = data.chelsea()
pixel = img[20,30,1]
print(pixel)
```

输出结果：

```
129
```

【例 3.10】　显示红色单通道图片：

```
from skimage import io,data
img = data.chelsea()
R = img[:,:,0]
io.imshow(R)
```

运行结果如图 3.12 所示。

图 3.12　例 3.10 运行结果

除了对像素进行读取外，也可以修改像素值。

【例3.11】 对小猫图片随机添加椒盐噪声：

```
from skimage import io,data
import numpy as np
img = data.chelsea()
# 随机生成 5000 个椒盐
rows,cols,dims = img.shape
for i in range(5000):
    x = np.random.randint(0,rows)
    y = np.random.randint(0,cols)
    img[x,y,:] = 255
io.imshow(img)
```

运行结果如图 3.13 所示。

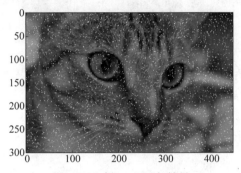

图 3.13 例 3.11 运行结果

这里用到了 NumPy 包里的 random 来生成随机数。randint(0,cols)表示随机生成一个整数,范围在 0～cols。用"img[x,y,:]＝255"语句来对像素值进行修改,将原来的三通道像素值变为 255。

通过对图像区域的访问,可以实现对图片的裁剪。

【例3.12】 对小猫图片进行裁剪:

```
from skimage import io,data
img = data.chelsea()
roi = img[80:180,100:200,:]
io.imshow(roi)
```

运行结果如图 3.14 所示。

【例3.13】 将 lena 图片进行二值化,像素值大于 128 的变为 1,否则变为 0。

```
from skimage import io,data,color
img = data.lena()
img_gray = color.rgb2gray(img)
rows,cols = img_gray.shape
for i in range(rows):
    for j in range(cols):
        if (img_gray[i,j]<=0.5):
            img_gray[i,j] = 0
        else:
            img_gray[i,j] = 1
io.imshow(img_gray)
```

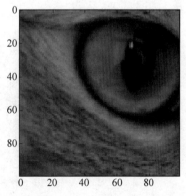

图 3.14 例 3.12 的运行结果

运行结果如图 3.15 所示。

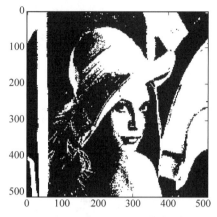

图 3.15　例 3.13 的运行结果

2. 使用 OpenCV 库实现

（1）通过索引访问像素。

在 OpenCV 中，通过索引对图像某一像素点进行操作。

【例 3.14】 读取图像的像素并修改：

```
import cv2
img = cv2.imread('lena1.jpg',1)
pix = img[100,100,0]            # 获取(100,200)处 B 通道的像素值
pix1 = img[100,100]            # 获取(100,200)处的像素值
print(pix1,pix)
img[100:200,100:200] = 0       # 将这一区域像素设置为 0
cv2.imshow('result',img)       # 显示图像
cv2.waitKey(0)                 # 保持图像
```

程序运行如图 3.16 所示。

图 3.16　例 3.14 运行结果

运行结果：

`[26  55 106] 26`

（2）通过 item()和 itemset()函数访问像素。

访问和修改像素值还可以使用 numpy.array 提供的 item()和 itemset()函数。这两个函数都是经过优化处理的,在对像素点进行操作时,使用这两个函数处理速度要快得多。

item()函数能够更加高效地访问图像的像素点,语法格式为:

item(行,列)

itemset()函数可以用来修改像素值,语法格式:

itemset(索引值,新值)

【例 3.15】 读取一幅灰度图像,访问并修改该图像像素点的值:

```
import cv2
img = cv2.imread('lena.jpg',0)
print('读取像素点(2,3)的值: ',img.item(2,3))
img.itemset((2,3),255)
print('修改后像素点(2,3)的值: ',img.item(2,3))
```

输出结果:

```
读取像素点(2,3)的值: 167
修改后像素点(2,3)的值: 255
```

3.2.5 数字图像的基本文件格式

计算机中图像数据是以图像文件的形式存储。数字图像有多种存储格式,每种格式由不同的开发商支持。随着信息技术的发展和图像应用领域的不断拓展,还会出现新的图像格式。

每种图像文件均有一个文件头,在文件头之后才是图像数据。文件头的内容由制作该图像文件的公司决定,一般包括文件类型、文件制作者、制作时间、版本号、文件大小等内容。各种图像文件的制作还涉及图像文件的压缩方式和存储效率等。目前常用的图像格式有BMP、JPG、TIFF、GIF 等,此外医学图像专用的格式还有 DICOM、IMG 等。

1. BMP 图像

BMP 文件(Bitmap)也称为位图文件,是 Microsoft 公司开发的最普通的栅格图像格式。这种图像文件格式中,位图的每个数据位置对应地确定了图像中像素的空间位置,位图数据值和相应像素的亮度值一一对应,存储开销相对较大。BMP 图像文件格式可以存储单色、16 色、256 色以及真彩色四种图像数据。

BMP 图像文件的结构分为四个部分,即文件头、位图信息头、颜色表和位图数据。

第一部分为位图文件头 BITMAPFILEHEADER,是一个结构体类型,该结构的长度是固定的,为 14 字节。

第二部分为位图信息头 BITMAPINFOHEADER,也是一个结构体类型的数据结构,该结构的长度也是固定的,为 40 字节。

第三部分为颜色表。颜色表是一个 RGBQUAD 结构的数组,数组的长度由 biClrUsed指定。RGBQUAD 结构是一个结构体类型,占 4 字节。

第四部分是位图数据,即图像数据,其紧跟在位图文件头、位图信息头和颜色表之后,记录了图像的每一个像素值。对于真彩色图,位图数据就是实际的 R、G、B 值。

一般来说,BMP 文件的数据是从图像的左下角开始逐行扫描的,即从下到上、从左到右,将图像的像素值一一记录下来,因此图像坐标零点在图像左下角。

2. TIFF 图像

TIFF 是最复杂的一种位图文件格式。它是基于标记的文件格式,并广泛应用于对图像质量要求较高的图像存储与转换。由于其结构灵活和包容性大,已成为图像文件格式的一种标准,绝大多数图像系统都支持这种格式,并且是交换图像信息的最佳可选图像文件格式之一。

3. GIF 图像

GIF 格式图像文件是由 Compuserver 公司创建。存储色彩最高只能达到 256 种,仅支持 8 位图像文件。该格式文件是经过压缩的图像文件格式,所以大多用在网络传输上和 Internet 的 HTML 网页文档中,速度要比传输其他图像文件格式快得多。它的最大缺点是最多只能处理 256 种色彩,故不能用于存储真彩色图像文件。其可以将数张图存成一个文件,从而形成动画效果。

4. JPEG 图像格式

JPEG 图像格式是由国际标准化组织和国际电报电话咨询委员会两大标准化组织共同推出的。其特点是具有高效的压缩效率和标准化要求,由于 JPEG 的高压缩比和良好的图像质量,成为多媒体和网络中应用较广泛的图像格式。

JPEG 格式使用 24 位色彩深度使图像保持真彩。通过有选择地删除图像数据,从而节省存储空间和传输流量,但这些被删除的图像数据无法在解压缩时还原,因此 JPEG 压缩为有损压缩。在医学图像处理中,出于对安全性、合法性及成本等因素的考虑,对于图像的压缩需要十分谨慎。

5. DICOM 医学图像

DICOM(Digital Imaging and Communications in Medicine),数字医学成像与通信标准,是美国放射学会(ACR)和美国电气制造商协会(NEMA)组织制定的专门用于医学图像的存储和传输的标准。制定目的是解决医学设备互联、统一图像格式和传输等问题。

自 1985 年 DICOM 标准第一版发布,发展到现在的 DICOM 3.0 版本,已被医疗设备生产商和医疗界广泛接受,成为医学影像信息学领域的国际通用标准。带有 DICOM 接口的医疗设备广泛应用于放射医疗,心血管成像以及放射诊疗诊断设备(X 射线、CT、核磁共振、超声等),以及眼科和牙科等其他医学领域医疗设备。由于 DICOM 的开放性与互联性,它可以与其他医学应用系统(HIS、RIS 等)进行集成。

DICOM 文件的扩展名为".dcm",目前大多数的图像处理软件都不支持该文件,阅读该文件图像需要采用专用的软件,如 DICOM 图像浏览软件,实现打开 DICOM 图像文件、保存成常用图片格式等操作。DICOM 图像采用位图方式,逐点表示其位置上的灰度和颜色信息。DICOM 一般采用的是 RGB 三基色表示,即一个点由红、绿、蓝 3 个基色分量的值组成。DICOM 可以用 3 个矩阵分别表示三基色分量值,也可以用一个矩阵表示整个图像,即矩阵的每个点都是由 3 个值组成。

DICOM 文件格式提供了一种封装文件中数据集的方法,将信息对象定义(DICOM IOD)为一个服务对象对(SOP)实例,以数据集的形式封装在一个文件中。DICOM 标准文件由 DICOM 文件头信息和 DICOM 数据集两部分组成,DICOM 文件结构如图 3.17 所示。每个文件包含一个单一的 SOP 实例,其中包含一帧或多帧图像。DICOM 文件数据集除了包含图像外,还包含许多与图像相关的信息,如患者姓名、性别、年龄、检查设备、传输语法等。

图 3.17　DICOM 文件结构

（1）DICOM 文件头。

DICOM 文件头信息位于文件的起始,用于描述该文件的版本信息、存储媒体、传输语法标识等信息。文件头的最开始是 128 字节的文件前导符;4 字节的 DICOM 前缀"D""I""C""M",标识该文件是 DICOM 文件;接下来是文件头元素。

（2）DICOM 数据集。

DICOM 的数据集是由一系列 DICOM 的数据元素组成,分为四类,即 Patient、Study、Series 和 Image。每个数据元素由唯一数据元素标记 tag 来表示。多个数据元素在数据集中以标记从小到大递增的顺序排列。每个数据元素由四部分组成,即标签、数据描述（VR）、数据长度和数据域,如图 3.18 所示。

标签	数据描述	数据长度	数据域

图 3.18　数据元素的组成

Python 利用 Pydicom 库对 DICOM 图像文件进行处理。Pydicom 库可以用来提取各种 DICOM 里的信息,如 PatientName 等,也可以把 DICOM 文件里的信息匿名化。

Pydicom 的 API 参考如下。

① data_element(个人,姓名):返回与元素关键字 name 对应的 DataElement。

② dir(自身,\过滤器):返回数据集中的 DataElement 关键字的字符顺序列表。

③ value(值):返回 DICOM 标签值以模拟 dict。

【例 3.16】　读取一幅 DICOM 图像信息。

```
impor tpydicom
import Matplotlib.pyplot as plt
dcm = pydicom.read_file("E:\dicom\image\img02.dcm")        # 读取 dcm 文件
print(dcm.dir())                                           # 查看全部属性
print(dcm.PatientName)                                     # 查看病人信息
# 打印完整数据元素
data_element = dcm.data_element('PatientID')
print(data_element.tag,data_element.VR,data_element.value)
pix = dcm.pixel_array                                      # 像素值矩阵
pintr (pix.shape)
# 显示读取图像
```

```
plt.imshow(pix,"gray")                                              #以灰度图像显示
plt.show()
```

【注意】 读取 dcm 文件还可以写成"dcm = pydicom. dcmread("E:\dicom\image\img02.dcm")"。运行结果可以结合第 2 章实例 2.4 的运行结果,虽然显示方法不同,但是目标结果图一样。

3.3 数字图像的灰度直方图

在数字图像处理中,灰度直方图是非常重要的,是最简单且最有用的工具,可以说,对图像的分析与观察,直到形成一个有效的处理方法,都离不开直方图。直方图在图像处理中有着十分广泛的应用。

3.3.1　图像灰度直方图概念

灰度直方图是关于灰度级分布的函数,描述的是图像中各个灰度级的像素个数或出现的频率,是对图像中全部像素灰度的统计。横坐标表示灰度级,纵坐标表示图像中各灰度级出现的个数或频率,这个关系图就是灰度直方图(Histogram)。

直方图是图像的一个重要特征,直观地反映了图像各个灰度级分布情况,是数字图像处理的基础。图 3.19 给出了一幅灰度分布均匀的 X 光平片影像的直方图。通过图像可以看到,横坐标越往左侧显示图像中越暗像素分布情况,越往右侧显示图像中越亮像素分布情况。

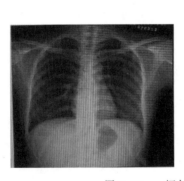
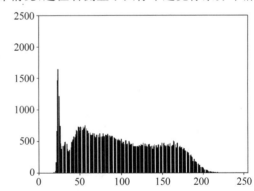

图 3.19　一幅灰度分布均匀的 X 光平片直方图

直方图的纵坐标通过像素出现的频率来设置。设一幅数字图像的像素总数为 n,灰度级为 k,具有第 i 灰度级的等级灰度 r_i 的像素共有 n_i 个。那么,灰度级为 r_i 的像素出现的频率为

$$p(r_i) = \frac{n_i}{n} \quad i = 0, 1, \cdots, k-1$$

$$\sum_{i=0}^{k-1} p(r_i) = 1$$

直方图也称为归一化直方图。对于较暗图像,低灰度的背景区域较大,往往出现在靠近纵轴处高计数,而在其他灰度处幅度显示过低的情况,在绘制直方图时可采用归一化方法。

3.3.2 绘制直方图

对于直方图的计算,需要统计各个灰度级上像素的数目,然后根据此关系勾画出直方图。

1. 使用 hist()函数绘制直方图

通过调用 Matplotlib.pyplot 库中的 hist()函数直接绘制直方图。语法格式为:

plt.hist(x,bins)

hist()函数的参数非常多,这里只介绍最常用的前两个。

(1) x:指定要绘制直方图的数据。一个数组或一个序列,必须为一维。

(2) bins:指定 bin 的个数,即灰度级的分组情况。若为整数值,则为频数分布直方图柱子根数,若为数值序列,则该序列给出每根柱子的范围值,除最后一根柱子外,其他柱子的取值范围均为左闭右开,若数值序列的最大值小于原始数据的最大值,存在数据丢失。

例如:

```
import Matplotlib.pyplot as plt
x = [2500,3100,2750,4500,5100]          #绘制直方图的数据
y = [1000,2000,3000,4000,5000,6000]     #直方图灰度级的分组
plt.hist(x,y)
plt.show()
```

运行结果如图 3.20 所示。

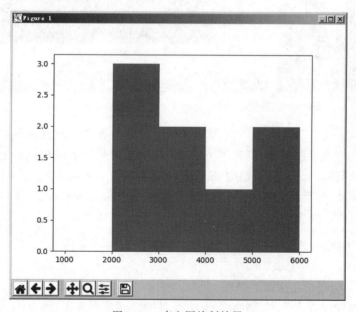

图 3.20 直方图绘制效果

说明:图像通常是二维的,需要使用 ravel()函数将图像处理为一维数据源以后,再作为参数使用。

【例 3.17】 绘制一幅灰度图像的直方图。

```
import Matplotlib.pyplot as plt
```

```
img = plt.imread('lena.jpg',plt.cm.gray)          # 以灰度图像读取
bins = 256                                         # 直方图灰度级分组 256 个,灰度图像
                                                   # 的像素值为 0~255 共 256 个

plt.figure("绘制直方图")                            # 绘制图像窗口
n = img.flatten()                                  # 将二维图像像素值转化为一维
# 绘制直方图
plt.hist(n,bins,color = "black")
# 添加 x 轴、y 轴标签
plt.xlabel("gray label")
plt.ylabel("number of pixels")
plt.show()                                         # 显示图形
```

运行结果如图 3.21 所示。

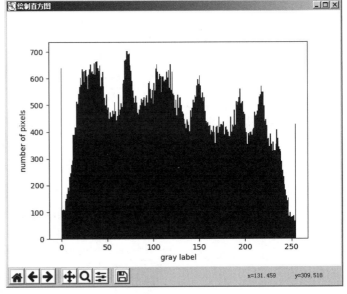

图 3.21   实例直方图绘制效果

　　图中未经归一化的灰度直方图的纵轴表示图像中所有像素取到某一特定灰度值的次数,横轴为 0~255 所有灰度值,覆盖了 unit8 存储格式的灰度图像中的所有可能取值。由于相邻的灰度值具有的含义是相似的,所以没有必要在每个灰度级上都进行统计。例如,将 0~255 总共 256 个灰度级平均划分为 32 个长度为 8 的灰度区间,此时纵轴分别统计每个灰度区间中的像素在图像中的出现次数,直方图绘制代码如下:

```
plt.hist(n,32,color = "black")       # 共 32 个灰度区间,绘制直方图
```

运行结果如图 3.22 所示。

【**例 3.18**】   绘制彩色图像直方图。

　　直方图是灰度图像直方图,要绘制 RGB 图像的三通道直方图,将 R、G、B 通道的 3 个直方图进行叠加即可。

```
import cv2
import Matplotlib.pyplot as plt
img = cv2.imread('lena.jpg')              # 原图读取
# OpenCV 读取图像的通道顺序为 B、G、R
b = img[:,:,0].flatten()                  # 蓝色通道的一维化
```

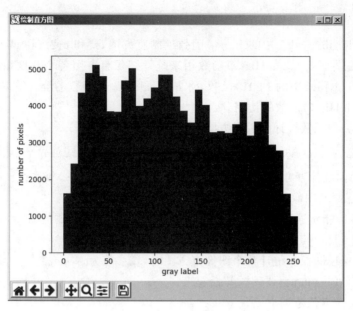

图 3.22 bins＝32 的直方图绘制

```
g = img[:,:,1].flatten()                    #绿色通道的一维化
r = img[:,:,2].flatten()                    #红色通道的一维化
plt.figure("image")
plt.hist(r, bins = 256, color = "red")
plt.hist(g, bins = 256, color = "green")
plt.hist(b, bins = 256, color = "blue")
plt.show()
```

运行结果如图 3.23 所示。

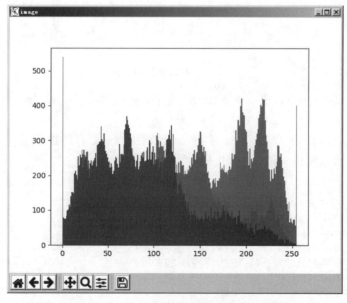

图 3.23 例 3.18 彩色图像直方图的绘制

2. 使用 plot()函数绘制直方图

利用 Matplotlib. pyplot 中的 Plot()函数绘制直方图,要和 cv2. calcHist()函数一起使用。OpenCV 提供了 cv2. calcHist()函数用来统计图像直方图各个灰度级的像素点个数。利用 Matplotlib. pyplot 中的 Plot()函数,将 cv2. calcHist()函数的统计结果绘制成直方图。

(1) cv2. calcHist()函数的使用。

cv2. calcHist()函数统计图像直方图信息,语法格式:

```
hist = cv2.calcHist(images,channels,mask,histSize,ranges,accumulate)
```

- hist:返回统计直方图的各个灰度级的像素个数,是一个一维数组。
- images:原始图像,要用"[]"括起来。
- channels:指定通道编号,要用"[]"括起来。灰度图像参数值为[0];彩色图像可以是[0]、[1]、[2],分别对应 B、G、R。
- mask:掩模图像。统计整个图像直方图时,该参数为 None。
- histSize:Bins 的值,要用"[]"括起来。
- ranges:像素值范围。
- accumulate:累计标识,默认值为 False。

例如:

```
img = cv2.imread("test.jpg")                          # 以彩图读取
hist = cv2.calcHist([img],[0],None,[256],[0,255])     # 统计图像 img 第 0 通道像素个数
```

(2) plot()函数的使用。

plot 是绘制一维曲线的基本函数,使用 plot()函数将 cv2. calcHist()函数的返回值绘制成直方图。语法格式:

```
plot(y) 或者 plot(x,y)
```

例如:

```
import Matplotlib.pyplot as plt
y = [0.3,0.4,2.5,3,4.5,4]                # 要绘制数的取值
plt.plot(y)
# 以 y 的分量为纵坐标,以元素序号为横坐标,用直线依次连接数据点,绘制曲线
plt.show()
```

运行结果如图 3.24 所示。仅指定一个参数,x 轴默认为一个自然数序列。

利用 plot()函数实现实例 3.18,代码改为:

```
import cv2
import Matplotlib.pyplot as plt
img = cv2.imread('1.jpg')
histb = cv2.calcHist([img],[0],None,[256],[0,255])      # 统计 b 通道直方图信息
histg = cv2.calcHist([img],[1],None,[256],[0,255])      # 统计 g 通道直方图信息
histr = cv2.calcHist([img],[2],None,[256],[0,255])      # 统计 r 通道直方图信息
plt.plot(histb,color = 'b')                             # 绘制 b 通道直方图
plt.plot(histg,color = 'g')                             # 绘制 g 通道直方图
plt.plot(histr,color = 'r')                             # 绘制 r 通道直方图
plt.show()
```

运行结果如图 3.25 所示。

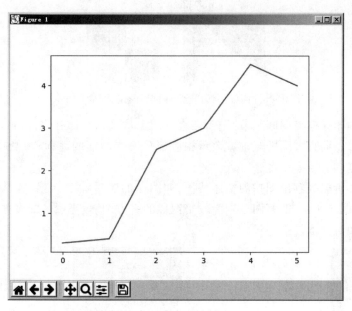

图 3.24　直方图绘制效果

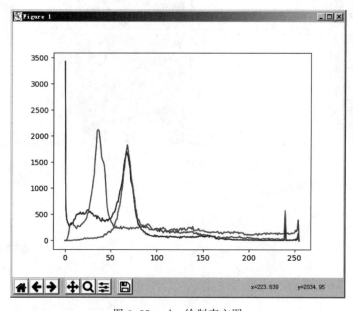

图 3.25　plot 绘制直方图

3.3.3　图像灰度直方图的性质

（1）直方图只反映不同灰度像素值的分布信息，不包括图像像素的空间位置信息。

（2）不同图像可能具有相同的直方图。

一幅图像对应唯一的灰度直方图；反之不成立。不同的图像可对应相同的直方图，如图 3.26 所示。

（3）直方图反映图像的总体性质。

图 3.26　两幅图像内容不同但具有相同的直方图

　　一幅较好的图像应该明暗细节都有,在直方图上从左到右都有分布,同时直方图的两侧不会有像素溢出。而直方图的竖轴就表示相应部分所占画面的面积,峰值越高说明该明暗值的像素数量越多。

　　通过直方图可以观察出图像的整体特征,如图像的明暗程度、细节是否清晰、动态范围大小等。如图 3.27 所示,四幅图分别为较暗图像的直方图、较亮图像的直方图、对比度较弱图像的直方图和对比度较强图像的直方图。

图 3.27　不同特征图像的直方图对比

　　图像的总体特征分别用直方图表示,如图 3.28 所示。

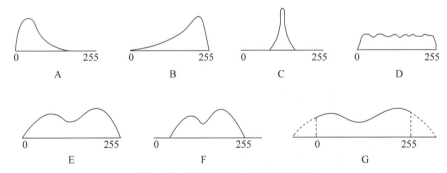

图 3.28　直方图反映出的图像特征

A—图像总体偏暗;B—图像总体偏亮;C—图像动态范围小,细节不够清楚;D—图像灰度分布均匀,清晰明快;E—图像动态范围适中;F—图像动态范围偏小;G—图像动态范围偏大

3.3.4　直方图的用途

（1）直方图可用来判断一幅图像是否合理地利用了全部被允许的灰度级范围。

直方图给出了一个简单可见的指示，用来判断一幅图像是否合理地利用了全部被允许的灰度级范围。一般一幅图应该利用全部或几乎全部可能的灰度级；否则等于增加了量化间隔，如图 3.29 所示。

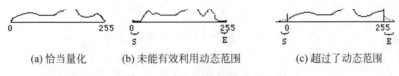

(a) 恰当量化　　(b) 未能有效利用动态范围　　(c) 超过了动态范围

图 3.29　直方图特征效果对比图

（2）直方图可用来进行边界阈值选择。

图像的轮廓线提供了一个确立图像中简单物体边界的有效方法，使用轮廓线作为边界的技术称为阈值化。直方图因为提供了一幅图像的全部灰度信息，所以可以利用直方图来进行边界阈值选择。

在数字图像处理技术中，直方图的用途体现在以下几方面。

（1）评价成像条件。

根据图像灰度直方图，分析图像在成像过程或数字化过程中是否合理地使用了灰度动态范围。例如，曝光不足或曝光过度都是没有合理地利用亮度范围，造成大部分的像素集中在较少的亮度范围内，从而影响了图像的清晰度。

（2）进行图像增强处理。

根据图像的亮度直方图，设计一种亮度映射函数，实现处理后图像的像素尽可能充分地使用亮度动态范围，或将亮度映射到色彩空间，以不同的颜色强化图像的亮度变换。

（3）进行图像分割。

根据图像的灰度直方图，将像素分割成不同的类别，实现不同景物的提取。同一景物的像素具有相近的灰度分布，不同景物间存在不同的灰度分布。如果将直方图拓展至亮度以外，表达一种参数的统计，则这种参数的直方图对于图像分割具有更一般性的应用价值。直方图对物体与背景有较强对比的景物的分割特别有用，可以确定图像二值化的阈值。

（4）进行图像压缩。

利用灰度直方图的统计信息，设计一种编码方案，让具有最多像素的亮度以最少的字长表示，从而用最少的数据量表达整幅图像，如 Huffman 编码算法。

3.4　数字图像的色彩空间

3.4.1　常见的色彩空间

颜色是图像的重要属性之一，图像的色彩在图像处理中起着重要作用。基于不同领域和应用，对图像的颜色有不同的编码模型，称之为色彩空间。色彩空间是表示颜色的一种数学方法，用来指定和产生颜色，使颜色形象化。

常用的色彩空间主要有 GRAY 色彩空间、RGB 色彩空间、CMYK 色彩空间、HSV 色彩空间、HLS 色彩空间、YUV 色彩空间等。

1. GRAY 色彩空间

GRAY 灰度图像是指 8 位灰度图,具有 256 个灰度级,像素值的范围为[0,255]。当图像由 RGB 色彩空间转换为 GRAY 色彩空间时,转换公式为

$$I = \omega_R R + \omega_G G + \omega_B B$$

式中,ω_R、ω_G、ω_B 是 3 种颜色的权重。通常 3 种权重的取值为

$$\omega_R = 0.299, \quad \omega_G = 0.587, \quad \omega_B = 0.114$$

2. RGB 色彩空间

RGB 色彩空间的颜色分别由 R(red)、G(green)、B(blue)三原色混合而成。每个值取值 0~255。RGB 值越大,颜色越亮。RGB 值都是 255 为白色,RGB 值都是 0 为黑色。

3. CMYK 色彩空间

CMYK 是一种彩色印刷使用的一种色彩模式。它由青(Cyan)、紫红(Magenta)、黄(Yellow)和黑(Black)4 种颜色组成。其中黑色用 K 来表示,区别于 RGB 三基色中的蓝色 B。这种色彩空间的创建和 RGB 不同,它不是靠增加光线,而是靠减去光线,因为打印纸不能创建光源,不会发射光线,只能吸收和反射光线。因此,通过该 4 种颜色组合,便可产生可见光谱中的绝大部分颜色。

4. HSV 色彩空间

RGB 是从硬件的角度提出的颜色模型,在与人眼匹配的过程中存在一定的差异,HSV 色彩空间是一种面向视觉感知的颜色模型。HSV 色彩空间指出色彩主要包含 3 个要素,即色调(H)、饱和度(S)和亮度(V)。HSV 色彩空间将亮度与反映色彩本质特性的两个参数——色调和饱和度分开处理。光照明暗给物体颜色带来的直接影响就是亮度分量,所以若能将亮度分量从色彩中提取出去,而只用反映色彩本质特性的色度、饱和度来进行聚类分析,会获得比较好的效果。这也正是 HSV 色彩空间在彩色图像处理和计算机视觉的研究中经常被使用的原因。

从 RGB 色彩空间转换到 HSV 色彩空间之前,需要先将 RGB 色彩空间的值转换到[0,1],然后再进行处理。具体处理方法为

$$S = \begin{cases} \dfrac{V - \min(R,G,B)}{V}, & V \neq 0 \\ 0, & \text{其他情况} \end{cases} \qquad V = \max(R,G,B)$$

$$H = \begin{cases} \dfrac{60(G-B)}{V - \min(R,G,B)}, & V = R \\ 120 + \dfrac{60(B-R)}{V - \min(R,G,B)}, & V = G \\ 240 + \dfrac{60(R-G)}{V - \min(R,G,B)}, & V = B \end{cases}$$

5. HLS 色彩空间

HLS 色彩空间包含色调 H、明度 L 和饱和度 S 三要素。与 HSV 色彩空间类似,只是用明度 L 替换了亮度 V。

6．YUV 色彩空间

YUV YCrCb 色彩空间是一种传输色彩模型，是电视系统常用的色彩空间。该色彩空间包含 Y 亮度和两个色差分量 U、V。YUV 和 RGB 之间的转换关系为

$$\begin{bmatrix} Y \\ C_b \\ C_r \end{bmatrix} = \frac{1}{256} \begin{bmatrix} 65.481 & 128.553 & 24.966 \\ -37.797 & -74.203 & 112 \\ 112 & -93.786 & -18.214 \end{bmatrix} \begin{bmatrix} R \\ G \\ B \end{bmatrix} + \begin{bmatrix} 16 \\ 128 \\ 128 \end{bmatrix}$$

3.4.2　色彩空间的转换

每个色彩空间都有处理问题的优势，所以为了方便地处理某个问题，就要用到色彩空间的转换。色彩空间的转换就是将图像从一个色彩空间转换到另一个色彩空间。

在大多数情况下看见的彩色图片都是 RGB 类型，但在图像处理时，需要用到灰度图、二值图、HSV、HLS 等颜色模式。例如，在 Python 中使用 OpenCV 处理图像时，可能会在 RGB 色彩空间和 HSV 色彩空间之间进行转换。在进行图像的特征提取、距离计算时，需要先将图像从 RGB 色彩空间处理为灰度色彩空间。在一些应用中，可能需要将色彩空间的图像转换为二值图像。

1．使用 OpenCV 库实现

OpenCV 对于色彩空间的转换提供了很好的支持，cvtColor()函数可实现色彩空间的转换。语法格式：

```
dst = cvtColor(src, code, dst = None, dstCn = None)
```

其中：

① dst：输出图像，与原始图像的数据类型和深度一致。

② src：原始图像。

③ code：指定颜色空间转换类型。常见转换类型有以下几种。

cv2.COLOR_BGR2RGB：转换成 RGB。

cv2.COLOR_BGR2GRAY：转换成灰度图。

cv2.COLOR_BGR2HSV：转换成 HSV 模式。

cv2.COLOR_BGR2HLS：转换成 HLS 模式。

cv2.COLOR_BGR2Lab：转换成 Lab 模式。

cv2.COLOR_BGR2YCrCb：转换成 YCrCb 模式。

④ dstCn：指定目标图像通道数；默认 None，会根据 src、code 自动计算。

函数的作用是将一个图像从一个颜色空间转换到另一个颜色空间。从 BGR 向其他类型转换时，必须明确指出图像的颜色通道。在 OpenCV 中默认的颜色模式排列是 BGR，而不是 RGB。

常用的颜色空间转换主要是 RGB－灰度和 RGB－HSV。

【例 3.19】　将 BGR 图像转换为灰度图像。

```
import cv2
import Matplotlib.pyplot as plt
bgr = cv2.imread('fruit.png')
```

```
gray = cv2.cvtColor(bgr,cv2.COLOR_BGR2GRAY)        #将原始图像转换为灰度模式
print ("bgr.shape = ", bgr.shape)
print ("gray.shape = ",gray.shape)
cv2.imshow("BGR",bgr)
cv2.imshow("GRAY",gray)
cv2.waitKey()
cv2.destroyAllWindows()
```

程序运行如图 3.30 所示。

图 3.30   RGB 图像转换为灰度图像

运行结果为：

```
bgr.shape = (218, 293, 3)
gray.shape = (218, 293)
```

程序运行同时显示原始图像、灰度图像和 RGB 图像，并显示了各个图像的 shape 属性，可以看到图像在转换前后的色彩空间变化情况。

2. 使用 Skimage 库实现

Skimage 的 color 模块实现了所有的颜色空间转换函数。颜色空间转换后，图片类型都变成了 float 型。常用色彩空间转换函数如表 3.6 所示。

表 3.6   Skimage 色彩空间转换函数

转 换 函 数	作 用
skimage.color.rgb2grey(rgb)	将 RGB 模式转换成灰度模式
skimage.color.rgb2hsv(rgb)	将 RGB 模式转换成 HSV 模式
skimage.color.rgb2lab(rgb)	将 RGB 模式转换成 Lab 模式
skimage.color.gray2rgb(image)	将灰度模式转换成 RGB 模式
skimage.color.hsv2rgb(hsv)	将 HSV 模式转换成 RGB 模式
skimage.color.lab2rgb(lab)	将 Lab 模式转换成 RGB 模式

【例 3.20】 将 RGB 图像转换成灰度图像。

```
from skimage import io,data,color
img = data.astronaut()              #读取宇航员图片
gray = color.rgb2gray(img)          #RGB 模式转换为灰度模式
io.imshow(gray)
io.show()
```

运行结果如图 3.31 所示。

上面的所有转换函数,还可以用 convert_colorspace()函数来代替。语法格式如下：

图 3.31 RGB 图像转换成灰度图像

skimage.color.convert_colorspace(arr,fromspace,tospace)

① arr：表示原始图像。

② fromspace：表示图像原来的色彩空间。

③ tospace：表示转换后的色彩空间。

【例 3.21】 将 RGB 图像转换成 HSV 图像。

```
from skimage import io,data,color
img = data.astronaut()          #自带的宇航员图片
hsv = color.convert_colorspace(img,'RGB','HSV')
io.imshow(hsv)
io.show()
```

运行结果如图 3.32 所示。

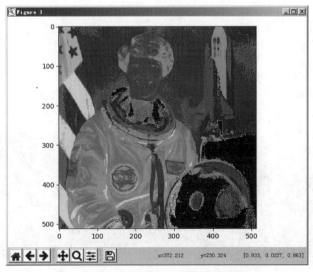

图 3.32 RGB 图像转换成 HSV 图像

Skimage 程序自带了一些示例图片,见表 3.3,如果不想从外部读取图片,就可以直接使用这些示例图片。图片名对应的就是函数名,如 camera 图片对应的函数名为 camera()。这些示例图片存放在 Skimage 的安装目录下,路径名称为 data_dir。显示这些图片可直接使用函数名,如 img=data.astronaut()。

3.4.3　通道的拆分和合并

RGB 图像可以拆分出 R 通道、G 通道、B 通道,而在 OpenCV 中,通道是按照 B 通道、G 通道、R 通道顺序存储的。

1. 通道拆分

(1) 通过索引拆分。

通过索引方式,可以直接将各个通道从图像中提取出来。例如,使用 OpenCV 库读取 RGB 图像 img,分别提取 B 通道、G 通道、R 通道图像信息,代码如下:

```
import cv2
img = cv2.imread('lena.jpg')
b = img[:,:,0]
g = img[:,:,1]
r = img[:,:,2]
```

(2) 通过 split() 函数拆分。

OpenCV 中提供了函数 cv2.split() 将原始图像的各个通道进行分离。比如:RGB 图像,可以将其 R、G、B 这 3 个颜色通道分离。语法格式如下:

```
b,g,r = cv2.split(img)
```

b、g、r 分别返回 B 通道、G 通道、R 通道图像信息。

【例 3.22】　读取一个图像,使用函数 cv2.split() 拆分图像通道。

```
import cv2
img = cv2.imread('fruit.png')
b,g,r = cv2.split(img)
cv2.imshow('B',b)
cv2.imshow('G',g)
cv2.imshow('R',r)
cv2.waitKey()
cv2.destroyAllWindows()
```

运行程序如图 3.33 所示,得到读取图像的 3 个通道图像。

图 3.33　RGB 图像通道拆分

【**注意**】 RGB 在 OpenCV 中存储为 BGR 的顺序。而且,cv2.split 的速度比直接索引要慢,但 cv2.split 返回的是副本,直接索引返回的是引用(改变 B 就会改变 BGR)。

2. 通道合并

函数 cv2.merge()可以实现图像通道的合并。Merge()函数与 Split()函数是相对的,其将多个通道的序列合并起来,组成一个多通道的图像。语法格式如下:

bgr = cv2.merge(mode,channels)

① mode:合并之后的图像模式,如 RGB。

② channels:多个单一通道组成的序列。

【**例 3.23**】 对 RGB 图像进行拆分再合并。

得到 B 通道图像、G 通道图像、R 通道图像,使用 cv2.merge()函数将 3 个通道合并为一幅三通道彩色图像。

```
import cv2
lena = cv2.imread("lenatest.jpg")
b,g,r = cv2.split(lena)
bgr = cv2.merge([b,g,r])
rgb = cv2.merge([r,g,b])
cv2.imshow("BGR",bgr)
cv2.imshow("RGB",rgb)
cv2.waitKey()
cv2.destroyAllWindows()
```

运行结果如图 3.34 所示。

图 3.34 RGB 图像通道拆分再合并

3.5 数字图像的基本运算

3.5.1 图像的点运算

图像的点处理运算(Point Operation)是一种通过图像中的每一个像素值(像素点的灰度值)进行运算的图像处理方式。点运算变换函数将图像的像素一一转化,最终构成一幅新的图像。由于操作对象是图像的单个像素值,故得名"点运算"。其特点就是输出图像每个像素点的灰度值仅由对应的输入像素点的灰度值决定,运算结果不会改变图像内像素点之间的空间位置关系。点运算用于改变图像的灰度范围及分布,实现图像的对比度增强、对比度拉伸或灰度变换等,是数字图像处理中最基础的技术。

设 $g(x,y)$ 表示输入图像各点的像素值,$f(x,y)$ 表示输出图像各点的像素值,T 表示点运算的关系函数。点运算的处理过程可以用如下公式表示,即

$$g(x,y)=T[f(x,y)]$$

图像的点运算分为线性点运算和非线性点运算。

1. 线性点运算

线性点运算是输出灰度级与输入灰度级呈线性关系的点运算,即 $T[\cdot]$ 为线性函数,即

$$g(x,y)=T[f(x,y)]=af(x,y)+b$$

显然:

当 $a>1$ 时,输出图像的对比度将增大;

当 $0<a<1$ 时,输出图像的对比度将减小;

当 $a=1$ 且 $b\neq 0$ 时,所有像素灰度的上移或下移,整个图像更暗或更亮;

当 $a=1,b=0$ 时,原始图像不发生变化;

当 $a<0$ 时,则暗区域将变亮,亮区域将变暗,图像求补运算。

更为简便通俗的理解如下。

$a=1,b=0$:恒等。

$a<0$:黑白翻转。

$|a|>1$:增加对比度。

$|a|<1$:减小对比度。

$b>0$:增加亮度。

$b<0$:减小亮度。

【例 3.24】 利用线性点运算,调整图像对比度。

```
import cv2
img = cv2.imread('flower.jpg',1)
cv2.imshow('orignal',img)          # 显示原始图像
img1 = img * 1.05                   # 增强对比度
cv2.imshow('up',img1)
img2 = img * 0.85                   # 减小对比度
cv2.imshow('down',img2)
# 增加灰度值
img3 = img + 50                     # 灰度值增加 50
cv2.imshow('add',img3)
# 图像反色,求补运算
img4 = 255 - img
cv2.imshow('reverse',img4)
cv2.waitkey()                      # 无限等待键盘输入
cv2.destroyallwindows              # 删除窗口
```

运行结果如图 3.35 所示。

线性点运算还可以分段灰度处理,突出感兴趣的目标或灰度区间,相对抑制那些不感兴趣的灰度区域,用于数字图像的局部处理。

图 3.35 线性点运算改变图像的灰度值

2. 非线性点运算

非线性点运算是指输出灰度级与输入灰度级成非线性关系，即 $T[\cdot]$ 为非线性函数。常用非线性函数有对数函数、幂次函数和分段线性函数。引入非线性点运算主要是考虑到在成像时，可能由于成像设备本身的非线性失衡，需要对其进行校正，或者强化部分灰度区域的信息。

【例 3.25】 实现图像灰度的对数变换。结果如图 3.36 所示。

```python
import numpy as np
import Matplotlib.pyplot as plt
import cv2
deflog_plot(c):
    x = np.arange(0, 256, 0.01)
    y = c * np.log(1 + x)
    plt.plot(x, y, 'r', linewidth = 1)        #绘制曲线
    plt.rcParams['font.sans - serif'] = ['SimHei']
    plt.title(u'对数变换函数')              #正常显示中文标签
    plt.xlim(0, 255), plt.ylim(0, 255)
    plt.show()
#对数变换
def log(c, img):
    output = c * np.log(1.0 + img)
    output = np.uint8(output + 0.5)
    return output
img = cv2.imread('girl.png')               #读取原始图像
log_plot(42)                               #绘制对数变换曲线
output = log(42, img)                       #图像灰度对数变换
cv2.imshow('Input', img)
cv2.imshow('Output', output)                #显示图像
cv2.waitKey(0)                              #键盘绑定函数,等待(n)ms,设置 0 无限等待键盘输入
cv2.destroyAllWindows()                     #删除窗口
```

3. 点运算应用

(1) 光度学标定。

希望数字图像的灰度能够真实地反映图像的物理特性，如去掉非线性、变换灰度的单位。

(2) 对比度增强和对比度扩展。

将感兴趣特征的对比度扩展，使之占据可显示灰度级的更大部分。

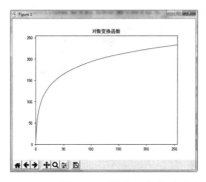

图 3.36　图像灰度的对数变换效果(左侧对数图形,中间原图,右侧变换图)

（3）显示标定。

显示设备不能线性地将灰度值转换为光强度,因此点运算和显示非线性组合,以保持显示图像时的线性关系。

（4）轮廓线确定。

用点运算进行阈值化。

（5）裁剪。

每次点运算的最后一步,都将负值置为 0; 而将正值约束在灰度级最大值。

3.5.2　图像的代数运算

在数字图像处理中,代数运算具有非常广泛的应用。数字图像的运算方式在实际的医学数字图像处理中可用于医学数字图像的比较、裁剪、拼接、特征提取等融合技术中。

1. 基本的代数运算

数字图像的代数运算是指图像像素位置不变,两幅或多幅图像通过对应像素之间的加、减、乘、除运算得到输出图像的方法。图像的代数运算,一种是图像和一个常数进行运算,一种是两幅或多幅图像的运算。

设图像为 $f(x,y)$,常数为 c,即 c 级灰度,那么图像和常数的代数运算的数学表达式为

$$g(x,y)=f(x,y)+c$$
$$g(x,y)=f(x,y)-c$$
$$g(x,y)=f(x,y)\times c$$
$$g(x,y)=f(x,y)\div c$$

设两幅图像为 $f(x,y)$、$h(x,y)$,输出图像为 $g(x,y)$,两幅图像的代数运算的数学表达式为

$$g(x,y)=f(x,y)+h(x,y)$$
$$g(x,y)=f(x,y)-h(x,y)$$
$$g(x,y)=f(x,y)\times h(x,y)$$
$$g(x,y)=f(x,y)\div h(x,y)$$

代数运算的用途如下。

（1）加法运算。

图像与一个常数进行加法运算,可以给整幅图像增加灰度级,使图像亮度得到提高,整

体偏亮；还可以给个别像素加灰度值，可以使目标景物突出；通过对同一场景多幅图像求平均，可以降低叠加性随机噪声；两幅图像叠加达到二次曝光的效果等。

（2）减法运算。

图像的减法运算就是把两幅图像的差异显示出来，减法运算多用于去除图像的附加噪声；去除图像中不需要的叠加性图案；检测同一场景两幅图像之间的变化，如运动目标的跟踪及故障检测、计算物体边界的梯度等。

（3）乘、除法运算。

在数字图像处理中，乘、除运算应用相对较少，但也具有很重要的作用。乘法运算在获取图像的局部图案时发挥作用，将一幅图像与掩模图像（二值图像）相乘，可遮住该图像中的某些部分，使其仅保留图像中感兴趣的部分。在获取数字化图像中，图像数字化设备对一幅图像各点的敏感程度不可能完全相同，乘、除运算可用于纠正这方面的不利影响。除法运算还可以产生对颜色和多光谱图像分析十分重要的比率图像。

2. 像素操作实现代数运算

通过像素操作，实现常数和图像像素、两幅或多幅图像像素的代数运算。需要注意的是，进行代数运算的图像必须形状一致。

【例 3.26】 数字减影血管造影成像。

数字图像的减法运算可应用于 DSA（数字减影血管造影）的图像处理中。将受检部位没有注入造影剂和注入造影剂后的两幅图像的数字信息相减，获得了去除骨骼、肌肉和其他软组织，只留下单纯血管影像的减影图像。

实例通过对注射放射线液体前后的脑部拍摄 CT 图，再通过图像减法，获取血液流动情况。第一幅为注射前，第二幅为注射后，第三幅为通过减法得到。

```
# 图像减法 - 血液流动
import cv2
ori1 = cv2.imread('3.png')
# ori1 = cv2.cvtColor(ori1,cv2.COLOR_RGB2GRAY)
ori2 = cv2.imread('4.png')
# ori2 = cv2.cvtColor(ori2,cv2.COLOR_RGB2GRAY)
cv2.imshow('minus1',ori1)
cv2.imshow('minus2',ori2)
cv2.waitKey()
city3 = ori2 - ori1
city3[city3 <= 55] = 255
cv2.imshow('city',city3)
cv2.waitKey()
cv2.destroyAllWindows()
```

运行结果如图 3.37 所示。

3. 利用 OpenCV 实现代数运算

通过 OpenCV 中的 add()、subtract()、multiply()、divide()函数实现图像的代数运算，进行运算的图像要大小一致。语法格式如下：

```
dst = cv2.add(scr1,scr2)
dst = cv2.subtract (scr1,scr2)
dst = cv2.multiply (scr1,scr2)
```

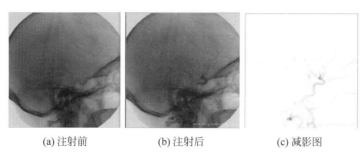

(a) 注射前　　　　　　(b) 注射后　　　　　　(c) 减影图

图 3.37　数字减影血管造影成像

```
dst = cv2.divide (scr1,scr2)
```

其中,dst 表示目标图像,scr1、scr2 表示原始图像。

【例 3.27】　使用加号运算符和 cv2.add()函数计算两幅图像的像素值和。

```
import cv2
a = cv2.imread("lena.bmp",0)
b = a
result1 = a + b
result2 = cv2.add(a,b)
cv2.imshow("original",a)
cv2.imshow("result1",result1)
cv2.imshow("result2",result2)
cv2.waitKey()
cv2.destroyAllWindows()
```

运行结果如图 3.38 所示。

(a) 原始图像　　　　(b) 使用加号运算得到的图像　　　(c) 使用add()函数得到图像

图 3.38　add()函数图像加法运算

使用加号运算符计算图像像素值的和时,将和大于 255 的值进行了取模处理,取模后大于 255 的这部分值变得更小了,导致本来应该更亮的像素点变得更暗了,相加所得的图像看起来并不自然。使用函数 cv2.add()计算图像像素值的和时,将和大于 255 的值处理为饱和值 255。图像像素值相加后让图像的像素值增大了,图像整体变亮。

OpenCV 中提供了 cv2.addWeighted()函数,用来实现图像的加权和(混合、融合)。语法格式如下:

```
dst = cv2.addWeighted(src1,alpha,src2,beta,gamma)
```

其中,参数 alpha 和 beta 是 src1 和 src2 所对应的系数,它们的和可以等于 1,也可以不等于 1。该函数实现的功能是 $dst = src1 \times alpha + src2 \times beta + gamma$。需要注意,src1 和

src2 大小一致,式中参数 gamma 的值可以是 0,但是该参数是必选参数,不能省略。可以将上式理解为"结果图像＝图像 1×系数 1＋图像 2×系数 2＋亮度调节量"。

【例 3.28】 使用 cv2. addWeighted()函数将两幅图像混合。

```
import cv2
a = cv2.imread("Chrysanthemum.jpg",0)
b = cv2.imread("lena.jpg",0)
cv2.imshow("boat",a)
cv2.imshow("lena",b)
face = a[50:250,30:230]              #选取混合区域
result = cv2.addWeighted(b,0.5,face,0.5,0)
a[50:250,30:230] = result
cv2.imshow("result",a)
cv2.waitKey()
cv2.destroyAllWindows()
```

运行结果如图 3.39 所示。

说明:利用 addWeighted()函数可以实现两个背景图片的融合,第 5 章和第 6 章都会用到该函数。

(a) 原始图像   (b) 混合后的图像

图 3.39 addWeighted()函数图像加权混合

3.5.3 图像的几何变换

图像的几何变换是将一幅图像中的坐标映射到另一幅图像中的新坐标位置,它不改变图像的像素值,只是改变像素所在的几何位置,使原始图像按照需要产生位置、形状和大小的变化。

1. 基本几何变换

数字图像的基本几何变换包括图像的平移、旋转、放缩、镜像、转置等。

1) 图像的平移

图像的平移是几何变换中最简单、最常见的变换之一,它是将一幅图像上的所有点都按照给定的偏移量在水平方向、垂直方向上沿轴移动,平移后的图像与原始图像大小相同,如图 3.40 所示。设 (x_0,y_0) 为原始图像上的一点,图像水平平移量为 Δx,垂直平移量为 Δy,则平移后点坐标将变为 (x',y'),它们之间的数学关系式为

$$x'=x_0+\Delta x$$
$$y'=y_0+\Delta y$$

矩阵的形式表示为

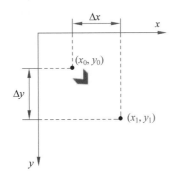

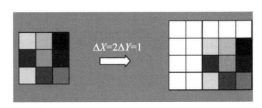

图 3.40　图像的平移

$$
\begin{bmatrix} x' \\ y' \\ 1 \end{bmatrix} = \begin{bmatrix} 1 & 0 & \Delta x \\ 0 & 1 & \Delta y \\ 0 & 0 & 1 \end{bmatrix} \begin{bmatrix} x_0 \\ y_0 \\ 1 \end{bmatrix}
$$

图像被平移后,有些点可能被移出显示区域,造成部分信息丢失。为避免被平移后丢失部分图像,可将新生成的图像宽度扩大$|\Delta x|$,高度扩大$|\Delta y|$。

当对图像做平移变化时,一定要根据平移距离估算图像平移后所需画布的大小(图像旋转和图像缩放都存在这一问题),以免平移后信息的丢失。除了图像缩小变换外,对图像做其他几何变换还有可能出现坐标为小数的情况,因此,为尽可能保持几何运算后图像的质量,还要考虑图像的插值问题。

2) 图像的旋转

图像的旋转变换属于图像的位置变换,通常是以图像的中心为原点,将图像上的所有像素按顺时针方向或逆时针方向旋转一个相同的角度,如医学图像的旋转都按逆时针方向。

图像的旋转变换后,图像的大小一般会发生改变。和图像的平移一样,在图像旋转变换中既可以把转出显示区域的图像截去,也可以扩大图像范围以显示所有的图像。

图像的旋转变换也可以用矩阵变换表示。设点 $P_0(x_0, y_0)$ 旋转 θ 角后的对应点为 $P(x, y)$,如图 3.41 所示。那么,旋转前后点 $P(x, y)$ 的坐标分别为

$$
\begin{cases} x = x_0 \cos\theta + y_0 \sin\theta \\ y = x_0 \sin\theta + y_0 \cos\theta \end{cases}
$$

写成矩阵表达式为

$$
\begin{bmatrix} x \\ y \\ 1 \end{bmatrix} = \begin{bmatrix} \cos\theta & \sin\theta & 0 \\ \sin\theta & \cos\theta & 0 \\ 0 & 0 & 1 \end{bmatrix} \begin{bmatrix} x_0 \\ y_0 \\ 1 \end{bmatrix}
$$

进行图像旋转时需要注意以下 3 点。

(1) 图像旋转后像素的排列不是完全按照原有的相邻关系。这是因为相邻像素之间只能有 8 个方向,如图 3.42 所示。

(2) 图像旋转之前,为了避免信息的丢失,一定要有坐标平移。

(3) 图像旋转后,因像素值的填充是不连续的,会出现很多空洞点。对这些空洞点通常是通过插值的方法进行填充处理;否则画面效果不好。

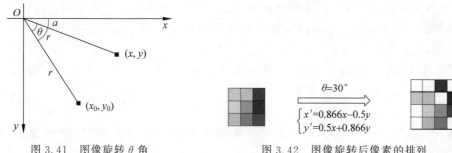

图 3.41 图像旋转 θ 角　　　　图 3.42 图像旋转后像素的排列

3) 图像的镜像

图像的镜像分为两种,即垂直镜像和水平镜像,其中水平镜像是指图像的左半部分和右半部分以图像竖直中轴线为中心轴进行对换;垂直镜像是将图像上半部分和下半部分以图像水平轴线为中心轴进行对换,如图 3.43 所示。

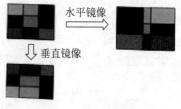

图 3.43 图像的镜像

设原始图像的值为

$$f(x,y)=\begin{bmatrix} f(1,1),f(1,2),\cdots,f(1,m-1),f(1,m) \\ f(2,1),f(2,2),\cdots,f(2,m-1),f(2,m) \\ \vdots \\ f(n,1),f(n,2),\cdots,f(n,m-1),f(n,m) \end{bmatrix}$$

则水平变换后的图像值为

$$g(x,y)=\begin{bmatrix} f(1,m),f(1,m-1),\cdots,f(1,2),f(1,1) \\ f(2,m),f(2,m-1),\cdots,f(2,2),f(2,1) \\ \vdots \\ f(n,m),f(n,m-1),\cdots,f(n,2),f(n,1) \end{bmatrix}$$

垂直变换后的图像值为

$$g(x,y)=\begin{bmatrix} f(n,1),f(n,2),\cdots,f(n,m-1),f(n,m) \\ \vdots \\ f(2,1),f(2,2),\cdots,f(2,m-1),f(2,m) \\ f(1,1),f(1,2),\cdots,f(1,m-1),f(1,m) \end{bmatrix}$$

4) 图像的转置

图像的转置即将图像的行、列像素值对调。

$$g(x,y)=\begin{bmatrix} f(1,1),f(2,1),\cdots,f(n-1,1),f(n,1) \\ f(1,2),f(2,2),\cdots,f(n-1,2),f(n,1) \\ \vdots \\ f(1,m),f(2,m),\cdots,f(n-1,m),f(n,m) \end{bmatrix}$$

需要注意的是,进行图像转置后,图像的大小会发生改变。

5) 图像的缩放

图像缩放是指将给定的图像在 x 轴方向按比例缩放 f_x 倍,在 y 轴方向按比例缩放 f_y

倍,从而获得一幅新的图像。如果在 x 轴方向和 y 轴方向缩放的比率相同,称这样的比例缩放为图像的全比例缩放。如果改变图像的比例缩放 $f_x \neq f_y$,会改变原始图像的像素间的相对位置,产生几何畸变。

(1)图像的缩小。分为按比例缩小和不按比例缩小两种。图像缩小实际上是对原有的多个数据进行挑选或处理,获得期望缩小尺寸的数据,并且尽量保持原有的特征不丢失。最简单的方法就是等间隔地选取数据。

设水平、垂直方向均缩小 1/2,图像被缩到原始图像的 1/4。图像缩小方法效果如图 3.44 所示。

(2)图像的放大。从字面上看,图像的放大就是图像缩小的逆操作,但从信息处理的角度看,则难易程度完全不一样。图像缩小是从多个信息中选出所需要的信息,而图像放大则是需要对多出的空位填入适当的值,是信息的估计。最简单的思想,如果将原始图像放大 k 倍,则将原始图像中的每个像素值,填在新图像中对应的大小的 $k \times k$ 子块中,如图 3.45 所示。

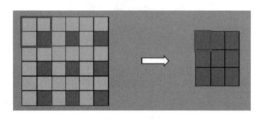

图 3.44　图像的缩小

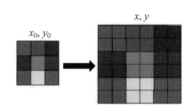

图 3.45　图像的放大

放大后的图像像素会出现"空洞",即在几个像素中间的位置,这就需要利用灰度级插值算法来确定几何变换后的像素的灰度值。

设缩放前后两点 $A_0(x_0, y_0)$ 和 $A_1(x_1, y_1)$ 之间的关系为

$$\begin{cases} x_1 = \alpha x_0 \\ x_2 = \beta x_0 \end{cases}$$

用矩阵形式可以表示为

$$\begin{bmatrix} x_1 \\ y_1 \\ 1 \end{bmatrix} = \begin{bmatrix} a & 0 & 0 \\ 0 & a & 0 \\ 0 & 0 & a \end{bmatrix} \begin{bmatrix} x_0 \\ y_0 \\ 1 \end{bmatrix}$$

2. 利用 OpenCV 库实现图像几何变换

1)图像的缩放

通过 resize()函数实现图像的缩放。语法格式如下:

```
dst = cv2.resize(src,dsize[,fx[,fy[,interpolation]]])
```

① scr:表示原始图像。

② dsize:表示缩放大小。

③ fx 和 fy:表示水平、垂直方向缩放比例。

④ interpolation:插值方法。常用 5 种方法,分别如下。

• INTER_NEAREST:最近邻插值法。

- INTER_LINEAR：双线性插值法(默认)。
- INTER_AREA：基于局部像素的重采样。
- INTER_CUBIC：基于 4×4 像素邻域的三次插值法。
- INTER_LANCZOS4：基于 8×8 像素邻域的 Lanczos 插值。

需注意以下几点。

① 在 resize()函数中,图像缩放的大小可以通过参数"dsize"和"fx、fy"两者之一来指定。

② 当缩小图像时,使用区域插值方式(INTER_AREA)能够得到最好的效果;当放大图像时,使用三次样条插值(INTER_CUBIC)方式和双线性插值(INTER_LINEAR)方式都能够取得较好的效果。三次样条插值方式速度较慢,双线性插值方式速度相对较快且效果并不逊色。

【例 3.29】 将图像进行缩放,图像大小为 200×100 像素。

```
import cv2
import numpy as np
#读取图片
original = cv2.imread('fruit.png')
print(original.shape)
#图像缩放
result = cv2.resize(original,(200,100))
print(result.shape)
#显示图像
cv2.imshow("original", original)
cv2.imshow("result", result)
cv2.waitKey()
cv2.destroyAllWindows()
```

运行结果:

```
(218, 293, 3)
(100, 200, 3)
```

结果如图 3.46 所示。

图 3.46 resize()函数图像缩放

乘以缩放系数进行图像缩放,代码如下:

```
result = cv2.resize(src, (int(cols * 0.6),int(rows * 1.2)))
```

通过参数(fx,fy)缩放倍数实现图像缩放,代码如下:

```
result = cv2.resize(src, None, fx = 0.3, fy = 0.3)  #图像缩放为原来的 0.3 倍
```

2）图像的翻转

调用 flip()函数实现图像的翻转。语法格式如下：

dst = cv2.flip(src, flipCode)

① dst：表示翻转后的目标图像。

② src：表示原始图像。

③ flipCode：表示翻转类型。如果 flipCode 为 0，则以 x 轴为对称轴翻转，如果 flipCode>0 则以 y 轴为对称轴翻转，如果 flipCode<0，则在 x 轴、y 轴方向同时翻转。

【例 3.30】　使用 flip()函数实现图像的翻转。

```
import cv2
import Matplotlib.pyplot as plt
# 读取图片
img = cv2.imread('fruit.png')
# 图像翻转
# = 0 以 X 轴为对称轴翻转 > 0 以 Y 轴为对称轴翻转 < 0 X 轴 Y 轴翻转
img1 = cv2.flip(img, 0)
img2 = cv2.flip(img, 1)
img3 = cv2.flip(img, -1)
# 显示图形
cv2.imshow('img',img)
cv2.imshow('img1',img1)
cv2.imshow('img2',img2)
cv2.imshow('img3',img3)
plt.show()
cv2.waitKey()
cv2.destroyAllWindows()
```

程序运行结果如图 3.47 所示。

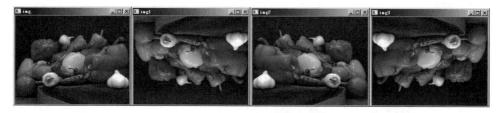

图 3.47　flip()函数图像翻转

3）图像的平移

利用 OpenCV 实现图像平移，首先定义平移矩阵 M，再调用 warpAffine()函数实现平移。语法格式如下：

```
M = np.float32([[1, 0, x], [0, 1, y]])
dst = cv2.warpAffine(scr, M,dsize)
```

① dst：返回变换后的输出图像。

② scr：表示原始图像。

③ M：表示一个 2×3 变换矩阵。使用不同的变换矩阵可实现不同的图像变换。

④ dsize：表示输出图像的大小。

【例 3.31】　将图像右移 50 像素、下移 50 像素。

```
import cv2
import numpy as np
import Matplotlib.pyplot as plt
#读取图片
img = cv2.imread('fruit.png')
#图像右移50、下移50
M = np.float32([[1, 0, 50], [0, 1, 50]])
img1 = cv2.warpAffine(img, M, (img.shape[1], img.shape[0]))
#显示图形
cv2.imshow('original',img)
cv2.imshow('move',img1)
plt.show()
cv2.waitKey()
cv2.destroyAllWindows()
```

运行结果如图 3.48 所示。

图 3.48　图像平移

4) 图像的旋转

warpAffine()函数还可以实现图像旋转,可以通过 getRotationMatrix2D()函数获取转换矩阵。getRotationMatrix2D()函数语法格式如下:

```
M = cv2.getRotationMatrix2D(center, angle,scale)
```

① center:表示旋转的中心点。

② angle:表示旋转的角度。正数表示逆时针方向旋转;负数表示顺时针方向旋转。

③ scale:表示变换尺度(缩放大小)。

【例 3.32】　将图像绕中心旋转,逆时针方向旋转 45°,并将目标图像缩小为原始图像的 0.6 倍。

```
import cv2
import numpy as np
#读取图片
src = cv2.imread('fruit.png')
#原图的高、宽以及通道数
rows, cols, channel = src.shape
#绕图像的中心旋转,逆时针方向旋转30°,并缩小为原来的0.6倍
M = cv2.getRotationMatrix2D((cols/2, rows/2), 30, 0.6)
rotated = cv2.warpAffine(src, M, (cols, rows))
#显示图像
cv2.imshow("src", src)
cv2.imshow("rotated", rotated)
```

```
#等待显示
cv2.waitKey(0)
cv2.destroyAllWindows()
```

运行结果如图 3.49 所示。

图 3.49　warpAffine()函数图像旋转

3. 使用 PIL 库实现图像几何变换

1) 图像的缩放

使用 PIL 中的 resize()函数实现图像的缩放,直接通过输入参数指定缩放后的尺寸即可。

【例 3.33】　将图像缩放为 128×128 像素。

```
from PIL import image
#读取图像
im = image.open("fruit.png")
im.show()
#将图像缩放为128x128
im_resized = im.resize((128, 128))
im_resized.show()
```

运行结果如图 3.50 所示。

图 3.50　原始图像 293×218 和缩放后图像 128×128

2) 图像的旋转

使用 rotate()函数实现图像的旋转,通过输入参数直接指定按逆时针方向旋转的角度即可。

【例 3.34】　将图像逆时针方向旋转 45°。

```
from PIL import Image
#读取图像
```

```
im = Image.open("lenna.jpg")
im.show()
♯将图像逆时针方向旋转 45°
im_rotate = im.rotate(45)
im_rotate.show()
```

运行结果如图 3.51 所示。

图 3.51 rotate( )函数图像旋转

3）图像的翻转

使用 transpose( )函数实现图像的翻转,不仅支持上下、左右翻转;也支持逆时针方向 90°、180°、270°等角度的旋转,效果与 rotate( )相同。语法格式如下:

```
dst = transpose(src,method)
```

① src:表示原始图像。

② method:表示旋转方式。有如下值:

* Image.FLIP_LEFT_RIGHT,表示将图像左右翻转;
* Image.FLIP_TOP_BOTTOM,表示将图像上下翻转;
* Image.ROTATE_90,表示将图像逆时针方向旋转 90°;
* mage.ROTATE_180,表示将图像逆时针方向旋转 180°;
* mage.ROTATE_270,表示将图像逆时针方向旋转 270°;
* mage TRANSPOSE,表示将图像进行转置(相当于顺时针方向旋转 90°);
* Image TRANSVERSE,表示将图像进行转置,再水平翻转。

例如:

```
out = im.transpose(Image.FLIP_LEFT_RIGHT)
out = im.transpose(Image.FLIP_TOP_BOTTOM)
out = im.transpose(Image.ROTATE_90)
out = im.transpose(Image.ROTATE_180)
out = im.transpose(Image.ROTATE_270)
```

4. 使用 skimage 库实现图像代数运算

在 skimage 的 transform 模块中提供了很多函数,用于实现图像的形变与缩放。

(1) 改变图像尺寸 resize( )函数。

语法格式如下:

```
transform.resize(image,output_shape)
```

① image:原始图像。

② output_shape:新的图片尺寸。

【例 3.35】 将图像大小调整为 80×60 像素。

```
from skimage import transform,data
import Matplotlib.pyplot as plt
img = data.camera()
dst = transform.resize(img,(80,60))              #将图片大小变为 80×60 像素
plt.figure('resize')
plt.subplot(121)
plt.title('before resize')
plt.imshow(img,plt.cm.gray)
plt.subplot(122)
plt.title('after resize')
plt.imshow(dst,plt.cm.gray)
plt.show()
```

运行结果如图 3.52 所示。

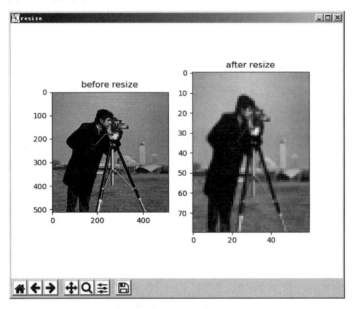

图 3.52   skimage 库更改图像尺寸

图像的大小由原来的 512×512 像素变成了 80×60 像素。

(2) 按比例缩放 rescale()函数。

语法格式如下：

transform.rescale(src,scale)

① src：表示原始图像。

② scale：表示缩放的倍数。可以是单个 float 数，也可以是一个 float 型的 tuple，如 [0.2,0.5]表示将行列数分开进行缩放。

【例 3.36】 利用 rescale()函数实现图像的缩放。

```
from skimage import transform,data
img = data.camera()
print(img.shape)                                  #图像原始大小
print(transform.rescale(img,0.1).shape)           #缩小为原来图像大小的 0.1 倍
print(transform.rescale(img,[0.5,0.25]).shape)    #缩小为原来图像行数的 0.5,列数的 0.25
```

```
print(transform.rescale(img,2).shape)                    ♯放大为原来图像大小的 2 倍
```

运行结果：

```
(512,512)
(51,51)
(256,256)
(1024,1024)
```

（3）旋转 rotate()函数。

语法格式如下：

```
transform.rotate(src,angle[,…],resize = false)
```

① src：表示原始图像。

② angle：参数是个 float 类型数，表示旋转的度数。

③ resize：用于控制在旋转时是否改变大小，默认为 False。

【例 3.37】 将图像进行旋转。

```
from skimage import transform,data
import Matplotlib.pyplot as plt
img = data.camera()
print(img.shape)                                ♯图片原始大小
img1 = transform.rotate(img, 60)                ♯旋转 90°,不改变大小
print(img1.shape)
img2 = transform.rotate(img, 30,resize = True)  ♯旋转 30°,同时改变大小
print(img2.shape)
plt.figure('resize')                            ♯窗口名称
plt.subplot(121)                                ♯在第一行第一列子图区绘制
plt.title('rotate 60')
plt.imshow(img1,plt.cm.gray)
plt.subplot(122)
plt.title('rotate 30')
plt.imshow(img2,plt.cm.gray)
plt.show()
```

运行结果如图 3.53 所示。

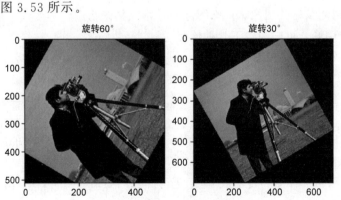

图 3.53 rotate()函数图像旋转

需注意以下几点。

① 在程序中，plt.subplot(121)语句相当于 plt.subplot(1,2,1)。

② plt.imshow()可以打印出图像的数字形式，但是无法可视化地显示出来。

3.6 数字图像的插值

3.6.1 插值的概念

数字图像都是以像素为单位的离散点来存储的,在很多时候对所获取的数字图像需要作进一步的处理。比如:为了做广告宣传,需要将拍摄的艺术照片做成巨幅海报;为了分析深层地质结构,需要对仪器采集的图像做局部细化;为了分析外星球的大气和地面状况,需要使遥感卫星图片模糊细节变得有意义;为了侦破缺少目击证人的案件,需要对监控录像做清晰化处理。输出图像的每一个像素点在输入图像中都有一个具体的像素点与之对应,就需要用到图像的像素点插值技术。图像插值是在基于模型框架下,从低分辨率图像生成高分辨率图像的过程,用以恢复图像中所丢失的信息。有时图像在获取、传输过程中不可避免地会产生噪声,这些噪声大大损坏了图像的质量,影响了图像的可用性,所以考虑要对图像进行去噪。而去噪的实质,是在去噪模型下用新的灰度估计值来取代原噪声点的灰度值,因此去噪也可以转化为插值问题来研究。

通过前面的介绍,我们知道数字图像在旋转时输出图像像素点坐标有可能对应于输入图像上几个像素点之间的位置;在图像放大时,有新的空像素填补灰度值,这些就需要通过灰度插值处理来计算出该输出点的灰度值。

插值分为图像内插值和图像间插值。图像内插值主要应用于对图像进行放大及旋转等操作,是根据一幅较低分辨率图像再生出另一幅均具有较高分辨率的图像。图像间的插值,也叫图像的超分辨率重建,是指在一图像序列之间再生出若干幅新的图像,可应用于医学图像序列切片和视频序列之间的插值图像。内插值实际上是对单帧图像的图像重建过程,这就意味着生成原始图像中没有的数据。常见的图像插值方法有最近邻插值、双线性插值、双平方插值、双立方插值及其他高阶方法。

图像插值技术广泛应用于军事雷达图像、卫星遥感图像、天文观测图像、地质勘探数据图像、生物医学切片及显微图像等特殊图像及日常人物景物图像的处理。按照应用目的,图像插值技术的应用场合可归为以下几种情况。

(1) 在图像采集、传输和现实过程中,不同的显示设备有着不同的分辨率,需要对视频序列和图像进行分辨率转换,如大屏幕显示图像和制作巨幅广告招贴画。

(2) 当用户需要专注于图像的某些细节时,对图像进行放缩变换,如图像浏览软件中的放大镜功能。

(3) 在视频传输中,为了有效利用有限的带宽,可以传输低分辨率的视频流,然后在接收端使用插值算法转换成高分辨率视频流。

(4) 为提高图像的存储和传输效率,而进行图像的压缩和重构,如计算机虚拟现实技术中的图像插值。

(5) 在图像恢复时,已经被损坏的图像或者有噪声污染的图像,可通过插值对图像进行重建和恢复,如警方在侦破案件时所发现的存在污损的身份证照片。

3.6.2 最邻近插值法

最近邻插值算法又称为零阶插值,它是一种比较容易实现且算法复杂度较低的插值算法。其原理是取待插值点周围 4 个相邻像素点中距离最短的一个邻点的灰度值作为该点的灰度值,如图 3.54 所示。

假设,整数坐标(u,v)与点距离最近,则有

$$f(u_0,v_0)=f(u,v)$$

这种插值方法只用到距离及一个点的灰度值,简单、快速。但由于仅用对该插值点最近的像素的灰度值作为该点的值,没有考虑其他相邻像素的影响,因此插值后得到的图像会造成插值生成的图像灰度上的不连续,造成图像模糊,在灰度变化的地方可能出现明显的锯齿状和马赛克。

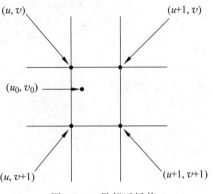

图 3.54 最邻近插值

3.6.3 双线性内插法

双线性插值法是一阶插值,和最近邻插值算法(零阶插值)相比可产生更令人满意的效果,是对最近邻插值法的一种改进。

双线性插值原理是待插点像素值取原始图像中与其相邻的 4 个点像素值的水平、垂直两个方向上的线性内插,即根据待采样点与周围 4 个邻点的距离确定相应的权重,从而计算出待采样点的像素值。经过此算法处理后的图像,会产生许多新的像素值,它们主要由插值点周围像素的灰度值通过插值运算获得。

双线性内插法是利用待求像素 4 个邻像素的灰度在两个方向上作线性内插,要经过 3 次插值获得最终的结果,即先对两水平方向进行一阶线性插值,然后在垂直方向上进行一阶线性插值,如图 3.55 所示。

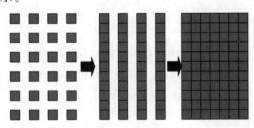

图 3.55 双线性插值

用[S]表示不超过 S 最大整数,则

$$u=[u_0]$$
$$v=[v_0]$$
$$\alpha=u_0-[u_0]$$
$$\beta=v_0-[v_0]$$

根据(u_0,v_0)4 个邻点灰度值,插值计算 $f(u_0,v_0)$,首先做水平方向插值。

第 1 步：从 $f(u,v)$ 及 $f(u+1,v)$ 求 $f(u_0,v)$。

即

$$f(u_0,v)=f(u,v)+\alpha[f(u+1,v)-f(u,v)]$$

第 2 步：从 $f(u,v+1)$ 及 $f(u+1,v+1)$ 求 $f(u_0,v+1)$

即

$$f(u_0,v+1)=f(u,v+1)+\alpha[f(u+1,v+1)-f(u,v+1)]$$

最后，做垂直方向插值，即

$$f(u_0,v_0)=f(u_0,v)+\beta[f(u_0,v+1)-f(u_0,v)]$$
$$=f(u,v)(1-\alpha)(1-\beta)+f(u+1,v)\alpha(1-\beta)+f(u,v+1)(1-\alpha)\beta+$$
$$f(u+1,v+1)\alpha\beta$$

假设要得到点 $f(x,y)$ 的像素值 $[x$、y 非整数，周围点的坐标为 $(0,0)(1,0)(0,1)$ $(1,1)]$，那么双线性插值的公式为

$$f(x,0)=f(0,0)+x[f(1,0)-f(0,0)]$$
$$f(x,1)=f(0,1)+x[f(1,1)-f(0,1)]$$
$$f(x,y)=f(x,0)+y[f(x,1)-f(x,0)]$$

双线性内插法的计算比最邻近点法复杂，计算量较大，但没有灰度不连续的缺点，结果基本令人满意。此方法仅考虑待测样点周围 4 个直接邻点灰度值的影响，而未考虑各邻点间灰度值变化率的影响，因此它具有低通滤波性质，使图像的高频分量受损，图像轮廓会在一定程度上变得比较模糊。该方法的输出图像与输入图像相比，仍然存在由于插值函数设计不周到而产生的图像质量受损与计算精度不高的问题。

3.6.4   三次多项式插值

对于图像灰度变化规律较复杂的图像，用两个邻点对间的数据点线性插值是不能得到较好结果的。可采用在同一直线方向上的更多采样点灰度对该数据点做非线性插值，常用的方法就是多项式插值。

已知数据表列

$$y_i \cong y(x_i)$$

试构造一多项式，使之在所有 x_i 处，满足 $y_i \cong y(x_i)$。插值多项式

$$y=c_0+c_1x+c_2x^2+\cdots+c_nx^n$$

n 阶多项式，须用 $n+1$ 个数据点来求出 $c_0,c_1,\cdots,c_n$。

通过线性方程组对系数求解，即

$$\begin{bmatrix} 1 & x_0 & x_0^2 & \cdots & x_0^n \\ 1 & x_1 & x_1^2 & \cdots & x_1^n \\ \vdots & \vdots & \vdots & & \vdots \\ 1 & x_n & x_n^2 & \cdots & x_n^n \end{bmatrix} \begin{bmatrix} c_0 \\ c_1 \\ \vdots \\ c_n \end{bmatrix} = \begin{bmatrix} y_0 \\ y_1 \\ \vdots \\ y_n \end{bmatrix}$$

n 阶多项式插值须用 $n+1$ 个数据点 $(x_0,y_0),\cdots,(x_n,y_n)$。显然，线性插值是多项式插值的一个特例，即用 2 个数据点直线内插。

考虑到图像数据量较大，一般取三次多项式，精度基本可以保证。对每一维，三次多项

式插值需要用同一直线方向上的 4 个数据点做内插。

利用三次多项式 $S(x)$ 求逼近理论上最佳插值函数 $\sin(x)/x$，其数学表达式为

$$S(x)=\begin{cases}1-2|x|^2+|x|^3 & 0\leqslant|x|\leqslant1\\4-8|x|+5|x|^2+|x|^3 & 1\leqslant|x|\leqslant2\\0 & 2\leqslant|x|\end{cases}$$

在图像处理中,如二维医学图像插值须考虑 16 个邻点灰值影响,待求像素(x,y)的灰度值由其周围 16 个灰度值加权内插得到,如图 3.56 所示。

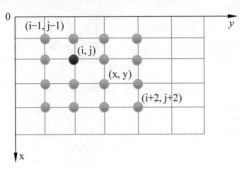

图 3.56　三次多项式插值

三次多项式插值方法计算量较大,但插值后的图像效果最好。

实训 1　数字图像的插值

利用 NumPy 和 OpenCV 实现图像插值,分别采用最邻近、双线性和双三次(Bell 分布)法。

实现过程如下。

(1) 以彩色图的方式加载图片。

(2) 根据想要生成的图像大小,映射获取某个像素点在原始图像中的浮点数坐标。

(3) 根据浮点数坐标确定插值算法中的系数、参数。

(4) 采用不同的算法实现图像插值。

参考代码如下:

```
♯最邻近、双线性、双三次(Bell 分布)
import cv2
import numpy as np
import Matplotlib.pyplot as plt
def Nearest(img, bigger_height, bigger_width, channels):
    near_img = np.zeros(shape = ( bigger_height, bigger_width, channels ), dtype = np.uint8)
    for i in range( 0, bigger_height ):
        for j in range( 0,bigger_width ):
            row = (i / bigger_height ) * img.shape[0]
            col = ( j /bigger_width ) * img.shape[1]
            near_row =   round ( row )
            near_col = round( col )
            if near_row == img.shape[0] or near_col == img.shape[1]:
```

```
                    near_row -= 1
                    near_col -= 1
                near_img[i][j] = img[near_row][near_col]
        return near_img
def Bilinear( img, bigger_height, bigger_width, channels ):
    bilinear_img = np.zeros( shape = ( bigger_height, bigger_width, channels ), dtype = np.
uint8 )
        for i in range( 0, bigger_height ):
            for j in range( 0, bigger_width ):
                row = ( i / bigger_height ) * img.shape[0]
                col = ( j / bigger_width ) * img.shape[1]
                row_int = int( row )
                col_int = int( col )
                u = row - row_int
                v = col - col_int
                if row_int == img.shape[0] - 1 or col_int == img.shape[1] - 1:
                    row_int -= 1
                    col_int -= 1
                bilinear_img[i][j] = (1 - u) * (1 - v) * img[row_int][col_int] + (1 - u) * v * img
[row_int][col_int + 1] + u * (1 - v) * img[row_int + 1][col_int] + u * v * img[row_int + 1][col_
int + 1]
        return bilinear_img
def Bicubic_Bell( num ):
    if  -1.5 <= num <=  -0.5:
        return -0.5 * ( num + 1.5 ) ** 2
    if -0.5 < num <= 0.5:
        return 3/4 - num ** 2
    if 0.5 < num <= 1.5:
        return 0.5 * ( num - 1.5 ) ** 2
    else:
        return 0
def Bicubic ( img, bigger_height, bigger_width, channels ):
    Bicubic_img = np.zeros( shape = ( bigger_height, bigger_width, channels ), dtype = np.
uint8 )
    for i in range( 0, bigger_height ):
        for j in range( 0, bigger_width ):
                row = ( i / bigger_height ) * img.shape[0]
                col = ( j / bigger_width ) * img.shape[1]
                row_int = int( row )
                col_int = int( col )
                u = row - row_int
                v = col - col_int
                tmp = 0
                for m in range( -1, 3):
                  for n in range( -1, 3 ):
                        if (row_int + m ) < 0 or (col_int + n) < 0 or ( row_int + m ) >= img.shape
[0] or (col_int + n) >= img.shape[1]:
                                row_int = img.shape[0] - 1 - m
                                col_int = img.shape[1] - 1 - n
                        numm = img[row_int + m][col_int + n] * Bicubic_Bell(m - u) * Bicubic_Bell
( n - v )
                        tmp += np.abs( np.trunc( numm ) )
            Bicubic_img[i][j] = tmp
    return Bicubic_img
```

```
if __name__ == '__main__':
    img = cv2.imread( 'lena.png',  cv2.IMREAD_COLOR)
    img = cv2.cvtColor(img, cv2.COLOR_BGR2RGB)
    print(img[3][3] )
    height, width, channels = img.shape
    print( height, width )
    bigger_height = height + 200
    bigger_width = width + 200
    print(bigger_height, bigger_width)
    near_img = Nearest( img, bigger_height, bigger_width, channels )
    bilinear_img = Bilinear( img, bigger_height, bigger_width, channels )
    Bicubic_img = Bicubic( img, bigger_height, bigger_width, channels )
    plt.figure()
    plt.subplot( 2, 2, 1 )
    plt.title( 'Source_Image' )
    plt.imshow( img )
    plt.subplot( 2, 2, 2 )
    plt.title( 'Nearest_Image' )
    plt.imshow( near_img )
    plt.subplot( 2, 2, 3 )
    plt.title( 'Bilinear_Image' )
    plt.imshow( bilinear_img )
    plt.subplot( 2, 2, 4 )
    plt.title( 'Bicubic_Image' )
    plt.imshow( Bicubic_img )
    plt.show()
```

运行结果如图 3.57 所示。左上为原始图像,右上为最近邻插值,左下为双线性插值,右下为双立方插值(Bell 分布)。

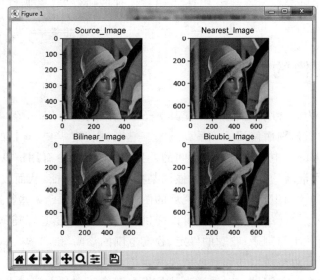

图 3.57　图像的插值效果

第 4 章

图像增强

本章学习目标

- 理解图像增强的概念和作用。
- 掌握灰度变换增强的几种技术。
- 掌握直方图增强技术。
- 对比分析图像平滑和锐化技术。
- 掌握频域滤波增强技术。
- 了解彩色增强的方法。

图像增强技术在数字图像处理中是最基础、最常用的操作,相对简单却在应用时视觉上极具吸引力,可为后续对图像做进一步处理与分析奠定基础。许多文献中提到的图像预处理技术就是指图像增强技术。

本章首先对图像增强技术进行概述;然后重点介绍灰度变换增强、直方图增强、空间邻域增强、频域滤波增强等技术及利用 Python 语言实现增强效果;最后综述彩色增强的几种方法。

4.1 数字图像的增强技术

图像增强就是为改善图像视觉效果使其更适于人眼观察或凸显图像某些特征信息以便对图像作进一步分析识别而使用的一系列技术。它根据特定需要,有目的地强调图像的整体或局部特性,加大图像中不同物体特征间的差别,增强图像中有用信息,削弱或去除不需要的信息,将原来不清晰的图像变清晰或强调某些感兴趣的特征,从而改善图像质量、丰富信息量,加强图像判读和识别效果,使处理后的图像比原图更适合某些特殊分析的需要。例如,在医学领域,经过增强的高质量图像可以提供丰富、准确的信息以辅助诊断和治疗,可帮助医生进行位置与大小的判断、轮廓的界定、程度范围的诊断等。

图像增强主要分为空域增强和频域增强两大类,如图 4.1 所示。

空域指图像所在的空间域。空域增强就是指在图像所在的空间域直接对图像的像素进行处理。空域增强常用的方法有灰度变换、直方图增强、图像空间邻域平滑和锐化、伪彩色和假彩色增强等。

频域指对图像进行傅里叶变换后图像所在的空间,即频率空间。频域增强就是指先将图像进行傅里叶变换,然后在频率空间对图像进行处理,之后再进行傅里叶反变换以获得所

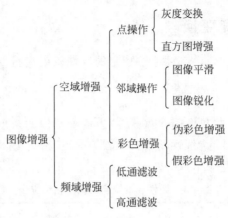

图 4.1　图像增强技术

需的增强结果。频域增强常用的方法有低通滤波、高通滤波等。

在众多的图像增强处理方法中,并不存在哪种方法绝对的好与坏,每种方法都有自己特定的应用范围。这种方法对这幅图像应用效果好,可能对另一幅图像就完全没有效果,甚至出现应用后效果变差的可能,所以图像增强的过程是一个不断选择观察比较的过程,需要在不断尝试中选出效果最好的最适合的增强方法。在实际应用中,通常是采取几种方法联合处理,才能达到预期的增强效果。

4.2　灰度变换增强

灰度直方图是用于表示图像灰度分布情况的统计图。通过直方图可以大致判断一幅图像的质量。如果图像的灰度范围集中在直方图的一个较小的范围内,就说明灰度差别不大,图像的对比度低。低对比度的图像在视觉效果上给人不清晰的感觉,使图像的细节不易观察。比如:在摄影中曝光不足或曝光过度就会使图像灰度集中在较暗的范围或较亮的范围;反之,一幅图像的灰度动态范围大,就表示这幅图像灰度差异大、对比度就大,图像就越清晰,识别度就越高。通过修改图像直方图,可以改变图像对比度。

常用的修改图像直方图的方法主要有灰度变换和直方图增强。直方图增强在下一小节给大家介绍,本节主要介绍灰度变换。

灰度变换又称为对比度拉伸、对比度扩展与调整、对比度增强、点运算等。灰度变换是基于点操作的图像增强技术,就是逐个像素点进行变换,不改变像素的位置,只改变像素的灰度。点操作最大的特点就是输出像素值只与当前输入像素值有关。在 3.5 节"数字图像的基本运算"中,从图像点运算角度简单做了介绍,本节从图像增强技术角度,系统介绍灰度变换的线性、非线性和分段方法。

设输入图像为 $f(x,y)$,输出图像为 $g(x,y)$,灰度变换的数学表达式为

$$g(x,y) = T[f(x,y)]$$

式中,T 为灰度变换的具体映射关系。

根据映射关系的不同,灰度变换可以分为线性灰度变换、非线性灰度变换和分段线性灰度变换。

4.2.1　线性灰度变换

线性灰度变换就是将图像的灰度值按指定的线性函数进行变换。表达式为

$$g(x,y) = kf(x,y) + m$$

式中：$f(x,y)$ 为输入图像的灰度值；$g(x,y)$ 为输出图像的灰度值；k 为线性函数的斜率；m 为线性函数在纵轴的截距，见图 4.2。k 和 m 的取值对图像的影响见表 4.1。

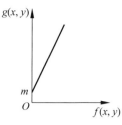

图 4.2　线性灰度变换

表 4.1　线性灰度变换图像变化情况表

k 值	m 值	图像的变化
$k>1$		输出图像对比度增大，图像看起来更清晰，整体效果得到增强
$k=1$		输出图像对比度不变，通过调整 m 的值，可改变图像亮度
	$m>0$	输出图像对比度不变，但整体灰度提高，图像整体变亮
	$m=0$	输出图像无变化
	$m<0$	输出图像对比度不变，但整体灰度减小，图像整体变暗
$0<k<1$		输出图像对比度减小，图像看起来没有之前清晰，整体效果削弱
$k<0$		原始图像的较亮区域变暗，较暗区域变亮
$k=-1$	$m=255$	输出图像将输入图像的灰度反转

【例 4.1】　图像的线性灰度变换。

对一幅灰度医学图像进行不同参数的线性变换，效果对比和直方图对比见图 4.3。

从效果图中可以看到：

$k=1.5$ 时对比度增大，图像看起来更清晰；

$k=0.5$ 时对比度减小，图像整体效果削弱；

$k=1$、$m=90$ 时对比度不变，图像整体变亮；

$k=-1$、$m=255$ 时，图像出现反相效果。

从直方图对比可见，改变图像的对比度是对直方图的缩放：增大对比度，直方图的动态范围加大；减小对比度，直方图的动态范围减小；图像亮度的改变，只是平移直方图在横轴的位置；反相是直方图的水平镜像。

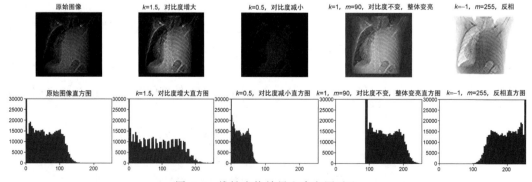

图 4.3　线性变换效果和直方图对比

程序参考代码如下：

```
import cv2
import numpy as np
import matplotlib.pyplot as plt
from matplotlib.colors import NoNorm
# 以灰度模式读入原始图像
original = cv2.imread("lung.jpg", 0)
# k = 1.5,对比度增大
result1 = 1.5 * original
result1 = np.around(result1)                          # float64
result1 = result1.astype(np.uint8)                    # 变回 unit8
# k = 0.5,对比度减小
result2 = 0.5 * original
result2 = np.around(result2)
result2 = result2.astype(np.uint8)
# k = 1,m = 90,对比度不变,整体亮度增加
result3 = original + 90                                # m = 90
# k = -1,m = 255,反相
result4 = 255 - original
# 显示设置
plt.rcParams["font.sans-serif"] = ["SimHei"]  # 正常显示中文标签
titles1 = ["原始图像","k = 1.5,对比度增大","k = 0.5,对比度减小","k = 1,m = 90,对比度不变,
整体变亮","k = -1,m = 255,反相"]
titles2 = ["原始图像直方图","k = 1.5,对比度增大直方图","k = 0.5,对比度减小直方图","k =
1,m = 90,对比度不变,整体变亮直方图","k = -1,m = 255,反相直方图"]
images = [original,result1,result2,result3,result4]
plt.figure(figsize = (18,5))
# 显示图像
for i in range(5):
  plt.subplot(2,5,i + 1)
  plt.imshow(images[i],cmap = "gray",norm = NoNorm())
# norm = NoNorm()使灰度区域很窄的图像正常显示,灰度区域正常的仍正常显示。本题中,对比
度减小后,灰度范围很窄,要正常显示图像需加此参数。本章中后面的程序根据实际情况决定是否
加此参数
  plt.title(titles1[i])
  plt.axis("off")
# 显示直方图
for i in range(5,10):
  plt.subplot(2,5,i + 1)
  a = np.array(images[i - 5]).flatten()
  plt.hist(a,bins = 64,color = "blue")
  plt.title(titles2[i - 5])
  plt.xlim(0,255)
  plt.ylim(0,30000)
plt.show()
```

4.2.2 非线性灰度变换

非线性灰度变换就是将图像的像素值按指定的非线性函数进行变换,原理与线性变换
相同,也是将原始图像每个像素点都进行变换,只是变换函数是非线性的,可以实现图像灰

度的非等比例变换。常用的有对数变换和伽马变换。

1. 对数变换

对数变换的一般表达式为

$$g(x,y) = a\ln[1 + f(x,y)]$$

式中，$f(x,y)$为原始图像的灰度值；$g(x,y)$为变换后的灰度值；a为常数，确定曲线的变换速率。

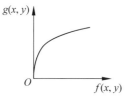

图 4.4   对数函数一般形状
示意图

图 4.4 是对数函数的一般形状示意图，从图中可以看出对数曲线在灰度值较低的区域斜率较大，在灰度值较高的区域斜率较小。图像经过灰度变换后，低灰度值区域得到扩展，高灰度值区域受到压缩。如果想看清一幅图像的低灰度区域的细节，就可以考虑这种变换。

对数变换的典型应用是傅里叶频谱，直接显示频谱时，大量重要的暗部细节丢失。使用对数变换（此时 $a=1$）后，图像的动态范围被合理地非线性压缩，暗部细节得以清晰显示。

【例 4.2】   图像的对数变换。

对一幅灰度图像进行对数变换，变换公式为 $g(x,y) = 50\ln[1 + f(x,y)]$，变换前后图像效果及直方图如图 4.5 所示。从图中可以看出，原始图像灰度动态范围集中在低灰度区域。经变换后，灰度的动态范围明显增大，图像暗部细节明显丰富，图像较之前明显清晰。

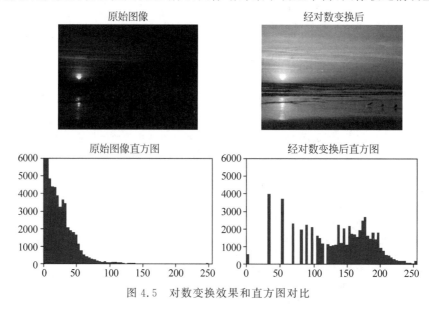

图 4.5   对数变换效果和直方图对比

本题及后面例题只给出程序主体部分参考代码，图像和直方图显示代码与线性变换程序相同，可以参考例 4.1。

```
#以灰度模式读入原始图像
original = cv2.imread("sunrise.jpg",0)
#进行对数变换，如灰度值超过 255，则以 255 计
result = 50 * np.log(1 + original)
result[result > 255] = 255
```

```
result = np.around(result)
result = result.astype(np.uint8)
```

2. 伽马变换

伽马变换也称为幂次变换，是另一种常用的非线性灰度变换。一般表达式为

$$g(x,y)=cf(x,y)^{\gamma}$$

式中：$f(x,y)$表示原始图像的灰度值；$g(x,y)$表示变换后图像的灰度值，取值范围都是$[0,1]$；c和γ为正常数，c为灰度缩放系数，用于整体拉伸图像灰度，通常取 1；γ为伽马系数，非常重要，决定增强图像的哪一部分。当$c=1$，γ取不同值时的伽马变换曲线如图 4.6所示。从图中可以看出以下几点。

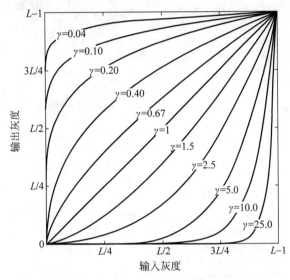

图 4.6　伽马变换$c=1$时，γ取不同值的曲线

$c=1$，$\gamma>1$时，输出低于输入，图像在整体变暗的基础上增强高灰度区域对比度，多用于很亮白的图像。通过拉伸灰度级较高区域，压缩灰度级较低区域，使图像亮部细节凸显。

$c=1$，$\gamma<1$时，输出大于输入，图像在整体变亮的基础上增强低灰度区域对比度，多用于整体偏暗的图像。通过拉伸灰度级较低区域，压缩灰度级较高区域，使图像暗部细节更清晰。

$c=1$，$\gamma=1$时，图像不变。

在变换前，为防止溢出，通常先将输入图像的灰度值由$[0,255]$变换到$[0,1]$，变换后再恢复回$[0,255]$。

【例 4.3】　图像的伽马变换。

对一幅灰度图像进行伽马变换，$c=1$，γ分别取 0.5、1、4，图像和直方图效果对比图见图 4.7。从图可见，这是一幅具有"冲淡"效果的图像，绝大多数像素都处于高灰度区，给人的整体视觉效果是灰蒙蒙的。这种图像，采取$c=1$，$\gamma>1$的伽马变换，效果非常好。图像在整体灰度值下降的基础上高灰度区域的动态范围得以延展，像素分布变得均匀，亮部细节得以显示。$c=1$，$\gamma=0.5$时，看到图像变得更亮白了，因为此时的操作，输出灰度值是比输入灰度值高的，图像在视觉上是整体变亮的，所以感觉效果更差了。$c=1$、$\gamma=1$时，图像没

有发生变化。

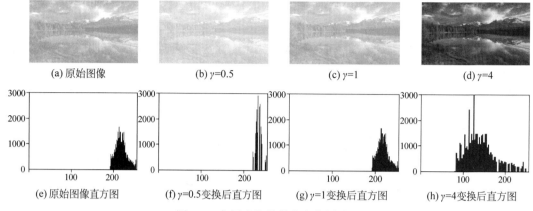

(a) 原始图像　　　　　　(b) γ=0.5　　　　　　(c) γ=1　　　　　　(d) γ=4

(e) 原始图像直方图　　(f) γ=0.5变换后直方图　　(g) γ=1变换后直方图　　(h) γ=4变换后直方图

图 4.7　伽马变换效果和直方图对比

主体部分参考代码如下：

```
#定义伽马变换函数
def gammatransform(image,gamma):
    result = image/255
    result = np.power(result,gamma)
    result = result * 255
    result = np.around(result)
    result = result.astype(np.uint8)
    return result
#以灰度模式读入原始图像
original = cv2.imread("scenery.jpg",0)
#调用 gammatransform()函数
result1 = gammatransform(original,0.5)
result2 = gammatransform(original,1)
result3 = gammatransform(original,4)
```

4.2.3　分段线性灰度变换

在实际处理图像时，可能不需要将整个图像的所有灰度值都进行变换，只需要突出强调感兴趣的区域，削弱不感兴趣的区域，这就可以使用分段线性灰度变换来实现。

分段线性灰度变换就是根据实际需要，对不同的灰度区间使用不同的变换公式，这种有选择地拉伸或是压缩某个灰度区间，可以更加灵活地控制输出图像，以达到改善图像的目的。

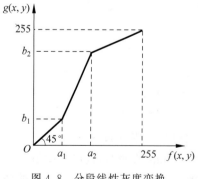

图 4.8　分段线性灰度变换

图 4.8 所示的分段线性灰度变换，分为 3 段，也可以根据实际需要任意组合，每段采取合适的变换公式。$f(x,y)$ 表示原始图像的灰度值，$g(x,y)$ 表示变换后图像的灰度值。从图中可以看出，$[0,a_1)$ 段的灰度值没有进行变换，输出与输入相等；$[a_1,a_2)$ 段的灰度值在输出后被扩展为 $[b_1,b_2]$，灰度值得到了拉伸，对比度增强；$(a_2,255]$ 段的灰度值在输出后被压缩为 $(b_2,255]$，对比度降低。图 4.8 所示曲线的数学表达式可以写为

$$g(x,y) = \begin{cases} \dfrac{b_1}{a_1}f(x,y) & 0 \leqslant f(x,y) < a_1 \\[2mm] \dfrac{b_2-b_1}{a_2-a_1}[f(x,y)-a_1]+b_1 & a_1 \leqslant f(x,y) \leqslant a_2 \\[2mm] \dfrac{255-b_2}{255-a_2}[f(x,y)-a_2]+b_2 & a_2 < f(x,y) \leqslant 255 \end{cases}$$

【例 4.4】 图像的分段线性灰度变换。

对一幅灰度图像进行分段线性灰度变换,效果和直方图对比见图 4.9。变化时 a_1、a_2、b_1、b_2 的取值分别为 10、120、120、230。

从原始图像直方图可见,图像灰度级低于 10 的像素非常多,所以重点扩展这部分区域的对比度。在灰度级$[0,10)$,输出 $g(x,y)=(b_1/a_1)*f(x,y)$,即 $g(x,y)=(120/10)*f(x,y)=12*f(x,y)$,输出扩展为输入的 12 倍。从变换后的图像可以看出,原来非常暗的左侧斜坡,经变换后暗部细节显示出来了。

针对原始图像$[10,120]$这部分灰度级,采取不改变对比度,只变亮的操作。这部分采用公式为

$$g(x,y) = \frac{b_2-b_1}{a_2-a_1}[f(x,y)-a_1]+b_1$$
$$= [(230-120)/(120-10)]*[f(x,y)-10]+120 = f(x,y)+110$$

每个像素值都增加 110,可以看出右侧斜坡和云彩等都变亮了,这部分像素在直方图上出现了平移。

针对$(120,230]$这部分灰度级,采用的公式是 $g(x,y)=\dfrac{255-b_2}{255-a_2}[f(x,y)-a_2]+b_2$,代入参数值,$g(x,y)=\dfrac{5}{27}[f(x,y)-120]+230$,可见对比度是降低的,但原始图像几乎没有这部分灰度级,所以对原图没什么影响。

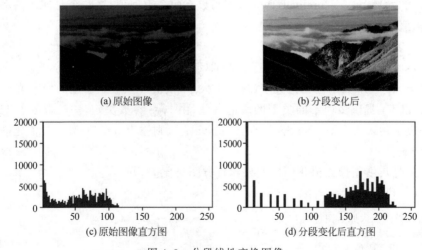

(a) 原始图像   (b) 分段变化后

(c) 原始图像直方图   (d) 分段变化后直方图

图 4.9 分段线性变换图像

主体部分参考代码如下:

```
#定义分段函数
def piecewise(image,a1,a2,b1,b2):
    result = np.zeros((height,width),np.uint8)   #生成零矩阵
    k1 = b1/a1
    k2 = (b2 - b1)/(a2 - a1)
    k3 = (255 - b2)/(255 - a2)
    for i in range(height):
        for j in range(width):
            if image[i,j]< a1:
                graynumber = k1 * image[i,j]
            elif image[i,j]>= a1 and image[i,j]<= a2:
                graynumber = k2 * (image[i,j] - a1) + b1
            elif image[i,j]> a2 and image[i,j]<= 255:
                graynumber = k3 * (image[i,j] - a2) + b2
            graynumber = np.round(graynumber)
            result[i,j] = np.uint8(graynumber)
    return result


#以灰度模式读入原始图像
original = cv2.imread("snow_mountain.jpg",0)
height,width = original.shape
#调分段函数
result1 = piecewise(original,10,120,120,230)
```

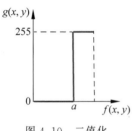

图 4.10　二值化

图 4.10 所示的变换形式是一种较为特殊的分段线性灰度变换,这种形式称为二值化,即用阈值(临界值)a 把图像转换为只有黑、白两个灰度的二值图像,使图像中数据量大大减少,可直接将图像划分为感兴趣和不感兴趣两部分,从而凸显感兴趣区域。图像二值化是后续图像处理技术的基础。

OpenCV 提供了阈值处理函数 cv2. threshold (src,thresh,maxval,type),该函数有两个返回值,第一个是使用的阈值,第二个是使用阈值处理后的图像。

① src:表示源图像。

② thresh:表示用于对像素值进行分类的阈值。

③ maxval:表示如果像素值大于(有时不大于)阈值应该被赋予新的像素值。

④ OpenCV:提供多种不同类型的阈值方法,由 type 参数决定,一般取 cv2. THRESH_BINARY,表示输入大于 thresh,输出等于 maxval;否则输出等于 0,对于二值化图像来说,maxval 取 255。

图 4.11 是灰度图像二值化前后效果和直方图对比。

主要参考代码如下:

```
#以灰度模式读入原始图像
original = cv2.imread("brain.jpg",0)
#二值化,设置阈值为 170
ret,dst = cv2.threshold(original,170,255,cv2.THRESH_BINARY)
```

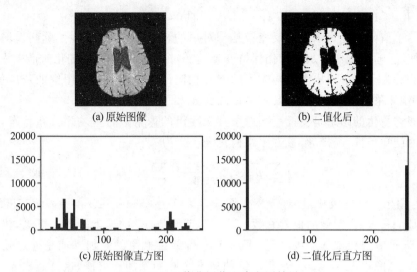

(a) 原始图像　　　　　　　　　(b) 二值化后

(c) 原始图像直方图　　　　　　(d) 二值化后直方图

图 4.11　二值化图像和直方图效果

4.3　直方图增强

直方图增强是另一种通过修改图像直方图达到改善图像质量的方法。直方图增强技术主要有两种,即直方图均衡化和直方图规定化。

4.3.1　直方图均衡化

如果一幅图像的灰度直方图几乎覆盖了整个灰度的取值范围,除个别灰度值的个数较为突出外,整个灰度值分布近乎均匀,那么这幅图像就具有较大的灰度动态范围和较高的对比度,图像的细节显示丰富,图像具有最大的信息量。然而,事实上,大部分图像并没有这么理想的直方图。

直方图均衡化就是通过某种数学变换把原始图像的灰度直方图从比较集中的某个灰度区间变为在全部范围内的均匀分布,从而扩大像素灰度值的动态范围,达到增强图像对比度的目的。直方图均衡化可以使曝光过度或曝光不足图像的细节得以显示,尤其是当图像的有用数据的对比度相当接近的时候,用这种方法可以增加图像的局部对比度。但是这种方法的一个缺点是造成图像的灰度级减少、某些细节丢失。

直方图均衡化无须借助外来因素的参数设置,仅仅依靠输入图像的直方图信息,就可以得到一个变换函数,算法简单,操作直观。设 r 表示原始图像的灰度值,取值范围为$[0,L-1]$,$r=0$ 时为黑色,$r=L-1$ 时为白色,s 表示变换后图像的灰度值,变换后图像的每个灰度级具有相同的像素数,就认为图像经过了直方图均衡化处理。

直方图均衡化的思想为
$$s=T(r)\quad r=0,1,2,\cdots,L-1$$
目的就是求出变换函数 T,找到 r 与 s 的映射关系。变换函数 T 要满足以下两个条件。

① $T(r)$ 在$[0,L-1]$中为单值单调增加函数。

② 对于 $0 \leqslant r \leqslant L-1$，有 $0 \leqslant T(r) \leqslant L-1$，即 $0 \leqslant s \leqslant L-1$。

条件①单值函数是为了保证反变换是一对一的，防止出现二义性。单调递增函数是为了保证变换后，输出图像的灰度级仍保持变换前的排列次序，防止反变化时产生人为缺陷。

条件②是为了保证输出图像与输入图像有相同的灰度值范围。图像的灰度值是整数，实际处理中，如果结果出现小数，必须进行四舍五入。

直方图均衡化的结果是变换后图像中各灰度级的像素数目呈均匀分布状态，根据这一条件及其他已知条件，经推导，直方图均衡化表达式为

$$s_k = T(r_k) = (L-1) \sum_{j=0}^{k} p_r(r_j) = \frac{L-1}{MN} \sum_{j=0}^{k} n_j \quad k = 0, 1, 2, \cdots, L-1$$

式中：L 为图像的灰度级总量(对于 8bit 图像，$L = 2^8 = 256$)；$p_r(r_j)$ 为表示灰度级 r_j 的概率；MN 即 $M \times N$，为图像的像素总数；n_j 为灰度级为 r_j 的像素个数。可见，输出图像的灰度值 s_k 通过输入图像灰度级总量 L、$0 \sim k$ 灰度级的概率的累加和或是通过输入图像灰度级总量 L、总像素数 MN、$0 \sim k$ 灰度级的像素个数的累加和求得，这就是输入图像 r_k 与输出图像 s_k 之间的映射关系，也就是要找的变换函数 T。

【例 4.5】 直方图均衡化过程。

已知一幅大小为 64×64 像素的 3bit 图像($L=8$)，各灰度级像素数目如表 4.2 所示，其中灰度级是 $[0, L-1]([0,7])$，要求：

(1) 画原始图像直方图；

(2) 画直方图均衡化后新图像的直方图。

表 4.2 64×64 图像的灰度分布

r_k	$r_0 = 0$	$r_1 = 1$	$r_2 = 2$	$r_3 = 3$	$r_4 = 4$	$r_5 = 5$	$r_6 = 6$	$r_7 = 7$
n_k	790	1023	850	656	329	245	122	81

(1) 画原始图像直方图。

首先求各灰度级出现的概率，即

$$p_0(r_0) = \frac{n_0}{MN} = \frac{790}{64 \times 64} = \frac{790}{4096} = 0.19$$

$$p_1(r_1) = \frac{n_1}{MN} = \frac{1023}{64 \times 64} = \frac{1023}{4096} = 0.25$$

依此类推，结果见表 4.3，原始图像直方图见图 4.12。

表 4.3 各灰度级概率

r_k	$r_0 = 0$	$r_1 = 1$	$r_2 = 2$	$r_3 = 3$	$r_4 = 4$	$r_5 = 5$	$r_6 = 6$	$r_7 = 7$
n_k	790	1023	850	656	329	245	122	81
$p_r(r_k) = \dfrac{n_k}{MN}$	0.19	0.25	0.21	0.16	0.08	0.06	0.03	0.02

(2) 进行直方图均衡化。

根据直方图均衡化表达式，可得

$$s_0 = T(r_0) = (8-1) \times p_0(r_0) = 7 \times 0.19 = 1.33$$

$$s_1 = T(r_1) = (8-1) \times (p_0(r_0) + p_1(r_1)) = 7 \times (0.19 + 0.25) = 3.08$$

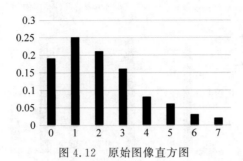

图 4.12 原始图像直方图

$$s_2 = T(r_2) = (8-1) \times (p_0(r_0) + p_1(r_1) + p_2(r_2))$$
$$= 7 \times (0.19 + 0.25 + 0.21) = 4.55$$

依次类推,计算求得所有的 s_k,见表 4.4。

表 4.4 输出图像的灰度值

r_k	$r_0=0$	$r_1=1$	$r_2=2$	$r_3=3$	$r_4=4$	$r_5=5$	$r_6=6$	$r_7=7$
n_k	790	1023	850	656	329	245	122	81
$p_r(r_k) = \dfrac{n_k}{MN}$	0.19	0.25	0.21	0.16	0.08	0.06	0.03	0.02
$\sum\limits_{j=0}^{k} p_r(r_j)$	0.19	0.44	0.65	0.81	0.89	0.95	0.98	1.00
s_k	1.33	3.08	4.55	5.67	6.23	6.65	6.86	7.00

将 s_k 的值四舍五入,结果见表 4.5。

表 4.5 输出图像的灰度值 s_k 四舍五入得到整数

r_k	$r_0=0$	$r_1=1$	$r_2=2$	$r_3=3$	$r_4=4$	$r_5=5$	$r_6=6$	$r_7=7$
n_k	790	1023	850	656	329	245	122	81
$p_r(r_k) = \dfrac{n_k}{MN}$	0.19	0.25	0.21	0.16	0.08	0.06	0.03	0.02
$\sum\limits_{j=0}^{k} p_r(r_j)$	0.19	0.44	0.65	0.81	0.89	0.95	0.98	1.00
s_k	1.33	3.08	4.55	5.67	6.23	6.65	6.86	7.00
$s_k = \text{int}(s_k+0.5)$	1	3	5	6	6	7	7	7

均衡化后的新图像有 5 个灰度级,灰度值分别是 1、3、5、6、7。

灰度值 1 由 r_0 映射而来,故概率和 r_0 的概率相同,为 0.19。

灰度值 3 由 r_1 映射而来,故概率和 r_1 的概率相同,为 0.25。

灰度值 5 由 r_2 映射而来,故概率和 r_2 的概率相同,为 0.21。

灰度值 6 由 r_3 和 r_4 映射而来,故概率是 r_3 和 r_4 的概率和,为 0.16+0.08=0.24。

灰度值 7 由 r_5、r_6 和 r_7 映射而来,故概率是 r_5、r_6 和 r_7 的概率和,为 0.06+0.03+0.02=0.11。

直方图均衡化后,新图像的直方图如图 4.13 所示。

比较图 4.12 与图 4.13 可以看出,均衡化后的图像比之前要变得平坦些。需要指出的是,由于数字图像的像素点有限,实际的直方图均衡化很少能够得到完全平坦的直方图。

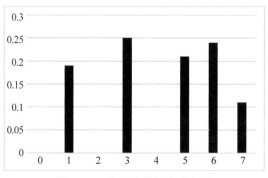

图 4.13　均衡化后图像直方图

OpenCV 提供的直方图均衡化函数为 dst＝cv2. equalizeHist(src)，src 表示输入图像，必须是 8bit 的单通道图像，dst 表示输出图像。

【例 4.6】　直方图均衡化应用。

对一幅灰度图像均衡化、均衡化前后图像和直方图对比见图 4.14。从中可以看出，原始图像的像素集中在灰度值较低的区域，均衡化后图像的灰度动态范围得到了延展，图像像素分布均匀了很多。均衡化前图像对比度非常差、非常暗，细节基本看不到，均衡化后图像对比度增大了，清晰了很多，主要的细节都显示出来了，给人的视觉效果不再是一幅呈黑暗色调的图像，而是一幅对比度高、灰度色调丰富的图像。

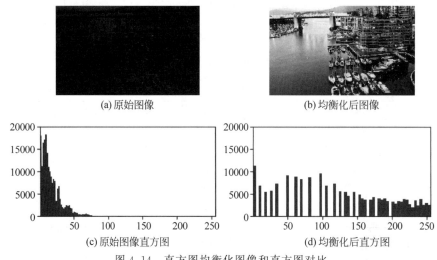

(a)原始图像　　　　　　　　　　　(b)均衡化后图像

(c)原始图像直方图　　　　　　　　(d)均衡化后直方图

图 4.14　直方图均衡化图像和直方图对比

程序主要参考代码如下：

```
#以灰度模式读入原始图像
original = cv2.imread("port.jpg",0)
#直方图均衡化
result1 = cv2.equalizeHist(original)
```

4.3.2　直方图规定化

直方图规定化又称为直方图匹配，就是将原始图像直方图转换为指定的直方图。直方图均衡化自动确定变换函数，对图像整体直方图进行调整，但某些应用并不需要对整体直方图进行调整,往往只需要增强某个特定灰度范围内的对比度或使图像灰度值的分布满足特定要求,这就需要使用直方图规定化来实现。由于指定的直方图是已知的,利用直方图均衡化,就可以确定原始图像到指定图像的映射关系,找到映射关系,将原始图像按映射关系调整,就可实现图像的规定化。

规定化的步骤如下。

(1) 对原始图像进行均衡化,得到 $s=T(r)$,r 是原始图像灰度值,s 是均衡化后的灰度值。

(2) 对指定的直方图进行均衡化,得到 $v=G(z)$,z 是指定图像的灰度值,v 是均衡化后的灰度值。

(3) 由于对原始图像和指定图像都进行均衡化,根据均衡化原理,具有相同的分布密度,即有 $s=v$,而 $s=T(r)$,$v=G(z)$,那么有 $T(r)=G(z)$,则 $z=G^{-1}(T(r))$。

这就找到了原始图像灰度值 r 和指定图像灰度值 z 之间的映射关系。式中 G^{-1} 表示 G 的逆变换,在实际处理过程中,不需要对 G 求出其逆变换的确切形式,通过 $s=T(r)=v=G(z)$ 就可以找到 r 到 z 的对应关系。

下面通过具体例题来体会直方图规定化的过程和步骤。

【例 4.7】 直方图规定化。

已知一幅大小为 64×64 像素的 3bit 图像($L=2^3=8$),各灰度级([0,7])概率如表 4.6 所示,现需要用指定的直方图对原始图像进行规定化调整,指定的直方图数据如表 4.7 所示。

表 4.6 原始图像各灰度级概率

r_k	$r_0=0$	$r_1=1$	$r_2=2$	$r_3=3$	$r_4=4$	$r_5=5$	$r_6=6$	$r_7=7$
$p_r(r_k)$	0.19	0.25	0.21	0.16	0.08	0.06	0.03	0.02

表 4.7 指定直方图各灰度级概率

z_k	$z_0=0$	$z_1=1$	$z_2=2$	$z_3=3$	$z_4=4$	$z_5=5$	$z_6=6$	$z_7=7$
$p_z(z_k)$	0	0	0	0.15	0.20	0.30	0.20	0.15

(1) 对原始图像进行均衡化,见表 4.8。

表 4.8 原始图像直方图均衡化

r_k	$r_0=0$	$r_1=1$	$r_2=2$	$r_3=3$	$r_4=4$	$r_5=5$	$r_6=6$	$r_7=7$
$p_r(r_k)$	0.19	0.25	0.21	0.16	0.08	0.06	0.03	0.02
$\sum_{j=0}^{k} p_r(r_j)$	0.19	0.44	0.65	0.81	0.89	0.95	0.98	1.00
s_k	1.33	3.08	4.55	5.67	6.23	6.65	6.86	7.00
$s_k=\text{int}(s_k+0.5)$	1	3	5	6	6	7	7	7

(2) 对指定的直方图进行均衡化,见表 4.9。

表 4.9 指定直方图均衡化

z_k	$z_0=0$	$z_1=1$	$z_2=2$	$z_3=3$	$z_4=4$	$z_5=5$	$z_6=6$	$z_7=7$
$p_z(z_k)$	0	0	0	0.15	0.20	0.30	0.20	0.15
$\sum_{j=0}^{k} p_z(z_j)$	0	0	0	0.15	0.35	0.65	0.85	1.00

z_k	$z_0=0$	$z_1=1$	$z_2=2$	$z_3=3$	$z_4=4$	$z_5=5$	$z_6=6$	$z_7=7$
v_k	0	0	0	1.05	2.45	4.55	5.95	7.00
$v_k=\text{int}(v_k+0.5)$	0	0	0	1	2	5	6	7

（3）令 $s_k=v_k$，此时 s_k 和 v_k 分别对应的灰度级就是匹配转换的对应灰度级。如果出现不相等的情况，就令 $s_k \approx v_k$，找最接近的数据看作相等。如果出现一个 r 对应多个 z，一般选择 z 的最小值。映射结果见表 4.10。

表 4.10　映射结果

灰度级 k	0	1	2	3	4	5	6	7
$p_r(r_k)$	0.19	0.25	0.21	0.16	0.08	0.06	0.03	0.02
$\sum\limits_{j=0}^{k} p_r(r_j)$	0.19	0.44	0.65	0.81	0.89	0.95	0.98	1.00
s_k	1.33	3.08	4.55	5.67	6.23	6.65	6.86	7.00
$s_k=\text{int}(s_k+0.5)$	1	3	5	6	6	7	7	7
$p_z(z_k)$	0	0	0	0.15	0.20	0.30	0.20	0.15
$\sum\limits_{j=0}^{k} p_z(z_j)$	0	0	0	0.15	0.35	0.65	0.85	1.00
v_k	0	0	0	1.05	2.45	4.55	5.95	7.00
$v_k=\text{int}(v_k+0.5)$	0	0	0	1	2	5	6	7
$\lvert s_k-v_k\rvert$ 最小时对应的灰度级	1=1 时对应灰度级为3	3≈2 时对应灰度级为4	5=5 时对应灰度级为5	6=6 时对应灰度级为6	6=6 时对应灰度级为6	7=7 时对应灰度级为7	7=7 时对应灰度级为7	7=7 时对应灰度级为7
$r_k \rightarrow z_k$ 的映射	0→3	1→4	2→5	3→6	4→6	5→7	6→7	7→7
$r_k \rightarrow z_k$ 映射结论	0→3	1→4	2→5	3、4→6		5、6、7→7		

可见直方图规定化后，图像的灰度级有 3、4、5、6、7。灰度级 3 由 r_0 映射而来；灰度级 4 由 r_1 映射而来；灰度级 5 由 r_2 映射而来；灰度级 6 由 r_3、r_4 映射而来；灰度级 7 由 r_5、r_6、r_7 映射而来。

（4）直方图规定化后图像的概率分布如表 4.11 所示。

表 4.11　直方图规定化后概率分布

灰度级 k	0	1	2	3	4	5	6	7
概率	0	0	0	0.19	0.25	0.21	0.16+0.08=0.24	0.06+0.03+0.02=0.11

程序参考代码如下：

```python
import numpy as np                    #导入 numpy 库
import matplotlib.pyplot as plt       #导入 matplotlib 库的 pyplot 模块
```

```
# 原始图像概率分布
g1 = np.array([0.19,0.25,0.21,0.16,0.08,0.06,0.03,0.02])
# 指定的图像概率分布
g2 = np.array([0,0,0,0.15,0.20,0.30,0.20,0.15])
# 对原始图像均衡化
c1 = np.zeros(8)
c1[0] = g1[0]
for i in range(7):
    c1[i + 1] = c1[i] + g1[i + 1]
e1 = np.array((7 * c1 + 0.5)).astype(np.int32)
# 对指定的图像均衡化
c2 = np.zeros(8)
c2[0] = g2[0]
for i in range(7):
    c2[i + 1] = c2[i] + g2[i + 1]
e2 = np.array((7 * c2 + 0.5)).astype(np.int32)
# 计算映射关系
g = np.zeros(8,np.int32)
for i in range(8):
    min = 7
    flag = 0
    for j in range(8):
        if abs(e1[i] - e2[j]) < min:
            min = abs(e1[i] - e2[j])
            flag = j
    g[i] = flag
# 映射数据
r = np.zeros(8)
for i in range(8):
    r[g[i]] = r[g[i]] + g1[i]
# 显示设置
plt.rcParams["font.sans - serif"] = ["SimHei"]
titles1 = ["原始直方图","指定直方图","规定化后直方图"]
images = [g1,g2,r]
plt.figure(figsize = (8,2))
# 显示直方图
for i in range(3):
    plt.subplot(1,3,i + 1)
    plt.plot(images[i])
    plt.title(titles1[i])
plt.show()
```

图 4.15 显示了原始直方图、指定直方图和规定化后的直方图,虽然规定化后的直方图并不与指定直方图完全一致,但是达到了粗糙的近似。

直方图规定化的应用请参考实训 2。

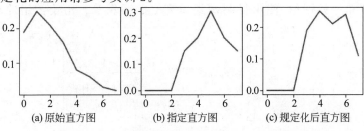

(a)原始直方图　　　　(b)指定直方图　　　　(c)规定化后直方图

图 4.15　直方图效果对比

4.4　空间邻域增强

信号处理中,滤波是将信号中特定的波段频率滤除,从而保留所需要的波段频率信号。在数字信号处理中,通常采用傅里叶变换及其逆变换实现。本节学习的增强技术与通过傅里叶变换实现的频域滤波效果相同,所以也称为滤波。

空间域滤波是基于邻域处理的增强方法,即直接在图像所在空间应用某一过滤器对每个像素与其邻域内的所有像素进行某种数学运算得到该像素新的灰度值。新的灰度值与像素本身灰度值有关,还与其邻域内其他像素的灰度值有关。

空域滤波器根据功能分为平滑滤波器和锐化滤波器,平滑的主要目的是消除图像中的噪声、平滑图像,锐化的主要目的是增强图像的边缘信息,突显感兴趣区域的轮廓。

4.4.1　空间邻域平滑

空间域平滑滤波常用的方法有均值滤波、高斯滤波和中值滤波。噪声主要集中在高频区域,平滑滤波通过削减像素间灰度值差异,来减弱或消除高频分量而不影响低中频分量,使图像变得比较平滑,消除噪声,改善质量。

1. 均值滤波

均值滤波的基本思想就是用某像素邻域内的各像素点的灰度值的平均值代替该像素的原值,也就是说,每个被滤波像素的新灰度值通过它邻近像素的均值计算得到。如图 4.16 中深灰色像素原值是 3,经过均值滤波后它的值是所有浅灰色区域内(包括深灰色)像素值的和除以 9,即新值$=(7+5+3+2+3+6+4+2+4)/9=4$。该计算等同于图 4.17 的计算,即新值$=7\times1/9+5\times1/9+3\times1/9+2\times1/9+3\times1/9+6\times1/9+4\times1/9+2\times1/9+4\times$

$1/9=4$,其中 $\begin{bmatrix} \frac{1}{9} & \frac{1}{9} & \frac{1}{9} \\ \frac{1}{9} & \frac{1}{9} & \frac{1}{9} \\ \frac{1}{9} & \frac{1}{9} & \frac{1}{9} \end{bmatrix}$ 叫作滤波器(也叫核、模板、窗口、掩模),可理解为把滤波器覆盖在

图像上,覆盖处图像中心点的新像素值为滤波器系数与滤波器下方图像相应像素值的乘积之和。针对原始图像的每个像素点,逐个采用滤波器处理,得到的结果图像就是进行均值滤波之后的图像。当处理边缘像素时,滤波器会处于图像外,这时有专门的处理策略,如收缩处理范围、使用常数填充原始图像、使用复制像素填充原始图像等。比较常用的均值滤波器有

$\frac{1}{9}\begin{bmatrix} 1 & 1 & 1 \\ 1 & 1 & 1 \\ 1 & 1 & 1 \end{bmatrix}$ 和 $\frac{1}{25}\begin{bmatrix} 1 & 1 & 1 & 1 & 1 \\ 1 & 1 & 1 & 1 & 1 \\ 1 & 1 & 1 & 1 & 1 \\ 1 & 1 & 1 & 1 & 1 \\ 1 & 1 & 1 & 1 & 1 \end{bmatrix}$,核的通式为 $k=\dfrac{1}{k_{width} \cdot k_{height}}\begin{bmatrix} 1 & 1 & \cdots & 1 \\ 1 & 1 & \cdots & 1 \\ \vdots & \vdots & & \vdots \\ 1 & 1 & \cdots & 1 \end{bmatrix}$。称为

模板的话，$\dfrac{1}{9}\begin{bmatrix} 1 & 1 & 1 \\ 1 & 1 & 1 \\ 1 & 1 & 1 \end{bmatrix}$ 为 3×3 模板，$\dfrac{1}{25}\begin{bmatrix} 1 & 1 & 1 & 1 & 1 \\ 1 & 1 & 1 & 1 & 1 \\ 1 & 1 & 1 & 1 & 1 \\ 1 & 1 & 1 & 1 & 1 \\ 1 & 1 & 1 & 1 & 1 \end{bmatrix}$ 为 5×5 模板。偶数尺寸的模板

不具对称性，很少使用。

图 4.16 原始像素值　　　　图 4.17 均值滤波过程示意

均值滤波算法简单，计算速度快，但是在去噪的同时，由于图像中如区域边缘、纹理细节等灰度值具有较大变化的部分也集中在高频区，高频分量被过滤掉之后，就会出现图像变模糊的现象，特别是边缘和细节处。而且邻域越大，去噪能力增强的同时图像越模糊，因此需合理选择邻域的大小。

Python 调用 OpenCV 实现均值滤波的函数为 blur(原始图像,核大小)，核大小是元组形式(宽度,高度)，$\dfrac{1}{9}\begin{bmatrix} 1 & 1 & 1 \\ 1 & 1 & 1 \\ 1 & 1 & 1 \end{bmatrix}$ 核大小为(3,3)，$\dfrac{1}{25}\begin{bmatrix} 1 & 1 & 1 & 1 & 1 \\ 1 & 1 & 1 & 1 & 1 \\ 1 & 1 & 1 & 1 & 1 \\ 1 & 1 & 1 & 1 & 1 \\ 1 & 1 & 1 & 1 & 1 \end{bmatrix}$ 核大小为(5,5)，返回值是输出图像。

【例 4.8】 图像的均值滤波。

图 4.18 是一幅灰度图像经不同核大小均值滤波后的图像效果，可见均值滤波在消除噪声的同时，会使图像变模糊，而且核越大图像越模糊。

　(a)原始图像　　　　(b)均值滤波 核(3,3)　　(c)均值滤波 核(5,5)　　(d)均值滤波 核(7,7)

图 4.18 不同核大小进行均值滤波效果对比

实现均值滤波的核心程序参考代码如下：

```
#均值滤波
result1 = cv2.blur(original,(3,3))
result2 = cv2.blur(original,(5,5))
result3 = cv2.blur(original,(7,7))
```

2．高斯滤波

高斯滤波也是用邻域平均的思想对图像进行滤波的一种方法。与均值滤波不同的是，高斯滤波在对邻域内像素进行平均时，给予不同位置的像素不同的权值，从而突出一些像素的重要性，$\dfrac{1}{16}\begin{bmatrix} 1 & 2 & 1 \\ 2 & 4 & 2 \\ 1 & 2 & 1 \end{bmatrix}$ 是 3×3 邻域、$\dfrac{1}{273}\begin{bmatrix} 1 & 4 & 7 & 4 & 1 \\ 4 & 16 & 26 & 16 & 4 \\ 7 & 26 & 41 & 26 & 7 \\ 4 & 16 & 26 & 16 & 4 \\ 1 & 4 & 7 & 4 & 1 \end{bmatrix}$ 是 5×5 邻域的高斯模板。

处于模板中心位置的像素权值比其他像素的都大，因此，处于中心的像素就显得更为重要，而距离中心较远的像素就显得不太重要。这样做可以在降低图像噪声的同时，减轻边缘像素被模糊的问题。高斯滤波可以有效地从图像中去除高斯噪声。高斯噪声是指概率密度函数服从高斯分布（即正态分布）的一类噪声。

Python 调用 OpenCV 实现高斯滤波的函数为 GaussianBlur(原始图像,核大小,x 方向标准差,y 方向标准差＝0)，其中高斯内核的宽度和高度可以不同，但必须都为正奇数。如果 y 方向标准差取 0（默认值为 0），表示 y 方向取值与 x 方向相同。如果两个标准差都是 0，标准差就根据核的宽和高计算。返回值是输出图像。

图 4.19 所示为一幅灰度医学图像分别进行高斯滤波和均值滤波的对比，从图中可见高斯滤波的效果比均值滤波要好，边缘像素被模糊的问题得到了一定的解决。实现高斯滤波的核心语句为：

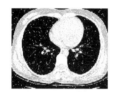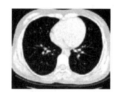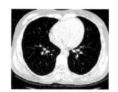

(a) 原始图像　　　　(b) 均值滤波　核(5,5)　　　　(c) 高斯滤波　核(5,5)

图 4.19　高斯滤波和均值滤波效果对比

```
result = cv2.GaussianBlur(original,(5,5),0)
```

其中，result 表示结果图像；original 表示原始图像；(5,5)表示内核大小；0 表示 x 方向标准差，y 方向标准差省略不写，取默认值 0。

均值滤波和高斯滤波都是线性滤波。在执行线性空间滤波时，两个相近的概念需要大家了解，一个是相关，另一个是卷积。相关就是上面讲的滤波器模板移过图像并计算每个位置乘积之和的处理。卷积的机理相似，但滤波器首先要旋转 $180°$，再执行滑动乘积求和操作。如果滤波器模板是对称的，相关和卷积得到的结果相同。在图像处理中，有时会遇到卷积滤波器、卷积模板、卷积核等术语，按惯例，这些术语就是用来表示一种空间滤波器，未必是进行的卷积操作。同样的，模板与图像的卷积通常也是指的滑动乘积求和处理，不必区分相关和卷积间的差别。

3．中值滤波

中值滤波是一种最常用的非线性平滑技术。它使用像素点邻域灰度值排序后的中值（注意是中值而不是平均值）来代替该像素点的灰度值。比如，选定 3×3 模板，将图 4.20 中浅灰色区域内的像素值按从小到大的顺序排列,得到 2、2、3、3、4、4、5、6、7,该排列的中间值为 4,则模板中心深灰色区域的 3 将被 4 代替。按照这种方式遍历图像中所有的像素点,就完成了中值滤波。

中值滤波可以有效消除孤立的噪声点,还可以尽量保持图像细节,保护边缘信息。中值滤波对滤除椒盐噪声(以黑白点形式出现在图像上)最为有效,但是对一些细节(特别是点、线、尖顶等)多的图像不太适合。在各种平滑技术里,中值滤波的效果是最好的。

5	3	6	2	5
4	7	5	3	6
1	2	3	6	0
2	4	2	4	7
3	1	2	1	3

图 4.20 原始像素值

Python 调用 OpenCV 实现中值滤波的函数为 medianBlur(原始图像,核大小),核必须是正奇数。返回值是输出图像。

图 4.21 所示为一幅灰度图像分别进行中值滤波、高斯滤波和均值滤波的对比图。从图中可见,中值滤波的效果要强于其他两种滤波,在消除噪声的同时,图像的细节保留最多。

(a) 原始图像　　(b) 均值滤波 核(3,3)　(c) 高斯滤波 核(3,3)　(d) 中值滤波 核(3)

图 4.21 3 种滤波效果比较

进行中值滤波,只需要调用中值滤波函数就可以了,如:

```
result = cv2.medianBlur(original,3)
```

result 表示结果图像;original 表示原始图像;3 表示核大小。

4.4.2 空间邻域锐化

空间邻域锐化常用的方法有一阶微分锐化和二阶微分锐化。

锐化与平滑的作用相反,主要是加强图像的高频部分,增大邻域间像素的差值,从而增强图像的边缘细节,凸显图像中感兴趣区域的轮廓,改善图像对比度,使模糊的图像变清晰。

平滑使用的是图像邻域的加权求和或者说积分运算,锐化采用其逆运算,用邻域的微分作为算子进行运算,就可以起到与平滑相反的作用。

微分是对函数局部变化率的一种表示,从图像灰度值的微分可以得到图像灰度的变化值,微分算子的响应强度与图像的突变程度成正比。不管是一阶微分还是二阶微分,都有模板,也称为算子。针对原始图像的每个像素点,都用模板进行过滤,就得到高频分量被加强的图像。因为模板各系数之和都为 0,即算子在灰度恒定区域的响应为 0,也就是说,原图灰度均匀、过渡比较平坦的区域几乎都变为黑色,而图像边缘、细节、灰度跳变点等会作为黑背景中的高灰度部分被突显。

图像锐化是希望增强图像的边缘和细节,并不是想将平滑区域的灰度信息完全丢失。因此,可以用原始图像与算子处理的图像做运算,得到理想的图像锐化效果。

1. 一阶微分锐化——梯度算子

对图像一阶微分通过梯度幅值来实现。

设二维图像灰度函数形式为 $f(x,y)$，图像中像素点 (x,y) 处的梯度是一个列向量

$$\nabla f = \mathbf{grad}(f) = \begin{bmatrix} g_x \\ g_y \end{bmatrix} = \begin{bmatrix} \dfrac{\partial f}{\partial x} \\ \dfrac{\partial f}{\partial y} \end{bmatrix}$$。它是一个向量，表示灰度值 $f(x,y)$ 最大变化率的方向，垂

直方向 x，水平方向 y。梯度的幅值（长度）记为 $M(x,y)$，$M(x,y) = \sqrt{g_x^2 + g_y^2}$，是变化率大小的度量。在某些实现中，将 $M(x,y) \approx |g_x| + |g_y| = |\dfrac{\partial f}{\partial x}| + |\dfrac{\partial f}{\partial y}|$ 更适合计算。

z_1	z_2	z_3
z_4	z_5	z_6
z_7	z_8	z_9

图 4.22　一幅图像的 3×3 区域 (z) 是灰度值

图 4.22 中的符号表示一个 3×3 区域内图像点的灰度值，中心点 z_5 表示任意位置 (x,y) 处的 $f(x,y)$、z_1 表示 $f(x-1,y-1)$、z_6 表示 $f(x,y+1)$、z_8 表示 $f(x+1,y)$ 等。以图 4.22 为例，介绍下面几种梯度算子。

(1) 水平垂直梯度算子。

求任意位置 (x,y) 即 z_5 处的梯度幅值。对于数字图像，将 $\dfrac{\partial f}{\partial x}$ 和 $\dfrac{\partial f}{\partial y}$ 用差分来近似表示，有 $\dfrac{\partial f}{\partial x} \approx f(x+1,y) - f(x,y)$，$\dfrac{\partial f}{\partial y} \approx f(x,y+1) - f(x,y)$，那么 $g_x \approx f(x+1,y) - f(x,y)$，$g_y \approx f(x,y+1) - f(x,y)$，则 $M(x,y) \approx |f(x+1,y) - f(x,y)| + |f(x,y+1) - f(x,y)|$，即 $M(x,y) \approx |z_8 - z_5| + |z_6 - z_5|$，可以用模板实现，模板为 $\begin{bmatrix} -1 \\ 1 \end{bmatrix}$ 和 $\begin{bmatrix} -1 & 1 \end{bmatrix}$，称为水平垂直梯度算子。

从梯度幅值的计算式可以看出，在图像边缘区域，灰度变化较大，这时幅值大，在灰度变化平缓的区域幅值较小，而在灰度均匀的区域幅值为零。

水平垂直梯度模板对阶跃型边缘效果好，而对屋脊型边缘则容易产生双边缘效果。

(2) Roberts 交叉梯度算子。

任意位置 (x,y) 处的梯度幅值 $M(x,y) \approx |g_x| + |g_y|$，其中 $|g_x| = |z_9 - z_5|$，$|g_y| = |z_8 - z_6|$。模板为 $\begin{bmatrix} -1 & 0 \\ 0 & 1 \end{bmatrix}$ 和 $\begin{bmatrix} 0 & -1 \\ 1 & 0 \end{bmatrix}$。

这种模板对边缘接近 $\pm 45°$ 的图像处理效果最好，但定位准确率较差。

(3) Priwitt 算子。

任意位置 (x,y) 处的梯度幅值 $M(x,y) \approx |g_x| + |g_y|$，其中 $|g_x| = |(z_7 + z_8 + z_9) - (z_1 + z_2 + z_3)|$，$|g_y| = |(z_3 + z_6 + z_9) - (z_1 + z_4 + z_7)|$。模板为 $\begin{bmatrix} -1 & -1 & -1 \\ 0 & 0 & 0 \\ 1 & 1 & 1 \end{bmatrix}$ 和 $\begin{bmatrix} -1 & 0 & 1 \\ -1 & 0 & 1 \\ -1 & 0 & 1 \end{bmatrix}$。

这种模板适合处理噪声较多、灰度渐变的图像。在水平方向和垂直方向上的效果均比 Roberts 算子更加明显。

（4）Sobel 算子。

Sobel 算子是 Priwitt 算子的改进，在其基础上增加了权重，认为邻域内不同位置的像素点对当前像素点的影响是不同的，距离越近的像素点对当前像素的影响越大，距离越远的影响越小。

任意位置 (x,y) 处的梯度幅值 $M(x,y) \approx |g_x| + |g_y|$，其中 $|g_x| = |(z_7 + 2z_8 + z_9) - (z_1 + 2z_2 + z_3)|$，$|g_y| = |(z_3 + 2z_6 + z_9) - (z_1 + 2z_4 + z_7)|$，模板为 $\begin{bmatrix} -1 & -2 & -1 \\ 0 & 0 & 0 \\ 1 & 2 & 1 \end{bmatrix}$ 和 $\begin{bmatrix} -1 & 0 & 1 \\ -2 & 0 & 2 \\ -1 & 0 & 1 \end{bmatrix}$。

Sobel 算子是高斯平滑和微分操作的结合体，抗噪能力强，边缘定位效果不错。

有了前面的滤波知识，只需要用每种算子的两个模板从不同方向对图像分别进行滤波后求绝对值，将绝对值求和，就得到了算子处理后的图像。

在 Python 中，前 3 种算子可通过调用 OpenCV 的 filter2D()函数实现。函数形式如下：

```
dst = cv2.filter2D(src,ddepth,kernel[,anchor[,delta[,borderType]]])
```

① dst：表示输出图像。

② src：表示输入图像。

③ ddepth：表示目标图像所需的深度，可以是 unsigned char(CV_8U)、signed char(CV_8S)、unsigned short(CV_16U)等，当 ddepth＝－1 时，表示输出图像与原始图像有相同的深度。为防溢出，一般 ddepth 选择为 signed short(CV_16S)。

④ kernel：表示卷积核，一个单通道浮点型矩阵。

⑤ anchor：表示内核的基准点，默认值为(－1,－1)，位于中心位置。

⑥ delta：表示在存储目标图像前可选的添加到像素的值，默认值为 0。

⑦ borderType：表示边框模式，默认值为 BORDER_DEFAULT。

Sobel 算子在 OpenCV 中用 Sobel()函数实现。函数形式如下：

```
dst = cv2.Sobel(src,ddepth,dx,dy[,ksize[,scale[,delta[,borderType]]]])
```

① dx：表示 x 方向上的差分阶数，一般为 0、1、2，其中 0 表示这个方向上没有求导。

② dy：表示 y 方向上的差分阶数，一般为 0、1、2，其中 0 表示这个方向上没有求导。

③ ksize：表示 Sobel 核的大小，默认为 3，必须取 1、3、5 或 7。

④ scale：表示计算导数值时可选的缩放因子，默认是 1，表示没有应用缩放。

⑤ 其余参数含义与 filter2D()函数中相同。

【例 4.9】　图像的邻域锐化。

图 4.23 是经水平垂直梯度算子、Roberts 交叉梯度算子、Priwitt 算子和 Sobel 算子 4 种算子分别处理后对原始图像进行锐化的效果图。算子处理后的图像与原始图像相加，得到图像的锐化效果。

程序参考代码如下：

```
import cv2
import numpy as np
import matplotlib.pyplot as plt
```

(a) 水平垂直梯度算子　　(b) Roberts交叉梯度算子　　(c) Prewitt算子处理后　　(d) Sobel算子处理后
　　　处理后　　　　　　　　　处理后

(e) 原理图像　　　(f) 水平垂直梯度算子　　(g) Roberts交叉梯度算子　　(h) Prewitt算子　　(i) Sobel算子
　　　　　　　　　　锐化图像　　　　　　　锐化图像　　　　　　　锐化图像　　　　锐化图像

图 4.23　4 种算子锐化图像效果

```python
# 以灰度模式读取原始图像
original = cv2.imread("planet.jpg",0)
# 水平垂直梯度算子
kernelxg = np.array([[-1],[1]])
kernelyg = np.array([[-1,1]])
xg = cv2.filter2D(original,cv2.CV_16S,kernelxg)
yg = cv2.filter2D(original,cv2.CV_16S,kernelyg)
# 转回 CV_8U
absXg = cv2.convertScaleAbs(xg)
absYg = cv2.convertScaleAbs(yg)
# 融合
Grad = cv2.addWeighted(absXg,0.5,absYg,0.5,0)
Grad1 = original + Grad
# Roberts 算子
kernelxr = np.array([[-1,0],[0,1]])
kernelyr = np.array([[0,-1],[1,0]])
xr = cv2.filter2D(original,cv2.CV_16S,kernelxr)
yr = cv2.filter2D(original,cv2.CV_16S,kernelyr)
# 转回 CV_8U
absXr = cv2.convertScaleAbs(xr)
absYr = cv2.convertScaleAbs(yr)
# 融合
Roberts = cv2.addWeighted(absXr,0.5,absYr,0.5,0)
Roberts1 = original + Roberts
# Prewitt 算子
kernelxp = np.array([[-1,-1,-1],[0,0,0],[1,1,1]])
kernelyp = np.array([[-1,0,1],[-1,0,1],[-1,0,1]])
xp = cv2.filter2D(original,cv2.CV_16S,kernelxp)
yp = cv2.filter2D(original,cv2.CV_16S,kernelyp)
# 转回 CV_8U
absXp = cv2.convertScaleAbs(xp)
absYp = cv2.convertScaleAbs(yp)
# 融合
```

```
Prewitt = cv2.addWeighted(absXp,0.5,absYp,0.5,0)
Prewitt1 = original + Prewitt
#Sobel 算子
xs = cv2.Sobel(original,cv2.CV_16S,1,0)
ys = cv2.Sobel(original,cv2.CV_16S,0,1)
#转回 CV_8U
absXs = cv2.convertScaleAbs(xs)
absYs = cv2.convertScaleAbs(ys)
#融合
Sobel = cv2.addWeighted(absXs,0.5,absYs,0.5,0)
Sobel1 = original + Sobel
#建空图像
a = np.zeros(256)
#显示
plt.rcParams["font.sans-serif"] = ["SimHei"]
titles = ["","水平垂直梯度算子处理后","Roberts 交叉梯度算子处理后","Prewitt 算子处理后",
"Sobel 算子处理后","原始图像","水平垂直梯度算子锐化图像","Roberts 交叉梯度算子锐化图
像","Prewitt 算子锐化图像","Sobel 算子锐化图像"]
images = [a,Grad,Roberts,Prewitt,Sobel,original,Grad1,Roberts1,Prewitt1,Sobel1]
plt.figure(figsize = (14,6))
for i in range(10):
    if i!= 0:
        plt.subplot(2,5,i+1)
        plt.imshow(images[i],"gray")
        plt.title(titles[i])
        plt.axis("off")
plt.show()
```

2. 二阶微分锐化

拉普拉斯算子是一个二阶微分算子,可以得到图像中灰度的突变。

算子定义为

$$\nabla^2 f = \frac{\partial^2 f}{\partial x^2} + \frac{\partial^2 f}{\partial y^2}$$

其中,

$$\frac{\partial^2 f}{\partial x^2} = f(x+1,y) + f(x-1,y) - 2f(x,y)$$

$$\frac{\partial^2 f}{\partial y^2} = f(x,y+1) + f(x,y-1) - 2f(x,y)$$

将上面两式相加,就得到拉普拉斯算子,对应的模板为 $\begin{bmatrix} 0 & 1 & 0 \\ 1 & -4 & 1 \\ 0 & 1 & 0 \end{bmatrix}$。因在锐化增强中,绝

对值相同的正值和负值表示相同的响应,所以模板也可以用 $\begin{bmatrix} 0 & -1 & 0 \\ -1 & 4 & -1 \\ 0 & -1 & 0 \end{bmatrix}$ 表示。在原

有算子基础上,对模板系数进行改变,可得拉普拉斯扩展算子

$\begin{bmatrix} 1 & 1 & 1 \\ 1 & -8 & 1 \\ 1 & 1 & 1 \end{bmatrix}$ 和 $\begin{bmatrix} -1 & -1 & -1 \\ -1 & 8 & -1 \\ -1 & -1 & -1 \end{bmatrix}$。

拉普拉斯算子对噪声敏感,一般要先平滑之后再使用,通常把拉普拉斯算子和高斯平滑滤波器结合起来生成一个新的算子——LoG算子,该算子在第5章中进行详细介绍。还有一种思路就是用原图减去平滑后的图像,得到的就是类似微分算子处理后的边缘图,再将边缘图按一定权重与原图叠加就得到锐化的图像了。拉普拉斯的另一缺点是对某些边缘会产生双重响应。

在OpenCV中拉普拉斯函数形式为:

dst = cv2.Laplacian(src,ddepth[,ksize[,scale[,delta[,borderType]]]])

① ksize:用于计算二阶导数滤波器的孔径大小,大小必须是正数和奇数,默认值为1

时用的 $\begin{bmatrix} 0 & 1 & 0 \\ 1 & -4 & 1 \\ 0 & 1 & 0 \end{bmatrix}$ 模板。

② 其余参数含义与filter2D()函数中相同。

图4.24是用拉普拉斯算子对图像锐化的效果。

(a) 原始图像　　　(b) 拉普拉斯算子处理的图像　　(c) 锐化的图像

图4.24　拉普拉斯算子锐化图像

主体部分参考代码如下:

```
#拉普拉斯算子
Laplace = cv2.Laplacian(original,cv2.CV_16S,ksize = 1)
#计算绝对值,并将结果转换为8位
Laplace = cv2.convertScaleAbs(Laplace)
#锐化图像
Laplace1 = original + Laplace
```

从上述算子处理效果图对比发现,一阶微分得到的图像边缘较粗但清晰,边界细节较少。二阶微分得到较细的双边缘但不清晰,边界细节丰富。二阶微分在增强图像细节方面比一阶微分好且计算方便。

4.5　频域滤波增强

频域滤波是在频率域对图像做处理的一种方法。频域滤波和空域滤波可看作对图像增强问题殊途同归的两种解决方式。一幅图像要达到增强效果是在频域还是在空域完成,要具体问题具体分析,选择最适合的,必要时还需要在频域和空域互相转换。

频域滤波的一般过程如图4.25所示。

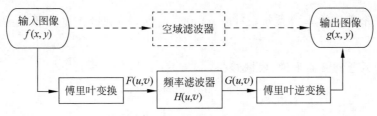

图 4.25 频域滤波的过程

首先对原始图像 $f(x,y)$ 进行傅里叶变换,将原始图像由空域变换到频域,获得频域图像 $F(u,v)$。然后用一个函数 $H(u,v)$ 和 $F(u,v)$ 相乘,改变原始图像的频谱成分得到 $G(u,v)$,即 $G(u,v)=H(u,v)F(u,v)$。最后对改变后的图像 $G(u,v)$ 进行傅里叶逆变换,将图像由频域变回空域,获得滤波后的图像 $g(x,y)$。

函数 $H(u,v)$ 称为滤波器传递函数。在具体的增强应用中,只需要确定传递函数 $H(u,v)$,就能得到频率域的增强结果 $G(u,v)$,对它进行傅里叶逆变换,就能得到最后的增强结果 $g(x,y)$。

常用的频域滤波增强方法有低通滤波和高通滤波。

4.5.1 低通滤波

图像噪声或边缘等灰度变化快的部分对应傅里叶变换中的高频分量,在频率域中,通过滤波器滤去高频信息,使低频信息畅通无阻地保留下来的过程称为低通滤波。

常用的低通滤波器有以下几种形式,它们的特性曲线如图 4.26 所示。

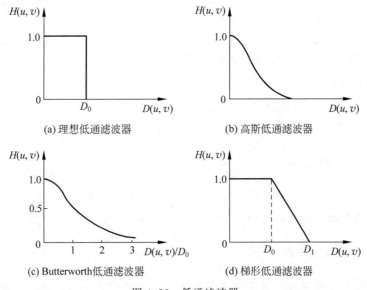

图 4.26 低通滤波器

1. 理想低通滤波器

其特性曲线如图 4.26(a)所示。传递函数为

$$H(u,v)=\begin{cases}1 & D(u,v)\leqslant D_0 \\ 0 & D(u,v)>D_0\end{cases}$$

式中,D_0 为一个规定的非负整数,$D(u,v)$ 是从点 (u,v) 到频率平面原点的距离,定义为 $D(u,v)=\sqrt{u^2+v^2}$。

对于理想低通滤波器来说,根据 $G(u,v)=H(u,v)F(u,v)$,有

$$G(u,v)=\begin{cases} F(u,v) & D(u,v)\leqslant D_0 \\ 0 & D(u,v)>D_0 \end{cases}$$

可见不大于 D_0 的频率可以完全不受影响地通过,而大于 D_0 的频率则完全不通过。D_0 称为截止频率。如果滤除的高频分量中含有大量的边缘信息,会发生图像边缘模糊的现象。

理想低通滤波器的过渡非常急剧,滤波非常尖锐,在实际电子器件中并不能实现。

2. 高斯低通滤波器

其特性曲线如图 4.26(b)所示。传递函数为

$$H(u,v)=e^{-D^2(u,v)/2D_0^2}$$

高斯低通滤波器的过渡特性非常平坦。

3. Butterworth(巴特沃思)低通滤波器

其特性曲线如图 4.26(c)所示。传递函数为

$$H(u,v)=\frac{1}{1+\left[\dfrac{D(u,v)}{D_0}\right]^{2n}}$$

式中,n 为阶数,阶数越高,滤波器过渡越急剧。阶数较低时,Butterworth(巴特沃思)低通滤波器接近高斯低通滤波器,阶数较高时,接近理想低通滤波器。

由特征曲线可以看出,巴特沃思低通滤波器与理想低通滤波器相比,没有明显的跳跃,模糊程度减少,但对噪声的平滑效果不如理想低通滤波器。

4. 梯形低通滤波器

其特性曲线如图 4.26(d)所示。传递函数为

$$H(u,v)=\begin{cases} 1 & D(u,v)<D_0 \\ \dfrac{D(u,v)-D_1}{D_0-D_1} & D_0\leqslant D(u,v)\leqslant D_1 \\ 0 & D(u,v)>D_1 \end{cases}$$

它的性能介于理想低通滤波器与巴特沃思低通滤波器之间。

4.5.2 高通滤波

傅里叶变换中的低频分量对应图像背景等灰度缓变的部分。高通滤波器就是过滤掉低频成分,让高频成分通过,这样,边缘、细节、纹理等灰度变化大的部分就被保留了。

常用的高通滤波器有以下几种形式,涵盖了从非常尖锐(理想)到非常平坦(高斯)范围的滤波器函数,其特性曲线如图 4.27 所示。

1. 理想高通滤波器

其特性曲线如图 4.27(a)所示。传递函数为

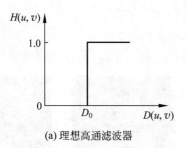

(a) 理想高通滤波器

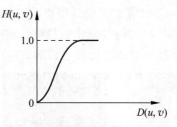

(b) 高斯高通滤波器

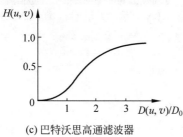

(c) 巴特沃思高通滤波器

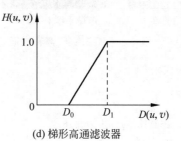

(d) 梯形高通滤波器

图 4.27　高通滤波器

$$H(u,v) = \begin{cases} 0 & D(u,v) \leqslant D_0 \\ 1 & D(u,v) > D_0 \end{cases}$$

2. 高斯高通滤波器

其特性曲线如图 4.27(b)所示。传递函数为

$$H(u,v) = 1 - e^{-D^2(u,v)/2D_0^2}$$

3. 巴特沃思高通滤波器

其特性曲线如图 4.27(c)所示。传递函数为

$$H(u,v) = \frac{1}{1 + \left[\dfrac{D_0}{D(u,v)}\right]^{2n}}$$

4. 梯形高通滤波器

其特性曲线如图 4.27(d)所示。传递函数为

$$H(u,v) = \begin{cases} 0 & D(u,v) < D_0 \\ \dfrac{D(u,v) - D_0}{D_1 - D_0} & D_0 \leqslant D(u,v) \leqslant D_1 \\ 1 & D(u,v) > D_1 \end{cases}$$

【例 4.10】　高通滤波图像的操作实现。

通常频域滤波在编程时的步骤如下。

(1) 对原始图像 $f(x,y)$ 进行傅里叶变换,得到 $F(u,v)$。

(2) 将频谱 $F(u,v)$ 的零频点移动到频谱图的中心位置,称为中心化。

(3) 计算滤波器传递函数 $H(u,v)$ 与 $F(u,v)$ 的乘积 $G(u,v)$。

(4) 将频谱 $G(u,v)$ 的零频点移回到频谱图的左上角位置,称为去中心化。

（5）对上一步计算结果进行傅里叶逆变换，得到 $g(x,y)$。

（6）取 $g(x,y)$ 的绝对值作为最终滤波后的结果图像。

图 4.28 是经高斯高通滤波之后的效果图，截止频率越高，通过的频率越少。

(a) 原始图像　　　　 (b) 截止频率等于30　　　 (c) 截止频率等于80　　　 (d) 截止频率等于200

图 4.28　高斯高通滤波器不同截止频率效果

程序参考代码如下：

```python
import cv2
import numpy as np
import matplotlib.pyplot as plt
from math import sqrt,pow
def Gausshighpassfilter(image,d):
    f = np.fft.fft2(image)                           #二维傅里叶变换
    fshift = np.fft.fftshift(f)                      #零频点移到频谱中间,得到频域图像 F(u,v)
    transfor_matrix = np.zeros(image.shape)
    M = transfor_matrix.shape[0]
    N = transfor_matrix.shape[1]
    for u in range(M):
        for v in range(N):
            D = sqrt((u-M/2) ** 2 + (v-N/2) ** 2)          #得到传递函数 H(u,v)
            transfor_matrix[u,v] = 1 - np.exp(-(D ** 2)/(2 * (d ** 2)))
    new_image = np.abs(np.fft.ifft2(np.fft.ifftshift(fshift * transfor_matrix)))  #得到结果
图像
    return new_image
image = cv2.imread("actor.jpg",0)                          #原始图像 f(x,y)
new_image1 = Gausshighpassfilter(image,30)
new_image2 = Gausshighpassfilter(image,80)
new_image3 = Gausshighpassfilter(image,200)
#显示
plt.rcParams["font.sans-serif"] = ["SimHei"]
titles = ["原始图像","截止频率等于30","截止频率等于80","截止频率等于200"]
images = [image,new_image1,new_image2,new_image3]
plt.figure(figsize = (12,3))
for i in range(4):
    plt.subplot(1,4,i+1)
    plt.imshow(images[i],"gray")
    plt.title(titles[i])
    plt.xticks([])
    plt.yticks([])
plt.show()
```

低通滤波和高通滤波程序代码基本类似，只在传递函数处有区别，低通滤波的传递函数如下，图像操作过程请参考实训 3。

```python
transfor_matrix[u,v] = np.exp(-(D ** 2)/(2 * (d ** 2)))   #高斯低通得到传递函数 H(u,v)
transfor_matrix[u,v] = 1/(1 + pow(D/d,2 * n))             #巴特沃思低通得到传递函数 H(u,v)
```

4.6 彩色增强

人类的视觉系统对彩色的分辨能力与敏感程度要远远强于对灰度的分辨能力。人类可以辨别有不同亮度、色调和饱和度的几千种彩色,相比之下,只能辨别 20 多种灰度色调。彩色增强就是根据人眼的这一特性,通过把人眼不敏感的灰度信号映射为人眼灵敏的彩色信号,以增强人对图像中细微变化的分辨力。在图像处理技术中彩色增强的应用十分广泛且效果显著。

常见的彩色增强技术主要有伪彩色增强与假彩色增强两大类。

4.6.1 伪彩色增强

伪彩色增强就是把灰度图像的灰度值按照一种线性或非线性函数关系映射成彩色图像,从而达到图像增强的目的。常用技术有以下两种。

1. 灰度分层法

灰度分层法又称为灰度分割法或密度分层法,是伪彩色处理技术中最基本、最简单的方法。

一幅灰度图像 $f(x,y)$ 可以被描述为三维函数,见图 4.29。把此图像的灰度分成若干等级,即相当于用一些和坐标平面(即 xy 平面)平行的平面在相交的区域中切割此图像函数。图 4.29 显示了位于 $f(x,y)=l_i$ 处的一个平面把该图像函数切割成两部分。平面的每一侧赋予不同的颜色,平面上面的灰度级的像素被映射成一种彩色,下面的被映射成另一种彩色,就得到了一幅只有两种颜色的图像。切割平面越多,分割越细,彩色越多,人眼所能提取的信息也越多。

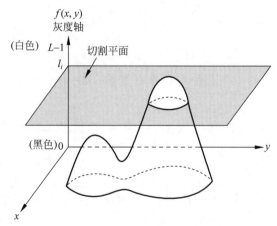

图 4.29 灰度分层技术的几何解释

通常该技术可总结为:令 $[0,L-1]$ 表示灰度级,l_0 表示黑色($f(x,y)=0$),l_{L-1} 表示白色($f(x,y)=L-1$)。假定垂直于灰度轴的 N 个平面定义为灰度级 $l_1,l_2,\cdots,l_N$。假设 $0<N<L-1$,N 个平面将灰度分成 $N+1$ 个区间 $S_1,S_2,\cdots,S_{N+1}$。依下式赋值为彩色,即

$$f(x,y) = c_k \quad f(x,y) \in S_k$$

式中，c_k 为与第 k 个灰度区间 S_k 有关的颜色，S_k 由位于 $l = k-1$ 和 $l = k$ 处的分割平面确定。

灰度分层法虽然简单、直观，但映射的彩色种类不够丰富。

2. 灰度级-彩色变换法

灰度级-彩色变换法是一种更常用的、比灰度分层法更有效的伪彩色增强法。

这种方法的基本思想是先将 $f(x,y)$ 灰度图像分别送入具有不同变换特性的红、绿、蓝3个变换器，根据色度学的原理，原始图像像素的灰度经过红、绿、蓝3种不同变换，变成红、绿、蓝三基色值，然后再将得到的三基色值分别送到彩色显像管的红、绿、蓝电子枪，产生一幅合成图像。合成图像的彩色内容由变换函数的特性决定。过程如图 4.30 所示。

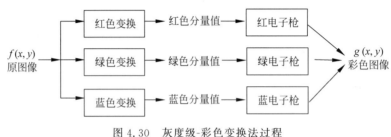

图 4.30　灰度级-彩色变换法过程

4.6.2　假彩色增强

假彩色增强与伪彩色增强一样，也是一种彩色映射的增强方法，但不同的是假彩色增强是将真实的自然彩色图像或遥感多光谱图像映射为彩色图像，从而增强彩色对比，使某些影像更加醒目。

假彩色线性映射一般可表示为 $\begin{bmatrix} R_g \\ G_g \\ B_g \end{bmatrix} = \begin{bmatrix} \alpha_1 & \beta_1 & \gamma_1 \\ \alpha_2 & \beta_2 & \gamma_2 \\ \alpha_3 & \beta_3 & \gamma_3 \end{bmatrix} \begin{bmatrix} R_f \\ G_f \\ B_f \end{bmatrix}$，可看作一种从原来的红、

绿、蓝三基色变成一组新的三基色的彩色坐标变换，其中 R_f、G_f、B_f 是原彩色空间图像，

R_g、G_g、B_g 是新彩色空间图像。例如，一幅风景图像，经过坐标变换，即 $\begin{bmatrix} R_g \\ G_g \\ B_g \end{bmatrix} =$

$\begin{bmatrix} 0 & 0 & 1 \\ 1 & 0 & 0 \\ 0 & 1 & 0 \end{bmatrix} \begin{bmatrix} R_f \\ G_f \\ B_f \end{bmatrix}$，得到 $\begin{cases} R_g = B_f \\ G_g = R_f \\ B_g = G_f \end{cases}$，即 $\begin{cases} R_f = G_g \\ G_f = B_g \\ B_f = R_g \end{cases}$，则原来的红、绿、蓝3个分量相应变换成绿、

蓝、红3个分量。这样，红色玫瑰花就变成绿色，绿色草坪变成蓝色，蓝色天空变成红色。

假彩色增强主要有以下3种用途。

(1) 把图像映射成比本色奇怪的颜色，以吸引注意、引发关注。

(2) 人眼对不同颜色的灵敏度不同，假彩色使景物呈现出与人眼色觉相匹配的颜色，以提高人眼对目标的分辨力。如人眼对绿色亮度响应最灵敏，可把细小物体映射成绿色，以提

高分辨率。夜视仪就是把红外光谱映射成绿色,利于夜间视物,如图4.31所示。人眼对蓝光的强弱对比灵敏度最大,可把细节丰富的物体映射成深浅与亮度不一的蓝色。

图4.31　夜视仪

(3)将遥感多光谱图像处理成假彩色,以获得更多信息。多光谱图像中除可见光波段图像外,还包括一些非可见光波段的图像,由于它们的夜视和全天候能力,可得到可见光波段无法获得的信息,因此如将可见光和非可见光波段结合起来,通过假彩色处理,能获得更丰富的信息,便于对目标的识别。

实训2　通过指定的图像实现直方图增强

图4.32是一幅图像直方图规定化前后图像和直方图对比图。从图中可见,原始图像的直方图被人为地修正成了指定图像直方图的形状。直方图规定化本质上是一种拟合过程,因此规定化后的直方图并不会和指定直方图完全相同,但是即使不能完全一致,规定化后的图像在亮度和对比度上已经实现了与指定直方图的大致相似,这就达到了改善图像的目的。

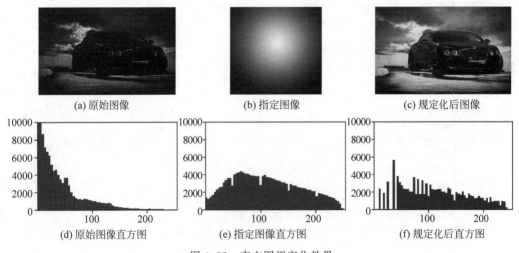

(a) 原始图像　　　　(b) 指定图像　　　　(c) 规定化后图像

(d) 原始图像直方图　　　(e) 指定图像直方图　　　(f) 规定化后直方图

图4.32　直方图规定化效果

程序参考代码如下:

```
import cv2                          # 导入 opencv 库
import numpy as np                  # 导入 numpy 库
import matplotlib.pyplot as plt     # 导入 matplotlib 库的 pyplot 模块
# 原始图像概率分布
original = cv2.imread("car.jpg",0)
g1 = np.zeros(256)
height1,width1 = original.shape
```

```
for i in range(height1):
    for j in range(width1):
        g1[original[i][j]] = g1[original[i][j]] + 1
g1 = g1/(height1 * width1)
#指定的图像概率分布
given = cv2.imread("given.jpg",0)
g2 = np.zeros(256)
height2,width2 = given.shape
for i in range(height2):
    for j in range(width2):
        g2[given[i][j]] = g2[given[i][j]] + 1
g2 = g2/(height2 * width2)            #计算概率
#对原始图像均衡化
c1 = np.zeros(256)
c1[0] = g1[0]
for i in range(255):
    c1[i + 1] = c1[i] + g1[i + 1]
e1 = np.array((255 * c1 + 0.5)).astype(np.int32)
#对指定的图像均衡化
c2 = np.zeros(256)
c2[0] = g2[0]
for i in range(255):
    c2[i + 1] = c2[i] + g2[i + 1]
e2 = np.array((255 * c2 + 0.5)).astype(np.int32)
#计算映射关系
g = np.zeros(256,np.int32)
for i in range(256):
    min = 255
    flag = 0
    for j in range(256):
        if abs(e1[i] - e2[j])< min:
            min = abs(e1[i] - e2[j])
            flag = j
    g[i] = flag
#存储规定化后的图像
result = np.zeros((height1,width1),np.uint8)
for i in range(height1):
        for j in range(width1):
            result[i][j] = np.uint8(g[original[i][j]])
#显示设置
plt.rcParams["font.sans - serif"] = ["SimHei"]
titles1 = ["原始图像","指定图像","规定化后图像"]
titles2 = ["原始图像直方图","指定图像直方图","规定化后直方图"]
images = [original,given,result]
plt.figure(figsize = (10,4))
#显示图像
for i in range(3):
    plt.subplot(2,3,i + 1)
    plt.imshow(images[i],cmap = "gray")
    plt.title(titles1[i])
    plt.axis("off")
#显示直方图
for i in range(3,6):
    plt.subplot(2,3,i + 1)
```

```
        a = np.array(images[i - 3]).flatten()
        plt.hist(a, bins = 64, color = "blue")
        plt.title(titles2[i - 3])
        plt.xlim(0, 255)
        plt.ylim(0, 10000)
plt.show()
```

实训3 低通滤波图像

图 4.33 是一幅灰度图像经巴特沃思低通滤波的效果图。从图中可以看出截止频率越低,通过的频率越少,图像越模糊。

  (a) 原始图像   (b) 截止频率等于40, n=1   (c) 截止频率等于80, n=1   (d) 截止频率等于120, n=1

图 4.33 巴特沃思低通滤波效果

程序参考代码如下:

```
import cv2
import numpy as np
import matplotlib.pyplot as plt
from math import sqrt, pow
def Butterworthlowpassfilter(image, d, n):
    f = np.fft.fft2(image)                          #二维傅里叶变换
    fshift = np.fft.fftshift(f)                     #零频点移到频谱中间,得到频域图像 F(u,v)
    transfor_matrix = np.zeros(image.shape)
    M = transfor_matrix.shape[0]
    N = transfor_matrix.shape[1]
    for u in range(M):
        for v in range(N):
            D = sqrt((u - M/2) ** 2 + (v - N/2) ** 2)
            transfor_matrix[u, v] = 1/(1 + pow(D/d, 2 * n))     #得到传递函数 H(u,v)
    new_image = np.abs(np.fft.ifft2(np.fft.ifftshift(fshift * transfor_matrix)))  #得到结果
图像
    return new_image
image = cv2.imread("face.jpg", 0)                   #原始图像 f(x,y)
result1 = Butterworthlowpassfilter(image, 40, 1)
result2 = Butterworthlowpassfilter(image, 80, 1)
result3 = Butterworthlowpassfilter(image, 120, 1)
#显示
plt.rcParams["font.sans - serif"] = ["SimHei"]
titles = ["原始图像", "截止频率等于 40, n = 1", "截止频率等于 80, n = 1", "截止频率等于 120, n =
1"]
images = [image, result1, result2, result3]
plt.figure(figsize = (12, 3))
```

```
for i in range(4):
    plt.subplot(1,4,i + 1)
    plt.imshow(images[i],"gray")
    plt.title(titles[i])
    plt.xticks([])
    plt.yticks([])
plt.show()
```

第 5 章

图像分割

本章学习目标
- 理解图像分割的基本概念。
- 解析阈值分割的几种算法。
- 解析边缘检测的常用算子。
- 掌握霍夫变换的原理和函数。
- 掌握轮廓检测和绘制函数。
- 掌握区域分割的几种方法。
- 了解基于特定理论的图像分割方法。

　　本章首先对图像分割进行概述；然后重点介绍了阈值分割、边缘分割和区域分割 3 种传统图像分割技术及利用 Python 语言实现分割效果；最后介绍了几种基于特定理论的图像分割方法。

5.1　图像分割概述

　　图像分割是把图像划分成若干具有独特性质的区域，并提出感兴趣目标的技术和过程。这些区域是互不相交的，分割后所得区域的总和应覆盖整个图像。具有独特性质是指满足像素的灰度、颜色、纹理等某种特征的相似性准则。具有同一性质的区域可以是单个区域，也可以是多个区域。

　　图像分割是图像分析过程中最重要的步骤之一，是图像识别和图像理解的前提。分割质量的好坏直接影响目标物特征提取和描述，关系到目标物识别、分类与理解及整个图像处理与分析系统的结果。

　　图像分割的应用非常广泛，几乎应用在有关图像处理的所有领域。例如，应用于医学领域，图像分割是病变区域提取、临床试验、特定组织测量以及实现三维重建的基础，可以帮助医生分析病情，进行组织器官的重建等；应用于交通领域，可用于桥梁裂缝检测、智能车辆导航、红外行人检测等；应用于军事领域，可以为军事目标的识别和跟踪提供特征参数，为导航与制导提供依据；应用于服装领域，可从服装图像中快速提取服装款式信息、结构元素，提高款式设计和制版效率，促进服装行业智能化、一体化发展。遥感图像可以提供真实、丰富的地面信息和资料。应用于遥感图像，可以进行城乡的建设与规划、地图的绘制与更新、考古和旅游资源的开发、森林资源及环境的监测与管理、农产品长势的检测与产量估计、海岸区域的环境监测等。

图像分割算法发展几十年来,一直备受关注,借助各种理论,至今已提出了上千种各种类型的分割算法,但目前尚无普遍适用的最优分割算法,现有算法都是针对具体问题的。

图像分割方法主要分为以下几类:基于阈值的分割方法、基于边缘的分割方法、基于区域的分割方法以及基于特定理论的分割方法等。

针对单色图像的分割算法,通常基于灰度值的两个基本性质,即不连续性和相似性。不连续性是基于灰度的不连续变化分割图像,如图像边缘;相似性是依据一组预定义的准则将图像分割为相似区域,如阈值处理、区域生成、区域分裂合并等。这两类方法是互补的,有时需要结合使用,以求得更好的分割效果。

5.2 阈值分割原理与实现

阈值分割是一种常用的传统图像分割方法,因其处理直观、实现简单、计算速度快、性能较稳定而成为图像分割中最基本和应用最广泛的分割技术。

阈值分割的基本思想是利用图像中灰度值的差异,通过把图像中每个像素的灰度值与设置阈值进行比较,实现对像素的划分。如果只设置一个阈值,就把像素分为两类,高于阈值的分为一类,其他的分为另一类,也就是将图像分成两部分,即前景区和背景区。这种对整幅图像采用统一的阈值进行分割的方法叫全局阈值分割,适用于目标与背景有较强对比的图像。分割后习惯上将图像设置为黑白两色,就是所谓的图像二值化。当阈值在一幅图像上不再单一而是有改变时,就称为可变阈值分割。可变阈值分割适合于较复杂的图像情况。

基于阈值的分割算法中最核心的问题是如何找到合适的阈值,这一步骤直接影响分割的准确性以及由此产生的图像描述、分析的正确性。

阈值分割的一般步骤可总结如下。

(1) 确定阈值。

(2) 图像中像素的灰度值和阈值做比较。

(3) 像素划分。

本节重点介绍全局阈值分割的常用方法,包括固定阈值法、直方图双峰法、最大类间方差法、迭代法、最大熵法等。可变阈值分割在本节中不做重点介绍,仅在最后介绍一种自适应法。

5.2.1 固定阈值法

固定阈值法就是不使用相关算法去计算阈值,而是由用户自行设定一个阈值作为划分像素的依据。根据各像素点的灰度值与阈值的关系,将图像的灰度值分为两类。习惯上,一类灰度值为 0,另一类灰度值为 255,使整幅图像呈现出黑白效果。

OpenCV 提供的阈值处理函数为 ret,dst = cv2. threshold(src,thresh,maxval,type)。其中,src 是源图像;thresh 是进行分类的阈值;maxval 是图像中像素的灰度值大于(或小于等于,根据 type 决定)阈值时赋予的新值(习惯上设置为 255,可以不为 255);type 是一个方法选择参数,常用的方法有以下几个。

① cv2. THRESH_BINARY(当前灰度值大于阈值时,设置为 maxval;否则设置为 0)。

② cv2. THRESH_BINARY_INV(当前灰度值大于阈值时,设置为 0;否则设置为 maxval)。

③ cv2. THRESH_TRUNC(当前灰度值大于阈值时,设置为阈值;否则不改变)。

④ cv2. THRESH_TOZERO(当前灰度值大于阈值时,不改变;否则设置为 0)。

⑤ cv2. THRESH_TOZERO_INV(当前灰度值大于阈值时,设置为 0;否则不改变)。

该函数有两个返回值,第一个是输入的阈值 ret,第二个是阈值化后的图像 dst。

【例 5.1】 利用 cv2. threshold()函数完成固定阈值法的阈值分割。

图 5.1 是对一幅灰度图像使用 cv2. threshold()函数进行阈值分割,type 分别取 cv2. THRESH_BINARY 和 cv2. THRESH_BINARY_INV 时图像效果图及直方图,此程序中阈值设置为 100。从图中可见,灰度图像被划分成了黑白二值图像,cv2. THRESH_BINARY_INV 是 cv2. THRESH_BINARY 的反相效果。

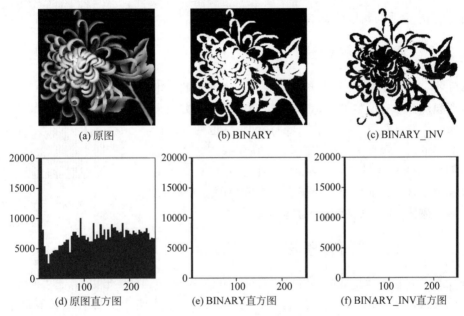

图 5.1 threshold()函数进行阈值分割

程序参考代码如下:

```
import cv2                          # 导入 opencv 库
import numpy as np                  # 导入 numpy 库
import matplotlib.pyplot as plt     # 导入 matplotlib 库的 pyplot 模块
# 以灰度模式读入原始图像
original = cv2.imread("flower.jpg",0)
# threshold 函数,type 值不同
ret,dst1 = cv2.threshold(original,100,255,cv2.THRESH_BINARY)
ret,dst2 = cv2.threshold(original,100,255,cv2.THRESH_BINARY_INV) # 反相效果
# 显示
plt.rcParams["font.sans - serif"] = ["SimHei"]
plt.rcParams.update({"font.size": 10})
titles1 = ["Original","BINARY","BINARY_INV"]
```

```
titles2 = ["Original 直方图","BINARY 直方图","BINARY_INV 直方图"]
images = [original,dst1,dst2]
plt.figure(figsize = (9,6))
♯ 显示图像
for i in range(3):
    plt.subplot(2,3,i + 1)
    plt.imshow(images[i],"gray")
    plt.title(titles1[i])
    plt.axis("off")
♯ 显示直方图
for i in range(3,6):
    plt.subplot(2,3,i + 1)
    a = np.array(images[i - 3]).flatten()
    plt.hist(a,bins = 64,color = "blue")
    plt.title(titles2[i - 3])
    plt.xlim(0,255)
    plt.ylim(0,20000)
plt.show()
```

有关 type 参数的其他效果参见实训 4。

5.2.2　直方图双峰法

1996 年,Prewitt 提出了直方图双峰法。该方法的基本思想是假设图像中有明显的目标和背景,则其灰度直方图呈双峰分布。当灰度级直方图具有双峰特性时,选取两峰之间的谷底对应的灰度级作为阈值,如图 5.2 所示。该方法不适合直方图中双峰差别很大或双峰间的谷比较宽广且平坦的图像以及单峰直方图的情况。对于有多个峰值的直方图,可以选择多个阈值,要根据实际情况具体分析。

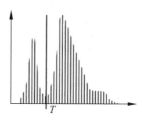

图 5.2　具有双峰分布的直方图

5.2.3　最大类间方差法

最大类间方差法是由日本学者大津(Nobuyuki Otsu)于 1979 年提出,是一种不需人为设定其他参数,自动选择阈值的方法,也称为 Otsu 算法或大津法。该算法计算简单,不受图像亮度和对比度的影响,被认为是阈值分割算法中阈值选取的最佳方法。

最大类间方差法的基本思想是通过阈值将图像分为前景和背景两部分,当取最佳阈值时,前景和背景之间的差别应该是最大的。方差是灰度分布均匀性的一种度量,衡量差别的标准采用最大类间方差。类间方差越大,说明构成图像的前景和背景之间的差别越大。若某些像素被错分,都会导致两部分差别变小。当使用所取阈值进行阈值分割,使类间方差最大就意味着错分概率最小。该算法的缺点是对图像噪声敏感,只能针对单一目标分割,当目标和背景大小比例悬殊时效果不理想。

设图像 $f(x,y)$ 的灰度范围是 $[0,L-1]$,灰度值为 i 的像素数为 n_i,图像的总像素数为 N,各灰度值出现的概率 p_i 为

$$p_i = \frac{n_i}{N}, \quad 且有 \sum_{i=0}^{L-1} p_i = 1$$

阈值 T 将图像像素按灰度值与 T 的关系分为两部分,即 C_0 和 C_1,C_0 由图像中灰度值在 $[0,T]$ 内的所有像素组成,C_1 由灰度值在 $[T+1,L-1]$ 内的所有像素组成,两部分的概率分别为 P_0 和 P_1,即

$$P_0 = \sum_{i=0}^{T} p_i, \quad P_1 = \sum_{i=T+1}^{L-1} p_i = 1 - P_0$$

两部分的平均灰度分别为 μ_0 和 μ_1,整幅图像的总平均灰度为 μ,有

$$\mu_0 = \frac{1}{P_0} \sum_{i=0}^{T} i p_i, \quad \mu_1 = \frac{1}{P_1} \sum_{i=T+1}^{L-1} i p_i$$

$$\mu = \sum_{i=0}^{L-1} i p_i = \sum_{i=0}^{T} i p_i + \sum_{i=T+1}^{L-1} i p_i = P_0 \mu_0 + P_1 \mu_1$$

两部分的类间方差 g 为

$$g = P_0 (\mu_0 - \mu)^2 + P_1 (\mu_1 - \mu)^2$$

将 μ 的表达式代入上式,可得简化公式为

$$g = P_0 P_1 (\mu_0 - \mu_1)^2$$

T 在 $[0, L-1]$ 内依次取值,使 g 最大的值就是需要的阈值。

OpenCV 提供的阈值处理函数 cv2.threshold(src, thresh, maxval, type),type 取 THRESH_OTSU,thresh 取 0(屏蔽 thresh)时,就会使用 Otsu 算法得到的阈值(函数第一个返回值)分割图像。type 取 THRESH_OTSU 时也可以同时搭配 THRESH_BINARY、THRESH_BINARY_INV、THRESH_TRUNC、THRESH_TOZERO 及 THRESH_TOZERO_INV 使用。

【例 5.2】 利用 cv2.threshold()函数完成 Otsu 算法的阈值分割。

图 5.3 是利用 cv2.threshold()函数对一幅灰度图像用 Otsu 算法进行分割的效果图和直方图,并显示了分割阈值。

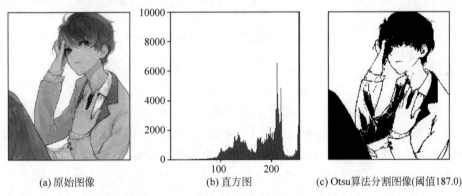

(a) 原始图像　　　　(b) 直方图　　　　(c) Otsu算法分割图像(阈值187.0)

图 5.3　Otsu 算法进行阈值分割

程序参考代码如下:

```
import cv2
from matplotlib import pyplot as plt
original = cv2.imread("boy.jpg",0)
ret1,dst = cv2.threshold(original,0,255,cv2.THRESH_OTSU)
plt.rcParams["font.sans-serif"] = ["SimHei"]
plt.figure(figsize = (9,3))
```

```
plt.subplot(131)
plt.imshow(original,"gray")
plt.title("原始图像")
plt.xticks([])
plt.yticks([])
plt.subplot(132)
plt.hist(original.ravel(),256)      # original.ravel()将数组拉成一维数组
plt.title("直方图")
plt.xlim(0,255)
plt.ylim(0,10000)
plt.subplot(133)
plt.imshow(dst,"gray")
plt.title("Otsu算法分割图像,阈值" + str(ret1))
plt.xticks([])
plt.yticks([])
plt.show()
```

如需得到分割后的反相效果,只需使用语句:

```
ret1,dst = cv2.threshold(original,0,255,cv2.THRESH_BINARY_INV + cv2.THRESH_OTSU)
```

效果如图5.4所示。

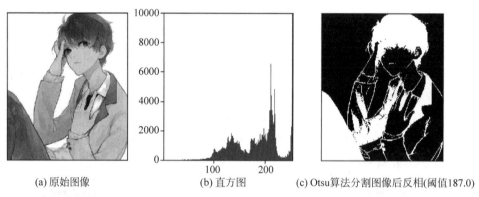

(a) 原始图像　　　　　　(b) 直方图　　　　(c) Otsu算法分割图像后反相(阈值187.0)

图5.4　Otsu算法进行阈值分割后反相效果

5.2.4　迭代法

迭代法的基本思想是设定一个阈值 T 作为初始估计值,然后根据某种规则不断更新这一估计值,直到满足给定条件。迭代算法的优劣取决于迭代规则的确定。好的迭代规则既能快速收敛又能产生优于上次迭代的结果。迭代法适合直方图有明显波谷的图像。

下面是一种应用较广泛的迭代算法,步骤如下。

(1) 用图像的最大灰度值和最小灰度值的平均值作为初始估计阈值 T。

(2) 将图像像素按灰度值与阈值 T 的关系分为两部分,即 C_0 和 C_1,两部分的平均灰度分别为 μ_0 和 μ_1。

(3) 计算新的阈值 T,$T = \dfrac{1}{2}(\mu_0 + \mu_1)$。

(4) 重复步骤(2)和(3),直到连续迭代中的 T 值间的差小于一个预定义参数为止。

【例5.3】　利用迭代法对图像进行阈值分割。

图 5.5 是利用迭代法对图 5.3 所示的原始图像进行阈值分割的效果。

(a) 原始图像　　　　　(b) 迭代法分割图像(阈值186.0)

图 5.5　迭代法阈值分割效果

程序参考代码如下：

```python
import cv2
import numpy as np
import matplotlib.pyplot as plt
def iteration_threshold(gray):
    gray = np.array(gray).astype(np.float32)
    zmax = np.max(gray)
    zmin = np.min(gray)
    t0 = (zmax + zmin)/2                  # 设置初始阈值
    m,n = gray.shape
    fnum = 0                              # 初始化前景像素个数
    bnum = 0                              # 初始化背景像素个数
    fsum = 0                              # 初始化前景像素灰度值的和
    bsum = 0                              # 初始化背景像素灰度值的和
    for i in range(m):
        for j in range(n):
            tmp = gray[i][j]
            if tmp > t0:
                fnum = fnum + 1           # 前景像素的个数
                fsum = fsum + int(tmp)    # 前景像素灰度值的总和
            else:
                bnum = bnum + 1           # 背景像素的个数
                bsum = bsum + int(tmp)    # 背景像素灰度值的总和
    # 计算前景和背景的平均灰度
    zf = int(fsum/fnum)
    zb = int(bsum/bnum)
    t = (zf + zb)/2  # 求出新的阈值
    while(abs(t - t0)> 1):                # 设置两次阈值差值不大于1
        t0 = t
        fnum = 0
        bnum = 0
        fsum = 0
        bsum = 0
        for i in range(m):
            for j in range(n):
```

```
                        tmp = gray[i][j]
                        if tmp > t0:
                            fnum = fnum + 1
                            fsum = fsum + int(tmp)
                        else:
                            bnum = bnum + 1
                            bsum = bsum + int(tmp)
                zf = int(fsum/fnum)
                zb = int(bsum/bnum)
                t = (zf + zb)/2
        return t
original = cv2.imread("boy.jpg",0)
threshold = iteration_threshold(original)
ret,dst = cv2.threshold(original,threshold,255,cv2.THRESH_BINARY)
# 显示
plt.rcParams["font.sans-serif"] = ["SimHei"]
plt.subplot(121)
plt.imshow(original,"gray")
plt.title("原始图像")
plt.xticks([])
plt.yticks([])
plt.subplot(122)
plt.imshow(dst,"gray")
plt.title("迭代法分割图像,阈值" + str(ret))
plt.xticks([])
plt.yticks([])
plt.show()
```

5.2.5 最大熵法

熵是信息论中的一个术语,是所研究对象平均信息量的表征。假设离散随机变量 x 的概率分布是 $p(x)$,则其熵为

$$H(p) = -\sum_x p(x)\log p(x)$$

式中,log 的底数可以取 2、e 或 10。取不同的底数,熵的单位不一样。熵的定义使随机变量的不确定性得到了度量。熵越大,随机变量越不确定,也就是随机变量越随机,意味着添加的约束和假设越少,这时求出的分布越自然、偏差越小、越具有均匀分布。

最大熵算法就是找出一个最佳阈值把图像分成前景和背景两部分,使得两部分熵之和最大。从信息论角度来说,这样选择的阈值分割出的图像信息量最大,最不确定,分布偏差最小。

设图像 $f(x,y)$ 的灰度范围是 $[0,L-1]$,灰度值为 i 的像素数为 n_i,图像的总像素数为 N,各灰度值出现的概率 p_i 为

$$p_i = \frac{n_i}{N}, \quad \text{且有} \sum_{i=0}^{L-1} p_i = 1$$

以灰度值 T 分割图像,图像中不大于灰度值 T 的像素点构成背景 B,高于灰度值 T 的像素点构成目标物体 O,各灰度在本区的概率分布为

B 区:$\dfrac{p_i}{p_T}, i = 0,1,2,\cdots,T$

O 区：$\dfrac{p_i}{1-p_T}, i=T+1, T+2, \cdots, L-1$

其中

$$p_T = \sum_{i=0}^{T} p_i$$

背景区域和目标区域的熵分别为

$$H_B = -\sum_{i=0}^{T} \frac{p_i}{p_T} \lg \frac{p_i}{p_T}$$

$$H_O = -\sum_{i=T+1}^{L-1} \frac{p_i}{1-p_T} \lg \frac{p_i}{1-p_T}$$

图像总熵为

$$H = H_B + H_O$$

使 H 最大的 T 值就是寻找的最佳阈值。

【例 5.4】 利用最大熵法对图像进行阈值分割。

图 5.6 是一幅灰度图像使用最大熵法实现阈值分割的效果图。

(a) 原始图像　　　(b) 最大熵法分割图像(阈值123.0)

图 5.6　最大熵法阈值分割效果

程序参考代码如下：

```
import cv2
import numpy as np
import matplotlib.pyplot as plt
def calentropy(T):
#初始化
    PT = 0                                              #概率和
    entropyB = 0                                        #背景熵
    entropyO = 0                                        #前景熵
    for i in range(T + 1):
        PT += p[i]                                      #0~T 灰度级的概率和
    for i in range(256):
        if i <= T:
            if p[i]!= 0:
                entropyB -= (p[i]/PT) * np.log10(p[i]/PT)    #背景熵
        else:
            if p[i]!= 0:
                entropyO -= (p[i]/(1 - PT)) * np.log10(p[i]/(1 - PT))   #前景熵
    entropy = entropyB + entropyO                       #背景熵和前景熵的和
    return entropy
def maxentropy(image):
    Entropy = []
```

```
    for i in range(256):
        entropy = calentropy(i)                    ＃将返回的熵赋给 entropy
        Entropy.append(entropy)                    ＃各个 entropy 形成列表,列表索引为各灰度级
    return Entropy.index(max(Entropy))             ＃Entropy 列表中最大值的索引号就是所求阈值
original = cv2.imread("turtles.jpg",0)
hist = cv2.calcHist([original],[0],None,[256],[0,255])    ＃返回直方图各个灰度级的像素个数
m,n = original.shape
sum = m * n
p = []
for i in range(256):
    p.append(hist[i]/sum)                          ＃计算概率
threshold = maxentropy(original)
ret,dst = cv2.threshold(original,threshold,255,cv2.THRESH_BINARY)
＃显示
plt.rcParams["font.sans - serif"] = ["SimHei"]
plt.figure(figsize = (6,3))
plt.subplot(121)
plt.imshow(original,"gray")
plt.title("原始图像")
plt.xticks([])
plt.yticks([])
plt.subplot(122)
plt.imshow(dst,"gray")
plt.title("最大熵法分割图像,阈值" + str(ret))
plt.xticks([])
plt.yticks([])
plt.show()
```

5.2.6　自适应法

在绝大多数情况下,目标和背景的对比度在图像中各处不是完全一样的,很难用一个统一的阈值将目标和背景区分开,这时往往需要通过控制阈值选取范围的方法实现局部分割阈值的选择。自适应法对于图像不同区域,能够自适应计算不同的阈值。

OpenCV 提供 dst＝cv2.adaptiveThreshold(src, maxValue,adaptiveMethod,thresholdType, blockSize,C)函数,该函数可以通过计算某个邻域(局部)的均值、高斯加权平均来确定阈值。

① src:表示源图像,8 位单通道图像。

② dst:表示输出图像,与源图像大小一致。

③ maxValue:表示大于(小于等于)阈值时赋予的新值。

④ adaptiveMethod:表示在一个邻域内计算阈值所采用的算法,有以下两个取值。

- ADAPTIVE_THRESH_MEAN_C 的计算方法是计算出邻域的平均值再减去常量 C 的值作为阈值;

- ADAPTIVE_THRESH_GAUSSIAN_C 的计算方法是计算出邻域的高斯均值再减去常量 C 的值作为阈值。

⑤ thresholdType:表示阈值类型,只有两个取值,即 THRESH_BINARY 和 THRESH_BINARY_INV。

⑥ blockSize:表示计算阈值的像素邻域大小,可取 3、5、7 等奇数,取值越大,结果越表现为阈值分割效果(可取 21、31、41),取值越小,结果越表现为边缘检测效果。

⑦ C：表示偏移值调整量，值越大越能抑制噪声。用均值或高斯均值计算阈值后，再减这个值就是最终阈值。

【例 5.5】 利用 cv2.adaptiveThreshold()函数体会自适应法进行阈值分割。

图 5.7 是一幅灰度图像使用自适应法实现阈值分割的效果图。

图 5.7 自适应法阈值分割效果

程序参考代码如下：

```
import cv2
import Matplotlib.pyplot as plt
original = cv2.imread("characters.jpg",0)
dst = cv2.adaptiveThreshold(original,255,cv2.ADAPTIVE_THRESH_MEAN_C,cv2.THRESH_BINARY,41,
3)
plt.rcParams["font.sans-serif"] = ["SimHei"]
plt.subplot(121)
plt.imshow(original,"gray")
plt.title("原始图像")
plt.xticks([])
plt.yticks([])
plt.subplot(122)
plt.imshow(dst,"gray")
plt.title("自适应法分割图像")
plt.xticks([])
plt.yticks([])
plt.show()
```

有关全局阈值分割（选用 Otsu 算法）与可变阈值分割（选用自适应法）对同一幅图像进行阈值分割的效果对比参见实训 4。

5.3 边缘分割原理与实现

边缘检测是图像分割的一种重要途径。图像边缘是图像最基本也是最重要的特征。边缘指图像局部特性不连续，总是以某种图像特征所对应的数值发生突变的形式出现，如灰度值、颜色分量、纹理结构的突变都会形成图像边缘，它标志着一个区域的终结和另一个区域的开始。根据灰度变换的特点，常见的边缘可分为阶跃型、斜坡型和屋顶型，如图 5.8 所示。

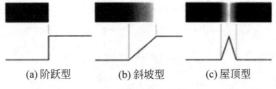

(a)阶跃型   (b)斜坡型   (c)屋顶型

图 5.8 常见的边缘类型

图像边缘有方向和幅度两个属性,沿边缘方向像素变化平缓,垂直于边缘方向像素变化剧烈。边缘上的这种变化可以用微分算子检测出来,在第4章中曾讲过微分算子在图像锐化处理中的应用,本节将它应用于图像分割。基于微分算子的边缘检测是经典的边缘检测方法,通常用一阶或二阶导数来实现。一阶导数的最大值对应图像边缘,二阶导数以过零点对应图像边缘。在数字图像处理中,经证实,一阶导数和二阶导数具有以下性质:一阶导数通常在图像中产生较粗的边缘;二阶导数对精细细线,如细线、孤立点和噪声有较强的响应;二阶导数在灰度斜坡和灰度台阶过渡处会产生双边缘响应;二阶导数的符号可用于确定边缘的过渡是从亮到暗还是从暗到亮。由于边缘和噪声都是灰度不连续点,检测边缘的同时噪声会对其产生影响,因此用微分算子检测边缘前要对图像进行平滑滤波。

基于边缘检测的图像分割主要通过以下4步实现。

(1)图像平滑。对图像进行平滑处理以降低噪声,但是降低噪声的平滑能力越强,边缘强度的损失越大。这一步通过平滑滤波实现。

(2)边缘点检测。将邻域中灰度有显著变化的点突出显示,这些点是边缘点的候选者。这一步通过锐化滤波实现。

(3)边缘判断。根据具体情况,选择边缘点,去除没有意义的边缘点。实际工程中,这一步通过阈值化实现。

(4)边缘连接。前3步操作后得到的仅是边缘像素点,这些边缘像素点很少能完整地描绘实际的一条边缘,因此需要紧接着使用连接方法将这些边缘像素点形成有意义的边缘。

5.3.1　常用边缘检测算子

目前常用的边缘检测算子主要有 Roberts 算子、Prewitt 算子、Sobel 算子、LoG 算子和 Canny 算子等,其中 Roberts 算子、Prewitt 算子和 Sobel 算子都是基于一阶导数的,都是梯度算子;LoG 是基于二阶导数的算子。有关梯度算子的知识已在 4.4.2 小节空间邻域锐化中介绍过,本节简单回顾。

1. 梯度算子

图像在计算机中以数值矩阵的形式存在,形成了离散的数值信号。图像灰度函数 $f(x,y)$ 在点 (x,y) 的梯度是一个具有方向和大小的矢量。梯度的方向就是函数 $f(x,y)$ 最大变化率的方向,梯度幅值作为变化率大小的度量,可以反映图像灰度局部变化的强弱,因此可以作为检测边缘点的依据。

梯度表示为

$$\nabla f = \mathbf{grad}(f) = \begin{bmatrix} g_x \\ g_y \end{bmatrix} = \begin{bmatrix} \dfrac{\partial f}{\partial x} \\ \dfrac{\partial f}{\partial y} \end{bmatrix}$$

式中,g_x 和 g_y 分别为 x 方向和 y 方向的梯度。

梯度幅值为

$$M(x,y) = \mathrm{mag}(\nabla f) = \sqrt{g_x^2 + g_y^2} = \sqrt{\left(\dfrac{\partial f}{\partial x}\right)^2 + \left(\dfrac{\partial f}{\partial y}\right)^2}$$

可以用下式近似表示，即

$$M(x,y) \approx |g_x| + |g_y| = \left| \frac{\partial f}{\partial x} \right| + \left| \frac{\partial f}{\partial y} \right|$$

梯度的方向角为（相对于 x 轴而言）

$$\alpha(x,y) = \arctan\left[\frac{g_y}{g_x} \right]$$

将 $\frac{\partial f}{\partial x}$ 和 $\frac{\partial f}{\partial y}$ 用差分近似表示，图像的梯度幅值就可以通过对原始图像进行空间滤波求得。图 5.9 是一个 3×3 空间滤波器，滤波的过程就是求图像中各像素点的新像素值的过程，模板系数与被该模板覆盖区域的灰度值的乘积之和作为模板覆盖区域下图像中心点处的新灰度值。图 5.10 是一幅图像被模板覆盖的 3×3 区域，z_k 表示各灰度值，z_5 的新值 $= w_1 z_1 + w_2 z_2 + \cdots + w_9 z_9 = \sum_{k=1}^{9} w_k z_k$。对原始图像进行滤波可分别求得 g_x 和 g_y，通过 $M(x,y) \approx |g_x| + |g_y|$，求得 $M(x,y)$。

常用的梯度算子如下。

（1）Roberts 算子。

对于图 5.10 中的 3×3 区域，Roberts 算子以求对角像素之差为基础，有

w_1	w_2	w_3
w_4	w_5	w_6
w_7	w_8	w_9

z_1	z_2	z_3
z_4	z_5	z_6
z_7	z_8	z_9

图 5.9　3×3 空间滤波器　　　图 5.10　图像的 3×3 区域

$$g_x = \frac{\partial f}{\partial x} = z_9 - z_5$$

$$g_y = \frac{\partial f}{\partial y} = z_8 - z_6$$

g_x 和 g_y 分别使用模板 $\begin{bmatrix} -1 & 0 \\ 0 & 1 \end{bmatrix}$ 和 $\begin{bmatrix} 0 & -1 \\ 1 & 0 \end{bmatrix}$ 对图像滤波求得。

Roberts 算子常用来处理具有陡峭边缘的低噪声图像，当边缘接近 $\pm 45°$ 时，处理效果更好，但其边缘定位较差，对噪声敏感，提取的边缘比较粗，常需对检测出的边缘图像做细化处理。

（2）Prewitt 算子。

还是对于图 5.10 中的 3×3 区域，有

$$g_x = \frac{\partial f}{\partial x} = (z_7 + z_8 + z_9) - (z_1 + z_2 + z_3)$$

$$g_y = \frac{\partial f}{\partial y} = (z_3 + z_6 + z_9) - (z_1 + z_4 + z_7)$$

g_x 和 g_y 分别使用模板 $\begin{bmatrix} -1 & -1 & -1 \\ 0 & 0 & 0 \\ 1 & 1 & 1 \end{bmatrix}$（水平）和 $\begin{bmatrix} -1 & 0 & 1 \\ -1 & 0 & 1 \\ -1 & 0 & 1 \end{bmatrix}$（垂直）对图像滤波

求得。

这两种算子可通过调用 OpenCV 的 filter2D()函数实现。该函数在 4.4.2 小节中已有介绍,此处不再赘述。

(3) Sobel 算子。

同样对于图 5.10 中的 3×3 区域,有

$$g_x = \frac{\partial f}{\partial x} = (z_7 + 2z_8 + z_9) - (z_1 + 2z_2 + z_3)$$

$$g_y = \frac{\partial f}{\partial y} = (z_3 + 2z_6 + z_9) - (z_1 + 2z_4 + z_7)$$

g_x 和 g_y 分别使用模板 $\begin{bmatrix} -1 & -2 & -1 \\ 0 & 0 & 0 \\ 1 & 2 & 1 \end{bmatrix}$ (水平)和 $\begin{bmatrix} -1 & 0 & 1 \\ -2 & 0 & 2 \\ -1 & 0 & 1 \end{bmatrix}$ (垂直)对图像滤波求得。

Sobel 算子在 OpenCV 中用 Sobel()函数实现。该函数在 4.4.2 小节中已有介绍,此处不再赘述。

Prewitt 算子、Sobel 算子因考虑到邻域信息,相当于对图像先做加权平滑处理,再做微分运算,因此对噪声有一定的抑制能力,适合具有较多噪声且灰度渐变图像的分割。

【例 5.6】 用梯度算子进行边缘检测。

图 5.11 是对一幅灰度图像用不同梯度算子进行边缘检测的效果图。处理时先进行高斯平滑;然后进行边缘检测;最后进行阈值处理。

(a) 原始图像　　(b) Roberts算子边缘检测　　(c) Prewitt算子边缘检测　　(d) Sobel算子边缘检测

图 5.11　不同梯度算子边缘检测效果

程序参考代码如下:

```
import cv2
import numpy as np
import matplotlib.pyplot as plt
#读取图像并进行高斯平滑处理
original = cv2.imread("building.jpg",0)
original1 = cv2.GaussianBlur(original,(3,3),0)
#Roberts 算子
kernelxr = np.array([[-1,0],[0,1]])
kernelyr = np.array([[0,-1],[1,0]])
xr = cv2.filter2D(original1,cv2.CV_16S,kernelxr)
yr = cv2.filter2D(original1,cv2.CV_16S,kernelyr)
#转回 CV_8U
absXr = cv2.convertScaleAbs(xr)
absYr = cv2.convertScaleAbs(yr)
#融合
```

```
Roberts = cv2.addWeighted(absXr,0.5,absYr,0.5,0)
# Prewitt 算子
kernelxp = np.array([[-1,-1,-1],[0,0,0],[1,1,1]])
kernelyp = np.array([[-1,0,1],[-1,0,1],[-1,0,1]])
xp = cv2.filter2D(original1,cv2.CV_16S,kernelxp)
yp = cv2.filter2D(original1,cv2.CV_16S,kernelyp)
# 转回 CV_8U
absXp = cv2.convertScaleAbs(xp)
absYp = cv2.convertScaleAbs(yp)
# 融合
Prewitt = cv2.addWeighted(absXp,0.5,absYp,0.5,0)
# Sobel 算子
xs = cv2.Sobel(original1,cv2.CV_16S,1,0)
ys = cv2.Sobel(original1,cv2.CV_16S,0,1)
# 转回 CV_8U
absXs = cv2.convertScaleAbs(xs)
absYs = cv2.convertScaleAbs(ys)
# 融合
Sobel = cv2.addWeighted(absXs,0.5,absYs,0.5,0)
# 阈值化
Roberts_ret1,Roberts1 = cv2.threshold(Roberts,0,255,cv2.THRESH_OTSU)
Prewitt_ret1,Prewitt1 = cv2.threshold(Prewitt,0,255,cv2.THRESH_OTSU)
Sobel_ret1,Sobel1 = cv2.threshold(Sobel,0,255,cv2.THRESH_OTSU)
# 显示
plt.rcParams["font.sans-serif"] = ["SimHei"]
titles = ["原始图像","Roberts 算子边缘检测","Prewitt 算子边缘检测","Sobel 算子边缘检测"]
images = [original,Roberts1,Prewitt1,Sobel1]
plt.figure(figsize = (14,3))
for i in range(4):
    plt.subplot(1,4,i+1)
    plt.imshow(images[i],"gray")
    plt.title(titles[i])
    plt.axis("off")
plt.show()
```

2. LoG 算子

图像函数 $f(x,y)$ 的拉普拉斯算子是根据数字图像中阶跃型边缘点对应二阶导数的过零点而设计的一种与方向无关的边缘检测算子,定义为

$$\nabla^2 f = \frac{\partial^2 f}{\partial x^2} + \frac{\partial^2 f}{\partial y^2}$$

其中

$$\frac{\partial^2 f}{\partial x^2} = f(x+1,y) + f(x-1,y) - 2f(x,y)$$

$$\frac{\partial^2 f}{\partial y^2} = f(x,y+1) + f(x,y-1) - 2f(x,y)$$

故

$$\nabla^2 f(x,y) = f(x+1,y) + f(x-1,y) + f(x,y+1) + f(x,y-1) - 4f(x,y)$$

拉普拉斯算子的缺点是对噪声非常敏感,而且会产生双边缘,因此一般不用其原始形式作边缘检测。

针对拉普拉斯算子抗噪声能力差的缺点,Marr 和 Hildreth 提出先对图像进行高斯平滑,再用拉普拉斯算子进行边缘检测的改进方法。这一过程可表示为

$$\nabla^2\big[G(x,y)\bigstar f(x,y)\big]$$

式中:★表示卷积;$f(x,y)$为图像;$G(x,y)$为高斯函数,即

$$G(x,y)=\frac{1}{2\pi\sigma^2}e^{-\frac{x^2+y^2}{2\sigma^2}}$$

σ 是标准差,直接影响检测结果。一般来说 σ 越大,抗噪声能力越强,但是会导致一些变化细微的边缘检测不到。

线性系统中,卷积与微分的次序可以交换,先卷积后微分和先微分后卷积是相等的,所以

$$\nabla^2\big[G(x,y)\bigstar f(x,y)\big]=\nabla^2 G(x,y)\bigstar f(x,y)$$

即先对高斯算子做拉普拉斯变换,得到$\nabla^2 G(x,y)$,再与图像卷积,等同于先对图像进行高斯平滑,再用拉普拉斯算子进行边缘检测。

$$\nabla^2 G(x,y)=\frac{\partial^2 G(x,y)}{\partial x^2}+\frac{\partial^2 G(x,y)}{\partial y^2}$$

$$=\frac{1}{2\pi\sigma^4}\left[\frac{x^2}{\sigma^2}-1\right]e^{-\frac{x^2+y^2}{2\sigma^2}}+\frac{1}{2\pi\sigma^4}\left[\frac{y^2}{\sigma^2}-1\right]e^{-\frac{x^2+y^2}{2\sigma^2}}$$

$$=-\frac{1}{\pi\sigma^4}\left[1-\frac{x^2+y^2}{2\sigma^2}\right]e^{-\frac{x^2+y^2}{2\sigma^2}}$$

将$\nabla^2 G(x,y)$称为 LoG(Laplacian of Gaussian,高斯-拉普拉斯)算子。

LoG 算子形如草帽,也称墨西哥草帽算子,$\begin{bmatrix} 0 & 0 & -1 & 0 & 0 \\ 0 & -1 & -2 & -1 & 0 \\ -1 & -2 & 16 & -2 & -1 \\ 0 & -1 & -2 & -1 & 0 \\ 0 & 0 & -1 & 0 & 0 \end{bmatrix}$(实践中,用该

模板的负模板)是一个对 LoG 算子近似的 5×5 模板,这种近似并不是唯一的。任意尺寸的模板可以通过对$\nabla^2 G(x,y)$取样,并标定系数以使系数之和为零来生成。LoG 算子本质的形状是:一个正的中心项由紧邻的负区域包围着,中心项的值以距原点的距离为函数而增大,而外层区域的值为零。系数之和为零,以便在灰度级恒定区域中模板的响应为零。在应用 LoG 算子时,标准差参数 σ 的值对边缘检测效果有很大的影响,图像不同,选择的参数值不同。

LoG 是一个对称滤波器,所以使用相关或卷积的空间滤波将产生相同的结果。关于 LoG 的参考文献都采用卷积说法,为保持一致,也使用卷积来表示线性滤波。

在具体实现时,直接用 LoG 算子与图像卷积或先高斯平滑图像,再求平滑后图像的拉普拉斯这两种方法都是可以的,但是后者要进行两次卷积,图像较大时一般不建议采用。

另外,Scipy 库的 ndimage 子模块专门用于图像处理,提供了 gaussian_laplace( )函数用于进行 LoG 边缘检测。

【例 5.7】 用 LoG 算子进行边缘检测。

图 5.12 是对一幅灰度图像用 LoG 算子进行边缘检测的效果图。本例先进行高斯平滑；然后用拉普拉斯算子进行边缘点检测；最后进行阈值处理。阈值处理时以 LoG 边缘点图像最大灰度值的 50% 为阈值，保留了大多数的主要边缘点，过滤掉了一些"无关"的特征。

(a) 原始图像　　　　　(b) LoG 算子得到的边缘点图像　　　(c) LoG 算子边缘检测

图 5.12　LoG 算子边缘检测效果

程序参考代码如下：

```python
import cv2
import matplotlib.pyplot as plt
#读取图像并进行高斯平滑处理
original = cv2.imread("building.jpg",0)
original1 = cv2.GaussianBlur(original,(3,3),0)
#拉普拉斯算子
Laplace = cv2.Laplacian(original1,cv2.CV_16S,ksize = 3)
#转回原来的 uint8 形式；否则将无法显示图像，而只是一幅灰色的窗口图像
LoG = cv2.convertScaleAbs(Laplace)
#阈值化
m,n = LoG.shape
max = 0
for i in range(m):
    for j in range(n):
        if LoG[i][j]> max:
            max = LoG[i][j]
ret,LoG1 = cv2.threshold(LoG,max * 0.5,255,cv2.THRESH_BINARY)
#显示
plt.rcParams["font.sans - serif"] = ["SimHei"]
titles = ["原始图像","LoG 算子得到的边缘点图像","LoG 算子边缘检测"]
images = [original,LoG,LoG1]
plt.figure(figsize = (12,3))
for i in range(3):
    plt.subplot(1,3,i + 1)
    plt.imshow(images[i],"gray")
    plt.title(titles[i])
    plt.xticks([])
    plt.yticks([])
plt.show()
```

3. Canny 算子

Canny 边缘检测算法是一种多级检测算法，它在抑制噪声和边缘精确定位之间取得了较好的平衡，是边缘检测中最经典、最先进的算法之一。它基于 3 个基本目标。

（1）低错误率。

检测算法应该尽可能检测出图像的真实边缘，尽可能减少漏检和误检。

（2）最优定位。

检测的边缘点应该精确地定位于边缘的中心。

（3）单边缘响应。

对于同一边缘要有尽可能低的响应次数，即对单边缘最好只有一个响应。

Canny边缘检测算法较为复杂，主要通过以下4步实现。

（1）高斯滤波。用高斯滤波器平滑图像，以降低错误率。

（2）计算图像的梯度幅值和方向。用一阶偏导的有限差分计算梯度的幅值和方向。

（3）非极大值抑制。为确定边缘，需将非局部极大值点置零以得到细化的边缘。

（4）双阈值筛选边缘。使用两个阈值 T_1 和 T_2（$T_1 < T_2$），如果梯度值比 T_1 小，就认为不是边缘点。如果梯度值比 T_2 大，就认为是边缘点。如果梯度值介于 $T_1 \sim T_2$，并且该点与大于 T_2 的点是8连通的，就认为是边缘点；否则就认为不是边缘点。推荐的高、低阈值比值为 $T_2 : T_1 = 2 : 1$ 或 $3 : 1$。

在 Python 中，Canny 算子可通过调用 OpenCV 的 cv2.Canny() 函数实现，具体使用方法为：

```
edge = cv2.Canny(image,threshold1,threshold2[,apertureSize[,L2gradient]])
```

① edge：输出的边缘图，8 位单通道黑白图。

② image：输入图像。

③ threshold1：阈值 T_1。

④ threshold2：阈值 T_2。

⑤ apertureSize：应用 Sobel 算子的孔径大小，默认值为 3。

⑥ L2gradient：用来设定求梯度大小的方程，如果设为 True，就使用 $M(x,y) = \sqrt{g_x^2 + g_y^2}$；否则使用 $M(x,y) = |g_x| + |g_y|$，默认值为 False。

【例 5.8】 用 Canny 算子进行边缘检测。

图 5.13 是对一幅灰度图像用 Canny 算子进行边缘检测的效果。

（a）原始图像

（b）Canny算子边缘检测

图 5.13　Canny 算子边缘检测

程序参考代码如下：

```
import cv2
import matplotlib.pyplot as plt
#读取图像
original = cv2.imread("building.jpg",0)
```

```
#Canny算子
result = cv2.Canny(original,50,150)
#显示
plt.rcParams["font.sans - serif"] = ["SimHei"]
titles = ["原始图像","Canny算子边缘检测"]
images = [original,result]
plt.figure(figsize = (14,6))
for i in range(2):
    plt.subplot(1,2,i + 1)
    plt.imshow(images[i],"gray")
    plt.title(titles[i])
    plt.xticks([])
    plt.yticks([])
plt.show()
```

5.3.2 霍夫变换

在实际应用中,由于不均匀照明和噪声等因素的影响,通过 5.3.1 小节边缘检测方法获得的边缘点往往是不连续的,因此一般在边缘检测后紧跟连接算法,将边缘像素点连接成有意义的边缘或区域边界。

霍夫变换(Hough Transform)是在应用中使用的非常有代表性的边缘连接技术,主要用来从图像中识别几何形状,如直线、圆等。它将在一个空间中具有相同形状的直线或曲线映射到另一个空间的一个点上形成峰值,从而把检测任意形状的问题转化为统计峰值问题。霍夫变换的前提是已经做了边缘检测,得到了边缘二值图像。

1. 直线检测

在图像 $x-y$ 坐标空间,经过点 (x_1,y_1) 的直线可表示为

$$y_1 = kx_1 + q$$

式中,k、q 为参数,k 为斜率,q 为截距。

通过点 (x_1,y_1) 的直线有无数条,且对应不同的 k 和 q 值。

如果把 (x_1,y_1) 视为常数,参数 k、q 视为变量,就可以把 $y_1 = kx_1 + q$ 写成

$$q = -x_1 k + y_1$$

就变换到了参数空间 $k-q$,这个变换就是点 (x_1,y_1) 的霍夫变换。这条直线是图像坐标空间中点 (x_1,y_1) 在参数空间的唯一方程。

再来看图像坐标空间中的另一个点 (x_2,y_2),它在参数空间中也有一条相应的直线,即

$$q = -x_2 k + y_2$$

这条直线与点 (x_1,y_1) 在参数空间的直线交于点 (k_0,q_0),其中 k_0 和 q_0 分别是图像坐标空间中点 (x_1,y_1) 和 (x_2,y_2) 形成的直线的斜率和截距。对应的变换如图 5.14 所示。

事实上,图像坐标空间中点 (x_1,y_1) 和点 (x_2,y_2) 形成的直线上的每一点在参数空间 $k-q$ 上各自对应一条直线,这些直线都相交于点 (k_0,q_0);反之,在参数空间相交于同一点的所有直线,在图像坐标空间都有共线的点与之对应。通过参数空间相交点的坐标,就可以确定图像坐标空间共线的点形成的直线的斜率和截距。依据这一特性,将图像坐标空间的各个边缘点投影到参数空间,看参数空间有无聚集点,聚集点就对应了图像坐标空间的直线。这就是霍夫变换的原理。

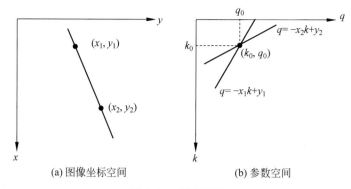

(a) 图像坐标空间　　　　　　(b) 参数空间

图 5.14　霍夫变换

　　具体实现时,先创建一个二维数组,将其设置为 0。第一维的范围是图像坐标空间中直线斜率的可能范围,第二维的范围是图像坐标空间中直线截距的可能范围。然后对图像坐标空间上每一边缘点 (x_i, y_i),根据不同的 k,求得对应的 q,并将每对 (k, q) 对应的数组元素加 1。最后找数组元素的最大值,其对应的 k、q 就是图像坐标空间共线点数目最多的直线的参数。简单讲就是对图像坐标空间上每一边缘点 (x_i, y_i),求出参数空间对应的直线,把对应直线上所有的点 (k, q) 对应的数组元素都加 1,最后找到参数空间最大点的位置,这个位置就是图像坐标空间上直线的参数。如果图像坐标空间上有两条直线,那么在参数空间就会看到两个峰值点。

　　但在实际应用中,在图像坐标空间使用 $y = kx + q$ 表示直线的方法,不能表示斜率为无穷大或接近无穷大的直线,因此采用下面参数表示图像坐标空间中的直线,即

$$\rho = x\cos\theta + y\sin\theta$$

式中,ρ、θ 为参数,ρ 表示直线到原点的垂直距离,θ 表示 x 轴与直线垂线的夹角。

　　虽然在图像坐标空间中直线的表示参数发生了改变,但霍夫变换的原理并没有改变。不同的是,在将图像坐标空间中的点变换到参数空间时,图像坐标空间中的一个点对应到参数 ρ-θ 空间上的不再是一条直线,而是一条正弦曲线。其他的还是一样。图像坐标空间中共线的点变换到参数空间后,在参数空间相交于点 (ρ_0, θ_0),(ρ_0, θ_0) 就是所求直线的参数,如图 5.15 所示。

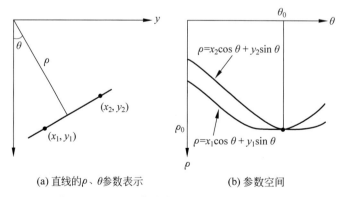

(a) 直线的 ρ、θ 参数表示　　　　　　(b) 参数空间

图 5.15　用 ρ、θ 参数表示的共线点的霍夫变换

　　最后,总结一下,在参数空间,越多对应线(直线或正弦曲线)交于一点就意味着这个交

点表示的直线由越多的点组成。可以通过设置图像中直线上点的阈值来定义多少条对应线交于一点时,就认为检测到了一条直线。霍夫变换就是追踪图像中每个边缘点在参数空间中对应线的交点,如果交于一点的对应线数量超过设置的阈值,就可以认为这个交点是图像中一条直线的参数。

在 OpenCV 中,提供了 3 种不同的霍夫变换。

(1) 标准霍夫变换。

(2) 多尺度霍夫变换:和标准霍夫变换类似。

(3) 累计概率霍夫变换:是一种执行起来效率更高的霍夫变换。

① 标准霍夫变换和多尺度霍夫变换的函数:

lines = cv2.HoughLines(image, rho, theta, threshold[, srn = 0[, stn = 0]])

- lines:返回值。三维的直线集合,第一维为某条直线,第二维和第三维为对应的 ρ 和 θ。
- image:输入图像,8 位单通道二值图像。
- rho:以像素为单位的距离精度。另一种形容方式是直线搜索时的步进尺寸的单位半径。
- theta:以弧度为单位的角度精度。另一种形容方式是直线搜索时的步进尺寸的单位角度。
- threshold:设定的阈值,大于此阈值的交点,才会被认为是一条直线。
- srn:默认值为 0,此时为标准霍夫变换,距离精度等于参数 rho。不为 0 时为多尺度霍夫变换,距离精度为 rho 除以 srn。
- stn:默认值为 0,此时为标准霍夫变换,角度精度等于参数 theta。不为 0 时为多尺度霍夫变换,角度精度为 theta 除以 stn。

【注意】 当参数 srn 和 stn 同时为 0 时,为标准霍夫变换;否则为多尺度霍夫变换。

【例 5.9】 用霍夫变换检测图像中的直线。

图 5.16 是对一幅彩色图像进行标准霍夫变换后的效果。

(a) 原始图像　　(b) 检测到的直线画到　　(c) Canny算子边缘检测　　(d) 检测到的直线画到Canny
　　　　　　　　　原始图像后　　　　　　　结果图　　　　　　　算子边缘检测结果图上

图 5.16 标准霍夫变换效果

程序参考代码如下:

```
import cv2
import numpy as np
import matplotlib.pyplot as plt
```

```
＃读入原始图像
original = cv2. imread("building－1. jpg")
＃复制原始图像
original_hough = original. copy()
＃将原始图像转为灰度图
gray = cv2. cvtColor(original, cv2. COLOR_BGR2GRAY)
＃Canny算子进行边缘检测
edges = cv2. Canny(gray, 50, 150)
＃复制检测结果图
edges_hough = edges. copy()
＃进行标准霍夫变换
lines = cv2. HoughLines(edges, 1, np. pi/180, 220)
for line in lines:
    rho, theta = line[0][0], line[0][1]
    a = np. cos(theta)
    b = np. sin(theta)
    x0 = a * rho
    y0 = b * rho
    x1 = int(x0 + 1000 * (－b))
    y1 = int(y0 + 1000 * (a))
    x2 = int(x0 － 1000 * (－b))
    y2 = int(y0 － 1000 * (a))
    cv2. line(original_hough, (x1, y1), (x2, y2), (0, 255, 0), 4) ＃在原始图像副本上用绿色4像素
画检测到的线
    cv2. line(edges_hough, (x1, y1), (x2, y2), (255, 255, 255), 4)
＃显示
plt. figure(figsize = (14, 4))
plt. rcParams["font. sans－serif"] = ["SimHei"]
＃显示原始图像及画线后的副本
plt. subplot(141), plt. imshow(cv2. cvtColor(original, cv2. COLOR_BGR2RGB)), plt. title("原始图
像")
plt. xticks([])
plt. yticks([])
plt. subplot(142)
plt. imshow(cv2. cvtColor(original_hough, cv2. COLOR_BGR2RGB))
plt. title("检测到的直线画到原始图像后")
plt. xticks([]), plt. yticks([])
＃显示Canny算子边缘检测结果图及画线后的副本
titles = ["Canny算子边缘检测结果图", "检测到的直线画到Canny算子边缘检测结果图上"]
images = [edges, edges_hough]
for i in range(2):
    plt. subplot(1, 4, i + 3)
    plt. imshow(images[i], "gray")
    plt. title(titles[i])
    plt. xticks([])
    plt. yticks([])
plt. show()
```

② 累计概率霍夫变换函数：

```
lines = cv2. HoughLinesP(image, rho, theta, threshold[, minLineLength = 0[, maxLineGap = 0]])
```

- lines：返回值。检测到的线段，每条线段由4个参数组成，即(x_1, y_1, x_2, y_2)，分别对应线段的起始点坐标和终止点坐标。

- image：输入图像,8 位单通道二值图像。
- minLineLength：最短线段长度,比这个设定参数短的线段不被显现,默认值为 0。
- maxLineGap：同一方向上两条线段判定为一条线段的最大允许间隔,两条线段的间隔如果小于这个值则为一条线段,默认值为 0。

使用累计概率霍夫变换函数检测图像中线段的过程参考实训 5。

2. 圆检测

霍夫变换检测圆形的原理和检测直线的原理差别不大。直线检测是将图像 $x-y$ 坐标空间的各个边缘点投影到 $\rho\text{-}\theta$ 参数空间查看聚集点,而圆的表达式为 $(x-a)^2+(y-b)^2=r^2$,有 3 个参数,即圆心坐标 (a,b) 和半径 r,所以圆的检测就是将图像坐标空间的各个边缘点投影到 $a-b-r$ 三维参数空间。如果图像坐标空间中两个不同点映射到 $a-b-r$ 参数空间后相交,即它们有一组公共的 (a,b,r),就意味这两个点在同一个圆上,(a,b,r) 就是这个圆的圆心和半径。这就把检测圆的问题转换为在三维参数空间寻找峰值点 (a,b,r) 参数对上。以上是标准霍夫圆变换实现算法,但参数空间由二维变到三维,意味着需要更多的计算量。OpenCV 霍夫圆变换对标准霍夫圆变换做了运算上的优化,它采用霍夫梯度法,减少计算量。该算法主要分为两个阶段,从而减小参数空间的维数。第一阶段用于检测圆心,第二阶段从圆心推导出圆半径。圆心和圆半径都得到后,就能确定圆形了。

在 OpenCV 中,霍夫圆变换函数如下:

```
circles = cv2. HoughCircles ( image, method, dp, minDist [, param1 [, param2 [, minRadius [,
maxRadius]]]])
```

- circles：返回值。检测到的圆的输出向量,每个向量由包含了 3 个元素的浮点向量表示,即每个向量由圆心横坐标、圆心纵坐标和圆半径表示。
- image：输入图像,8 位单通道灰度图像。
- method：检测圆时使用的算法,目前唯一支持的方法是霍夫梯度法,它的标识符为 cv2. HOUGH_GRADIENT。
- dp：累加面分辨率(大小)＝原始图像分辨率(大小)×1/dp。默认 dp＝1 时,两者分辨率相同。
- minDist：检测到的圆中圆心之间的最小距离。如果两个圆之间的距离小于给定的 minDist,则认为是同一个圆。
- param1：是参数 method 设置的霍夫梯度法对应的参数,表示传递给 Canny 边缘检测算子的高阈值,低阈值为高阈值的一半,默认值为 100。
- param2：是 method 设置的霍夫梯度法对应的参数,表示在检测阶段圆心的累加器阈值。它越小,越可以检测到更多根本不存在的圆,而它越大,能通过检测的圆就越接近完美的圆形,默认值为 100。
- minRadius：检测的最小圆半径,单位为像素,默认值为 0。
- maxRadius：检测的最大圆半径,单位为像素,默认值为 0。

【例 5.10】　使用霍夫圆变换函数检测图像中的圆。

图 5.17 是对一幅彩色图像使用霍夫圆变换函数检测圆的效果。

程序参考代码如下:

(a) 原始图像　　　　　　　　　(b) 检测到的圆及圆心画到原始图像后

图 5.17　霍夫圆变换函数检测圆效果

```
import cv2
import matplotlib.pyplot as plt
original = cv2.imread("planets.jpg")
original_hough = original.copy()
gray = cv2.cvtColor(original, cv2.COLOR_BGRA2GRAY)
#中值平滑模糊,过滤椒盐噪声
gray1 = cv2.medianBlur(gray, 7)                              #卷积核为 7
#进行霍夫圆检测
circles = cv2.HoughCircles(gray1, cv2.HOUGH_GRADIENT, 1, 50, param1 = 100, param2 = 30)
                          circles = np.unitlb(np.arond(circles))
circles1 = circles[0]
for circle in circles1:
    cv2.circle(original_hough, (circle[0], circle[1]), circle[2], (0, 255, 0), 3)
            #画圆,轮廓为绿色 3 像素
    cv2.circle(original_hough, (circle[0], circle[1]), 3, (0, 0, 255), - 1)
            #画红色圆心、半径为 3 的实心圆
#显示设置
plt.figure(figsize = (7, 2))
plt.rcParams["font.sans - serif"] = ["SimHei"]
#显示原始图像及检测到的圆及圆心
b, g, r = cv2.split(original)                                #通道拆分
original = cv2.merge((r, g, b))                              #通道融合
b, g, r = cv2.split(original_hough)
original_hough = cv2.merge((r, g, b))
plt.subplot(121), plt.imshow(original), plt.title("原始图像")
plt.xticks([]), plt.yticks([])
plt.subplot(122), plt.imshow(original_hough), plt.title("检测到的圆及圆心画到原始图像后")
plt.xticks([]), plt.yticks([])
plt.show()
```

5.3.3　轮廓检测和绘制

通过边缘检测算子得到边缘点后,也可采用轮廓提取函数 cv2.findContours()查找检测轮廓,再通过 cv2.drawContours()函数将轮廓绘制出来。

1.轮廓检测

cv2.findContours()函数的作用是寻找一个二值图像的轮廓。黑色表示背景,白色表示目标,即在黑色背景里寻找白色目标的轮廓。

在 OpenCV 中,轮廓提取函数如下:

```
image, contours, hierarchy = cv2.findContours(image, mode, method[, offset])
```

① image：8 位单通道二值图像。

② mode：轮廓检索的方式，有 4 种。

- cv2.RETR_EXTERNAL，只检测外部轮廓；

- cv2.RETR_LIST，检测所有轮廓且不建立层次结构；

- cv2.RETR_CCOMP，检测所有轮廓，建立两级层次结构，上面的一层为外边界，里面的一层为内孔的边界信息；

- cv2.RETR_TREE，检测所有轮廓，建立完整的层次结构。

③ method：轮廓近似的方法，有 4 种。

- cv2.CHAIN_APPROX_NONE，存储所有的轮廓点；

- cv2.CHAIN_APPROX_SIMPLE，压缩水平、垂直和对角线方向的元素，只保留该方向的终点坐标，如一个矩形轮廓只需 4 个点来保存轮廓信息；

- cv2.CHAIN_APPROX_TC89_L1，使用 teh-Chini chain 近似算法；

- cv2.CHAIN_APPROX_TC89_KCOS，使用 teh-Chini chain 近似算法。

④ offset：可选参数。轮廓点的偏移量，格式为元组，如 $(-5,5)$ 表示轮廓点沿 X 轴负方向偏移 5 个像素点，沿 Y 轴正方向偏移 5 个像素点。

返回值含义如下。

① image：返回与第一个参数相同的图像。

② contours：检测到的轮廓，列表格式，每个元素为一个三维数组（其形状为 $(n,1,2)$，其中 n 表示轮廓点个数，2 表示像素点坐标），表示一个轮廓。

③ hierarchy：轮廓间的层次关系，为三维数组，形状为 $(1,n,4)$，其中 n 表示轮廓总个数，4 指的是用 4 个数表示各轮廓间的相互关系。第一个数表示同级轮廓的下一个轮廓编号，第二个数表示同级轮廓的上一个轮廓编号，第三个数表示该轮廓下一级轮廓编号，第四个数表示该轮廓的上一级轮廓编号。

【注意】　OpenCV3 返回上述 3 个值，OpenCV2 返回后两个值。

2. 轮廓绘制

得到轮廓之后，通过 cv2.drawContours() 函数在图像上绘制轮廓。在 OpenCV 中，该函数为：

```
cv2.drawContours(image, contours, contourIdx, color[, thickness[, lineType[, hierarchy[, maxLevel[,offset]]]]])
```

① image：需要绘制轮廓的图像。

② contours：上述 cv2.findContours() 函数检测到的轮廓。

③ contourIdx：轮廓的索引，表示绘制第几个轮廓，-1 表示绘制所有轮廓。

④ color：绘制轮廓的颜色。

⑤ thickness：可选参数，绘制轮廓线的宽度，-1 表示填充。

⑥ lineType：可选参数，绘制轮廓线型，包括 cv2.LINE_4、cv2.LINE_8（默认）和 cv2.LINE_AA，分别表示 4 邻域线、8 邻域线和抗锯齿线（可以更好地显示曲线）。

⑦ hierarchy：可选参数，层级结构，上述 cv2.findContours() 函数返回的轮廓间的层次关系，配合 maxLevel 参数使用，只有绘制部分轮廓时才会用到。

⑧ maxLevel：可选参数，只有 hierarchy 有效时才有效。等于 0 表示只绘制指定的轮廓，等于 1 表示绘制指定轮廓及其下一级子轮廓，等于 2 表示绘制指定轮廓及其所有子轮廓。

⑨ offset：可选参数，轮廓点的偏移量。

【注意】　该函数直接在参数 image 上绘制轮廓。

【例 5.11】　利用 cv2.findContours()和 cv2.drawContours()函数检测图像中的轮廓并绘制。

图 5.18 是对彩色图像 building-1.jpg 检测并绘制轮廓的效果图。

　　(a) 原始图像　　　　　　　　(b) 检测并绘制轮廓的图像

图 5.18　检测并绘制轮廓效果

程序参考代码如下：

```python
import cv2
import matplotlib.pyplot as plt
original = cv2.imread("building - 1.jpg")
original1 = original.copy()
gray = cv2.Canny(original,50,150)
contours,hierarchy = cv2.findContours(gray,cv2.RETR_TREE,cv2.CHAIN_APPROX_SIMPLE)
cv2.drawContours(original1,contours, - 1,(0,255,0),1)  #以绿色1像素,绘制检测到的所有轮廓
plt.rcParams["font.sans - serif"] = ["SimHei"]
titles = ["原始图像","检测并绘制轮廓的图像"]
images = [original,original1]
plt.figure(figsize = (8,5))
for i in range(2):
    plt.subplot(1,2,i + 1)
    plt.imshow(cv2.cvtColor(images[i],cv2.COLOR_BGR2RGB))
    plt.title(titles[i])
    plt.xticks([])
    plt.yticks([])
plt.show()
```

思考：如何利用 cv2.findContours()和 cv2.drawContours()函数完成车牌识别？

5.4　区域分割原理与实现

区域分割是将图像按照相似性准则分成不同的区域，主要包括区域生长法、区域分裂合并法和分水岭算法等几种方法。

5.4.1 区域生长法

区域生长法的基本思想是将具有相似性质的像素点合并到一起。选定一组种子像素（对每一个要划分的区域各指定一个种子作为生长起点,多个要划分的区域就指定多个种子),对组中的每个种子完成以下操作:从一个种子像素开始,将种子像素邻域里满足预先定义的生长准则的像素与种子像素合并,再将新合并进来的像素作为新的种子继续进行合并,直到找不到符合条件的新像素为止。生长准则指种子像素与邻域像素满足的相似性,判据可以是灰度值、纹理、颜色等。

区域生长法的三要素如下。

(1) 选择合适的种子像素(种子的选取需要具体情况具体分析,可人工选择,也可通过一些方法自动选取)。

(2) 确定在生长过程中能将相邻像素包含进来的准则(一般用灰度差值小于某个阈值表示,不同的判定准则可能会产生不同的分割结果)。

(3) 确定生长停止的条件。

区域生长法实现的步骤如下。

(1) 获取一个种子。

(2) 以该种子像素为中心,考察它的邻域像素是否满足生长准则(如生长准则为灰度差小于阈值 T),将邻域内的像素逐个与它比较,如果满足,则将它们合并。

(3) 以新合并的像素为种子,返回步骤(2)检查新像素的邻域,直到区域无法进一步扩张。

(4) 获取下一个种子,重复步骤(2)和(3)直到所有种子全部完成生长。

【注意】 当区分多目标时,选取多个种子,然后将每个种子得到的分割区域合并,即可分割出多目标。

【例 5.12】 采用区域生长法将一幅灰度图像分割为二值图像。

本例题采用人工选择种子,目标是得到左、右肺。根据肺在图像中的位置,设定两个种子点(左、右肺各一个)。以灰度值作为像素点的特征,生长准则是灰度差值小于阈值7。分割出的前景区域用白色表示,背景区域用黑色表示。效果见图5.19。

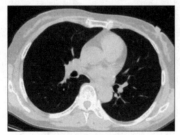 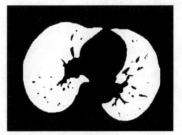

(a) 原始图像   (b) 区域生长结果图像

图 5.19 区域生长效果图

程序参考代码如下:

```
import cv2
import numpy as np
```

```python
import matplotlib.pyplot as plt
#区域生长函数
def regionGrow(img, seeds, threshold, p):
    height, weight = img.shape
    seedMark = np.zeros(img.shape)          #创建与原始图像大小相同的图像,作为结果图像。初
始时像素值都是0
    seedList = []
    for seed in seeds:
        seedList.append(seed)
        seedMark[seed[0], seed[1]] = 255
#8邻域
        if p == 1:
            connects = [(-1, -1), (0, -1), (1, -1), (-1, 0), (1, 0), (-1, 1), (0, 1), (1, 1)]
#4邻域
        else:
            connects = [(0, -1), (-1, 0), (0, 1), (1, 0)]
#seedList内无种子时停止生长
    while(len(seedList) > 0):
#取出第一个种子
        currentPoint = seedList.pop(0)
#检测种子点8邻域内满足生长准则的情况
        for i in range(8):
            tmpX = currentPoint[0] + connects[i][0]
            tmpY = currentPoint[1] + connects[i][1]
#如果出边界就检测下一点
            if tmpX < 0 or tmpX >= height or tmpY < 0 or tmpY >= weight:
                continue
#没出边界的就检测是否满足生长准则并且没被标记过
            if abs(int(img[currentPoint[0], currentPoint[1]]) - int(img[tmpX, tmpY])) <
threshold and seedMark[tmpX, tmpY] == 0:
#满足条件的设为白色并将其作为种子加入到检测列表中
                seedMark[tmpX, tmpY] = 255
                seedList.append((tmpX, tmpY))
    return seedMark
original = cv2.imread("lung window.jpg", 0)
#初始种子坐标
seeds = [(180, 100), (300, 370)]
#调用regionGrow()函数
threshold = 7
neighbourhood = 1
result = regionGrow(original, seeds, threshold, neighbourhood)
#显示
plt.rcParams["font.sans-serif"] = ["SimHei"]
titles = ["原始图像", "区域生长结果图像"]
images = [original, result]
plt.figure(figsize=(14, 6))
for i in range(2):
    plt.subplot(1, 2, i + 1)
    plt.imshow(images[i], "gray")
    plt.title(titles[i])
    plt.xticks([])
    plt.yticks([])
plt.show()
```

5.4.2 区域分裂合并法

区域分裂合并法的基本思想是,先确定一个分裂合并的相似性准则,然后通过分裂将不同特征的区域分离,再通过合并将相同特征的区域并到一起,从而实现图像的分割。

算法的具体过程为:令 R 表示整幅图像区域,P 表示某种相似性准则。假设以像素的灰度值为特征,制定相似性准则 P 为灰度值差小于阈值 T。如果 $P(R)=$ False,即区域 R 不满足相似性准则,就将图像等分为 4 个区域。分别检测分得的 4 个区域的 $P(R_i)$ 值,如果某个区域的值是 False,就将该区域再次分为 4 个区域,如此不断继续下去。直到对任何区域 R_i,有 $P(R_i)=$ True,表示区域 R_i 已经满足相似性准则或是已经为单个像素,此时分裂结束。该过程可以用四叉树形式表示,树的根对应于整幅图像区域,每个节点对应于划分的子区域,如图 5.20 所示,图中只对 R_2 进行了细分。分裂后,如果有满足相似性准则的邻近区域,即 $P(R_j \bigcup R_k)=$ True 时,两个相邻的区域 R_j 和 R_k 就进行合并。合并的区域可以大小不同。当无法再进行合并时操作停止。

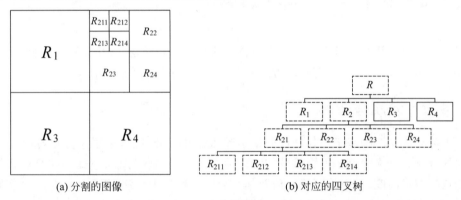

(a) 分割的图像　　　　　　　　　(b) 对应的四叉树

图 5.20　四叉树算法示意图

总结,区域分裂合并法主要有以下 4 个步骤。

(1) 制定相似性准则 P。

(2) 分裂:满足 $P(R_i)=$ False 的任何区域 R_i,分裂为 4 个相等的不相交区域,直到不能进一步分裂为止。

(3) 合并:对满足条件的 $P(R_j \bigcup R_k)=$ True 的任意两个相邻的区域 R_j 和 R_k 进行合并,直到无法进一步合并为止。

(4) 结束。

图 5.21 是一个分裂合并的实例。假设相似性准则 P 为区域内灰度值相等。对于整幅图像,如图 5.21(a)所示,有黑色和白色,灰度值不相等,不满足相似性准则,进行第一次分裂,把图像等分成了 4 个区域,如图 5.21(b)所示;分得的 4 个区域,每个区域都不满足灰度值相等这一准则,所以每一区域又都等分为 4 个区域,如图 5.21(c)所示;对前述分得的区域,发现只有右侧中间两个区域不满足相似性准则,需要继续分裂,其余都满足,都不需要再进行分裂,如图 5.21(d)所示;对不满足相似性准则的两个区域 4 等分之后,发现所有区域都满足相似性准则了,则分裂结束。接下来开始进行合并,对满足相似性准则的相邻区域进行合并,得到图像分割的结果,如图 5.21(e)所示。

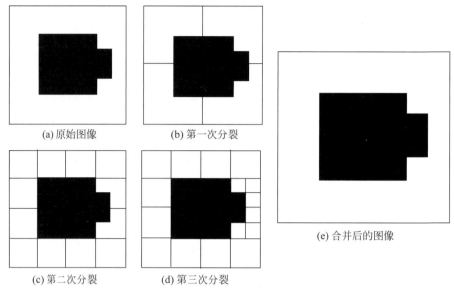

<table>
<tr><td>(a) 原始图像</td><td>(b) 第一次分裂</td></tr>
</table>

(e) 合并后的图像

(c) 第二次分裂　　　　(d) 第三次分裂

图 5.21　区域分列合并实例

区域分裂合并算法的难点在于分裂与合并的准则不易确定,选用合适的准则 P 对于提高图像分割质量十分重要。目前,均方误差最小、F 检测等是最常用的准则。

5.4.3　分水岭算法

分水岭算法是一种基于拓扑理论的数学形态学的分割方法,它根据分水岭的构成来考虑图像的分割。分水岭算法把图像看作测地学上的拓扑地貌,图像中每一点像素的灰度值表示该点的海拔高度,每个局部极小值及其影响区域称为集水盆,分水岭就是集水盆的边界形成的,对应图像边缘。分水岭变换可以保证分割区域的连续性和封闭性。

下面采用模拟浸入过程来说明分水岭的概念和形成。在每一个局部极小值表面,打一个小孔,然后让模型慢慢浸入水中,随着浸入的加深,水淹没极小值及周围的区域,各个极小值及其影响域就是相应的集水盆,两个集水盆相遇的界限,就是分水岭。

图 5.22 显示了形成分水岭的过程。图 5.22(a)是水刚刚从一个极小值处涌出,在第一个集水盆慢慢上升,图 5.22(d)是其俯视图。图 5.22(b)是水涌出到一定程度,在两个集水盆中上升,图 5.22(e)是其俯视图。图 5.22(c)是两个集水盆将连未连时的截面图,图 5.22(f)是其俯视图。此时两个集水盆的边界就是分水岭,就是希望得到的原始图像的边缘。

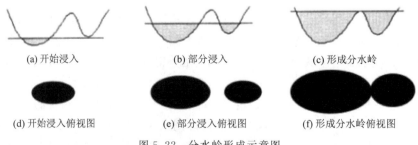

(a) 开始浸入　　　　　(b) 部分浸入　　　　　(c) 形成分水岭

(d) 开始浸入俯视图　　(e) 部分浸入俯视图　　(f) 形成分水岭俯视图

图 5.22　分水岭形成示意图

　　传统的分水岭算法对噪声等非常敏感,图像中的噪声点或其他干扰因素等的存在,常产生过度分割现象。过度分割就是原本完整的物体被分割成很多细小的区域,从而导致分割后的图像不能将图像中有意义的区域表示出来。

　　为了减少过度分割造成的影响,OpenCV 采用了一个基于掩模的分水岭算法,使用 cv2.watershed(img,markers)函数实现。img 表示输入 8 位 3 通道图像;markers 参数表示与原始图像大小相同的标记图,用于标记图像不同区域,每个区域有一个自己唯一的编号,确定区域的编号用正整数值 1、2、3、……分别表示,作为后续区域分割的种子,而不确定的区域用 0 表示。在使用分水岭函数之前,必须先通过一定的操作得到第二个参数 markers,它是 OpenCV 分水岭算法的关键。函数依据种子信息,对图像上的像素点根据分水岭算法规则进行判断,并对每个像素点的区域归属进行划定,直到处理完图像上所有像素点。函数运行后,返回值是一个与输入大小相同的图像,其中灰度值为 -1 的像素点就是想要的边界。

　　利用 OpenCV 分水岭算法实现图像自动分割的步骤如下。

　　(1) 加载原始图像。

　　(2) 阈值分割,将图像分割为黑白两部分。

　　(3) 对图像进行开运算,即先腐蚀再膨胀(简单理解腐蚀就是使目标区域"变小",膨胀就是使目标区域"变大"),目的是消除噪声。

　　(4) 对上一步的结果进行膨胀,得到确定背景区域。

　　(5) 通过距离变换 cv2.distanceTransform( )函数,获取确定前景区域。距离变换的结果是一幅灰度级图像,即距离图像,图像中每个像素的灰度值为该像素与距其最近的背景像素间的距离。由于目标中心像素距离背景最远,所以值最大,就最亮。再通过设定合理的阈值对距离变换后的图像进行二值化处理,就可获得确定前景区域。

　　(6) 背景区域和前景区域相减,得到不确定是背景还是前景的区域,即未知区域,要求的分水岭就在这一区域。

　　(7) 得到 OpenCV 分水岭函数需要的 markers。OpenCV 分水岭函数需要的 markers 对确定分类的区域(无论是前景还是背景)使用不同的正整数标记,对不确定的区域使用 0 标记。而利用 cv2.connectedComponents( )函数得到的标记图会把背景标记为 0,其他的对象用从 1 开始的正整数标记,所以要通过操作将其转换为 OpenCV 分水岭函数需要的 markers 的标记形式。

　　(8) 最后使用分水岭函数 cv2.watershed(img, markers)。返回图像中灰度值为 -1 的像素点就是所求边界。

　　【例 5.13】　利用分水岭算法实现图像分割。

　　图 5.23 是对一幅彩色图像利用分水岭算法实现图像分割的效果图。图中用红色标出了图像中两部分的分割线。

图 5.23　分水岭算法效果

　　程序参考代码如下:

```
import cv2
import numpy as np
```

```
original = cv2.imread("landscape.jpg")
#转换为灰度图
gray = cv2.cvtColor(original,cv2.COLOR_BGR2GRAY)
#阈值分割
ret,dst = cv2.threshold(gray,0,255,cv2.THRESH_OTSU)
#对图像进行"开运算"(先腐蚀再膨胀),迭代 3 次,目的是消除噪声
kernel = np.ones((3,3),np.uint8)
opening = cv2.morphologyEx(dst,cv2.MORPH_OPEN,kernel,iterations = 3)
#对"开运算"的结果进行膨胀,得到确定背景区域
sure_bg = cv2.dilate(opening,kernel,iterations = 5)
#通过 distanceTransform,得到确定前景区域
dist_transform = cv2.distanceTransform(opening,cv2.DIST_L2,5)
ret,sure_fg = cv2.threshold(dist_transform,0.2 * dist_transform.max(),255,cv2.THRESH_
BINARY)
#用 sure_bg 与 sure_fg 相减,得到未知区域,边界就在这一区域
sure_fg = np.uint8(sure_fg)
unknow = cv2.subtract(sure_bg,sure_fg)
#得到 OpenCV 分水岭函数需要的 markers
ret,markers_connect = cv2.connectedComponents(sure_fg,connectivity = 8)
markers_OpenCV = markers_connect + 1          #转换为 OpenCV 分水岭函数使用的 markers 形式
markers_OpenCV[unknow == 255] = 0
#调用分水岭函数
markers_watershed = cv2.watershed(original,markers_OpenCV)
original[markers_watershed == - 1] = [0,0,255] #markers_watershed 中灰度值为 - 1 的像素点即
边界,标为红色
#显示效果图
cv2.imshow("Result",original)
cv2.waitKey(0)
cv2.destroyAllWindows()                        #销毁所有窗口
```

也可设置提取目标,如想要提取图 5.23 中的草地和树木,效果图及参考代码见实训 6。

5.5　基于特定理论的图像分割

随着各学科新理论和新方法的提出,出现了与一些特定理论、方法相结合的图像分割方法,主要有基于聚类分析的图像分割方法、基于模糊集理论的图像分割方法、基于神经网络的图像分割方法、基于图论的图像分割方法、基于遗传算法的图像分割方法、基于小波变换的图像分割方法等。

5.5.1　基于聚类分析的图像分割方法

聚类分析是数据挖掘的一个重要研究领域。在众多的分割算法中,基于聚类分析的图像分割方法是图像分割领域中一类极其重要和应用相当广泛的算法。长久以来,专家学者们关于聚类算法及应用的探讨从未间断。聚类算法是将一组分布未知的数据进行分类,使得同一类中的数据相似度尽可能大,而不同类的数据相似度尽可能小。聚类算法主要分为两大类,即硬聚类和软聚类。硬聚类是指数据集中每个样本只能划分到一个簇的算法,最具代表性的如 K 均值(K-Means)算法。软聚类也称模糊聚类,指算法可以将一个样本划分到一个或者多个簇。常见的算法是模糊 C 均值(Fuzzy C-Means,FCM)算法。软聚类建立了

样本对类别的不确定描述,更能真实反映客观世界,成为聚类分析的主流。

K 均值算法的基本思想是以空间中的 K 个点为中心进行聚类,将空间中的每个点归类到离自己距离最近的中心所在的类,形成 K 个类。采用迭代方式,逐次更新各聚类中心的值,直至得到最好的聚类结果。最终实现各聚类本身尽可能紧凑,而各聚类之间尽可能分开。具体步骤如下。

(1) 从 n 个数据对象任选 K 个对象作为初始聚类中心。

(2) 对于所剩其他对象,根据它们与这些聚类中心的距离,分别将它们归类给与其距离最近的聚类。

(3) 计算每个所获新聚类的聚类中心(新聚类中所有点的坐标平均值)。

(4) 如果新的聚类中心与老的聚类中心的距离小于某一阈值,就表示新的聚类中心位置变化不大,收敛稳定,认为聚类已达到了期望的结果,算法终止。

(5) 否则就认为新的聚类中心与老的聚类中心变化很大,就继续迭代步骤(2)~(4)。

该算法的优点是原理简单、实现容易;处理大数据集时非常高效且伸缩性较好。缺点主要是 K 值难以估计;不同的初始聚类中心可能导致完全不同的聚类结果;结果只能保证局部最优;对于离群点和孤立点敏感;对于非凸数据集或类别规模差异太大的数据效果不好;需样本存在均值(限定数据种类)等。

模糊 C 均值算法是在模糊数学基础上对 K 均值算法的推广,是一种柔性的模糊划分。它不像 K 均值聚类那样非此即彼地认为每个点只能属于某一类,而是赋予每个点一个对各类的隶属度,通过隶属度值大小将样本点归类。具体操作时通过不断迭代优化各点与所有类中心相似性的目标函数,得到每个数据点对所有类中心的隶属度,用隶属度获取局部极小值,确定每个数据点属于哪个聚类,从而得到最优聚类。

模糊 C 均值算法因算法简单、收敛速度快、能处理大数据集、解决问题范围广、易于应用计算机实现等特点,在图像分割领域得到广泛应用。但在应用 FCM 时,聚类个数和模糊指数的选取至关重要,只有选取正确才能得到好的聚类效果。

5.5.2 基于模糊集理论的图像分割方法

模糊集合论作为描述和处理具有不确定性(即模糊性)事物和现象的一种数学手段,更接近人类真实思维和决策,更符合客观实际,非常适合处理图像分割问题。这是由于人的视觉特性和数字图像本身所具有的不确定性使得图像分割问题是典型的结构不良问题,将模糊集理论应用于图像分割是针对图像不确定性的非常有效的方法,能得到更好的分割效果。

模糊技术在图像分割中常常和现有的许多图像分割技术相结合,形成基于模糊理论的图像分割方法,主要包括模糊阈值分割方法、模糊聚类分割方法、模糊神经网络分割方法等。

模糊阈值分割法通过计算图像的模糊率或模糊熵来选取图像分割阈值。模糊程度由模糊率函数确定,当模糊率最低时,分割效果最好。其中模糊率与隶属函数相关,模糊数学的基本思想是隶属度的思想。应用模糊数学方法建立数学模型的关键是建立符合实际的隶属函数。利用不同的 S 形隶属度函数来定义模糊目标,通过优化过程最后选择一个具有最小模糊率的 S 形函数。用该函数增强目标及属于该目标的像素之间的关系,这样得到的 S 形函数的交叉点为阈值分割需要的阈值。传统的模糊熵阈值分割通过计算图像的最大模糊熵确定阈值。然而,将图像分为黑白两色很多时候并不能很好地区分这两色内有区别的目标,这时就需要多阈值分割。

5.5.3　基于神经网络的图像分割方法

人工神经网络简称为神经网络或连接模型，是对人脑或自然神经网络若干基本特性的抽象和模拟。人工神经网络以对大脑的生理研究成果为基础，其目的在于模拟大脑的某些机理与机制，实现某个方面的功能。近年来，人工神经网络识别技术引起广泛关注，并应用于图像分割。基于神经网络的图像分割方法的基本思想是通过训练多层感知机得到线性决策函数，然后用决策函数对像素进行分类来达到分割图像的目的。神经网络存在巨量连接，容易引入空间信息，解决了图像中的噪声和不均匀问题。

基于神经网络的分割算法主要有 BP(Back Propagation)神经网络算法、RBF(Radial Basis Function)神经网络算法、Hopfield 神经网络算法等。

5.5.4　基于图论的图像分割方法

图论理论能够充分考虑图像像素之间的空间位置关系，可以兼顾边界和区域两方面的信息，减少图像离散化造成的误差，因而能够得到良好的分割效果。近年来，基于图论的图像分割方法受到广泛关注。该方法的基本思想是将图像表示成图论中的网络图，利用图论的相关特性并结合有关技术，通过对网络图进行一系列操作和计算处理，完成对图像的分割。网络图和图像之间有很好的对应关系，网络图的节点对应图像的像素，网络图的边对应图像中像素的相邻性，网络图边的权对应图像中相邻像素的关系，可以表示相邻两个像素的相似性，也可表示相邻两个像素间边的连接强度。图论的相关特性与图像分割具有某种共性，因此可以基于图论的特性对图像进行分割。图论中节点间的最短路径可完成类似基于边缘的图像分割，图论中的最小分割可以实现类似基于区域的图像分割效果。

5.5.5　基于遗传算法的图像分割方法

遗传算法又叫基因算法，是模拟达尔文生物进化论的自然选择和遗传学机理的生物进化过程的计算模型，是一种通过模拟自然进化过程搜索最优解的方法，具有简单、实用性强、稳定性好、适用于并行处理等显著特点，在很多领域得到广泛应用，成功地解决了各种类型的优化问题。在分割复杂图像时，人们往往采用多参量进行信息融合，在多参量参与最优值的求取过程中，优化计算是最重要的。把自然进化的特征应用到计算机算法中，能解决很多困难。遗传算法的出现为解决这类问题提供了有效的方法，它不仅可以得到全局最优解，而且大大缩短了计算时间。

5.5.6　基于小波变换的图像分割方法

小波变换是一种时、频两域分析工具，它在时间域和频率域都具有良好的局部特性，能有效地从信号中提取信息。小波变换具有多分辨率(也叫多尺度)特性，能够在不同分辨率上对信号进行分析，因此在图像处理和分析等许多方面得到应用。

基于小波变换的图像阈值分割方法的基本思想是首先由二进制小波变换将图像的直方图分解为不同层次的小波系数；然后依据给定的分割准则和小波系数选择阈值；最后利用阈值标出图像分割的区域。基于小波变换的边缘检测图像分割方法的基本思想是取小波函数作为平滑函数的一阶导数或二阶导数，利用信号的小波变换的模值在信号突变点处取局部极大值或过零点的性质来提取信号的边缘点。

实训 4　阈值分割

（1）通过编写程序体会 OpenCV 提供的阈值处理函数 cv2.threshold( )的 type 参数，观察 type 参数不同时得到的图像效果。type 分别取 cv2.THRESH_BINARY、cv2.THRESH_BINARY_INV、cv2.THRESH_TRUNC、cv2.THRESH_TOZERO 和 cv2.THRESH_TOZERO_INV。效果如图 5.24 所示。

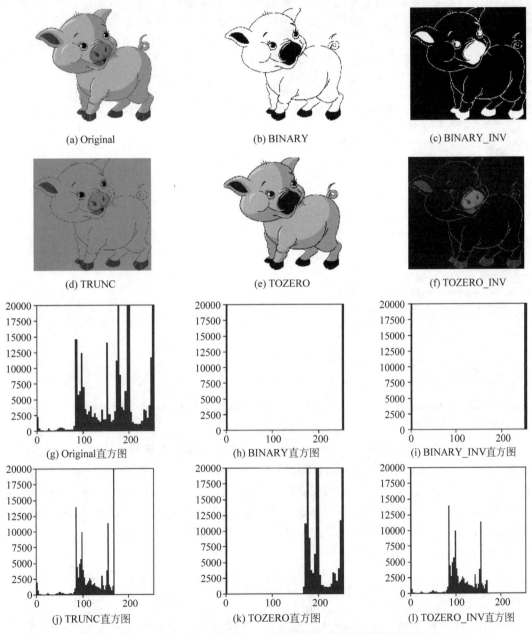

图 5.24　threshold()函数的 type 参数取不同值时的效果图和直方图

程序参考代码如下：

```python
import cv2                        # 导入 opencv 库
import numpy as np                # 导入 numpy 库
import matplotlib.pyplot as plt   # 导入 matplotlib 库的 pyplot 模块
from matplotlib.colors import NoNorm
# 以灰度模式读入原始图像
original = cv2.imread("pig.jpg",0)
# threshold 函数, type 值不同
ret,dst1 = cv2.threshold(original,170,255,cv2.THRESH_BINARY)
ret,dst2 = cv2.threshold(original,170,255,cv2.THRESH_BINARY_INV)
ret,dst3 = cv2.threshold(original,170,255,cv2.THRESH_TRUNC)
ret,dst4 = cv2.threshold(original,170,255,cv2.THRESH_TOZERO)
ret,dst5 = cv2.threshold(original,170,255,cv2.THRESH_TOZERO_INV)
# 显示
plt.rcParams["font.sans-serif"] = ["SimHei"]
plt.rcParams.update({"font.size": 8})
titles1 = ["Original","BINARY","BINARY_INV","TRUNC","TOZERO","TOZERO_INV"]
titles2 = ["Original 直方图","BINARY 直方图","BINARY_INV 直方图","TRUNC 直方图","TOZERO 直方图","TOZERO_INV 直方图"]
images = [original,dst1,dst2,dst3,dst4,dst5]
plt.figure(figsize = (18,6))
# 显示图像
for i in range(6):
    plt.subplot(2,6,i+1)
    plt.imshow(images[i],"gray",norm = NoNorm())
    plt.title(titles1[i])
    plt.axis("off")
# 显示直方图
for i in range(6,12):
    plt.subplot(2,6,i+1)
    a = np.array(images[i-6]).flatten()
    plt.hist(a,bins = 64,color = "blue")
    plt.title(titles2[i-6])
    plt.xlim(0,255)
    plt.ylim(0,20000)
plt.show()
```

(2) 利用 Otsu 算法和自适应法对同一图像进行阈值分割，体会全局阈值分割和可变阈值分割的效果对比。

Otsu 算法进行阈值分割时，只有一个阈值，把图像中每个像素的灰度值与该阈值进行比较，这样往往会过滤掉很多信息，导致细节不明显。而自适应法对每一个像素点单独计算阈值，即每个像素点的阈值都是不同的，就是将该像素点周围 blockSize $*$ blockSize 区域内的像素取均值或高斯加权平均，然后减去一个常数 C，从而得到该点的阈值，这样能避免整张图像亮度分布不均，能保留更多的细节性信息。效果如图 5.25 所示。

程序参考代码如下：

```python
import cv2
import matplotlib.pyplot as plt
original = cv2.imread("basket.jpg",0)
ret1,dst1 = cv2.threshold(original,0,255,cv2.THRESH_OTSU + cv2.THRESH_BINARY_INV)
dst2 = cv2.adaptiveThreshold(original,255,cv2.ADAPTIVE_THRESH_GAUSSIAN_C,cv2.THRESH_BINARY_INV,
```

(a) 原始图像　　　(b) Otsu算法阈值分割后　　(c) 自适应法阈值分割后

图 5.25　Otsu 算法和自适应法阈值分割效果对比

```
41,16)
#显示
plt.rcParams["font.sans-serif"] = ["SimHei"]
image = [original,dst1,dst2]
title = ["原始图像","Otsu算法阈值分割后","自适应法阈值分割后"]
plt.figure(figsize=(14,4))
for i in range(3):
    plt.subplot(1,3,i+1)
    plt.imshow(image[i],"gray")
    plt.title(title[i])
    plt.axis("off")
plt.show()
```

实训 5　边缘分割

利用累计概率霍夫变换函数检测彩色图像 building-1.jpg 中的线段。

图 5.26 是检测后的效果。

(a) 原始图像　　(b) 检测到的线段画到　　(c) Canny算子边缘检测结果　　(d) 检测到的线段画到Canny
　　　　　　　　　原始图像后　　　　　　　　　　　　　　　　　　　算子边缘检测结果图上

图 5.26　累计概率霍夫变换效果

程序参考代码如下：

```
import cv2
import numpy as np
import matplotlib.pyplot as plt
#读入原始图像
original = cv2.imread("building-1.jpg")
```

```
# 复制原始图像
original_hough = original.copy()
# 将原始图像转为灰度图
gray = cv2.cvtColor(original,cv2.COLOR_BGR2GRAY)
# Canny 算子进行边缘检测
edges = cv2.Canny(gray,50,150)
# 复制检测结果图
edges_hough = edges.copy()
# 进行累计概率霍夫变换
lines = cv2.HoughLinesP(edges,1,np.pi/180,200,minLineLength = 200,maxLineGap = 10)
for line in lines:
    x1,y1,x2,y2 = line[0]
    cv2.line(original_hough,(x1,y1),(x2,y2),(0,255,0),4) # 在原始图像副本上用绿色 4 像素
画检测到的线段
    cv2.line(edges_hough,(x1,y1),(x2,y2),(255,255,255),4)
# 显示
plt.figure(figsize = (14,4))
plt.rcParams["font.sans - serif"] = ["SimHei"]
# 显示原始图像及画线段后的副本
plt.subplot(141),plt.imshow(cv2.cvtColor(original,cv2.COLOR_BGR2RGB)),plt.title("原始图
像")
plt.xticks([]),plt.yticks([])
plt.subplot(142),plt.imshow(cv2.cvtColor(original_hough,cv2.COLOR_BGR2RGB)),plt.title("检
测到的线段画到原始图像后")
plt.xticks([]),plt.yticks([])
# 显示 Canny 算子边缘检测结果图及画线段后的副本
titles = ["Canny 算子边缘检测结果图","检测到的线段画到 Canny 算子边缘检测结果图上"]
images = [edges,edges_hough]
for i in range(2):
    plt.subplot(1,4,i + 3)
    plt.imshow(images[i],"gray")
    plt.title(titles[i])
    plt.xticks([])
    plt.yticks([])
plt.show()
```

实训 6　区域分割

　　利用分水岭算法实现图像中目标的提取。原始图像是一幅风景图,假设要提取草地和树木,只需先使用分水岭算法分割图像,对于非目标区域用其他颜色填充即可。程序代码与利用分水岭算法实现图像分割基本相同,只需在最后利用 original[markers_watershed == 2]=[255,255,255]语句将背景区设成白色或其他颜色即可,效果如图 5.27 所示。

　　程序参考代码如下:

```
import cv2
import numpy as np
import matplotlib.pyplot as plt
original = cv2.imread("landscape.jpg")
original_copy = original.copy()
# 转换为灰度图
gray = cv2.cvtColor(original,cv2.COLOR_BGR2GRAY)
```

(a) 原始图像

(b) 提取目标后的图像

图 5.27　分水岭算法提取目标

```
#阈值分割
ret,dst = cv2.threshold(gray,0,255,cv2.THRESH_OTSU)
#对图像进行"开运算"(先腐蚀再膨胀),迭代 3 次,目的是消除噪声
kernel = np.ones((3,3),np.uint8)
opening = cv2.morphologyEx(dst,cv2.MORPH_OPEN,kernel,iterations = 3)
#对"开运算"的结果进行膨胀,得到确定背景区域
sure_bg = cv2.dilate(opening,kernel,iterations = 5)
#通过 distanceTransform 得到确定前景区域
dist_transform = cv2.distanceTransform(opening,cv2.DIST_L2,5)
ret,sure_fg = cv2.threshold(dist_transform,0.2 * dist_transform.max(),255,cv2.THRESH_
BINARY)
#用 sure_bg 与 sure_fg 相减,得到未知区域,边界就在这一区域
sure_fg = np.uint8(sure_fg)
unknow = cv2.subtract(sure_bg,sure_fg)
#得到 OpenCV 分水岭函数需要的 markers
ret,markers_connect = cv2.connectedComponents(sure_fg,connectivity = 8)
markers_OpenCV = markers_connect + 1        #转换为 OpenCV 分水岭函数使用的 markers 形式
markers_OpenCV[unknow == 255] = 0
#调用分水岭函数
markers_watershed = cv2.watershed(original,markers_OpenCV)
original[markers_watershed == 2] = [255,255,255]
#显示
plt.figure(figsize = (12,4))
plt.rcParams["font.sans-serif"] = ["SimHei"]
titles = ["原始图像","提取目标后的图像"]
images = [original_copy,original]
for i in range(2):
    plt.subplot(1,2,i + 1)
    plt.imshow(cv2.cvtColor(images[i],cv2.COLOR_BGR2RGB))
    plt.title(titles[i])
    plt.xticks([])
    plt.yticks([])
plt.show()
```

第6章

图像配准与融合

本章学习目标

- 理解图像配准和融合的概念。
- 解析图像配准框架及过程。
- 掌握图像配准的关键技术及原理。
- 熟练使用 Python 语言编程实现简单的图像配准。

6.1 图像的配准和融合概念

6.1.1 概念解析

随着科学技术、信息处理技术的飞速发展以及新型传感器的不断涌现，多传感器获取技术在时间、空间以及分辨率上都有明显提高。不同传感器在获取图像信息的同时，反映的目标对象的特征不尽相同。比如，在医学数字成像技术中，CT 和 X 线机对骨骼等密度较高的组织能提供高清晰的图像，MRI 对人体软组织的成像具有较高的分辨率，而 PET 和 SPECT 虽然成像分辨率较低，但能够提供人体组织或器官的功能性代谢的图像。可见，各种设备成像的不同导致出现了众多的成像模式，而不同的成像模式所能提供的图像信息往往又具有一定的局限性。在临床上为了提高医生的诊断准确率，通常需要对同一个病人进行多种模式或同一种模式的多次成像，即同时从几幅图像获得信息，如将来源于 PET、SPECT 的功能信息与来源于 CT、MRI 的解剖信息结合起来分析。但是这种方式的准确性往往会受到医生主观的影响，更主要的是可能会忽略掉某些信息，解决这个问题的最有效方法就是以图像配准技术为基础，利用信息融合技术，将多种图像结合起来，利用各自的信息优势，在一幅图像上同时表达人体内部的结构、功能(如图 6.1)，从而更加直观地提供各种信息，以便进行综合分析。

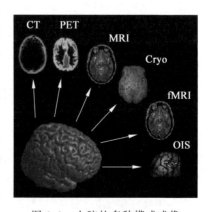

图 6.1　人脑的多种模式成像

对几幅不同的图像作综合分析，首先要解决这几幅图像的严格对齐问题，即图像配准(Image Registration)。图像配准是将不同获取时间(Time)、不同传感器(Sensor)、不同获取条件的同一场景(Scene)或者同一目标(Object)的两幅或者多幅图像进行匹配的过程(Brown,1992)。这些图像之间一般会存在不同的属性及特征,如不同的分辨率、不同的灰度、不同的位置平移和旋转角度以及不同的比例尺、不同的非线性变形等。图像配准研究的目标就是消除上述图像之间存在的差异,确定它们之间的最佳匹配关系,使它们在目标几何形状上匹配一致。

图像融合是对两幅或多幅来自不同成像设备或不同时刻已经配准的图像,采用某种算法把各个图像的优点或互补性有机结合起来,获得信息量更为丰富的新图像的技术。在图像融合处理中,图像配准是图像融合的第一步,也是实现图像融合的先决条件,若事先不对融合图像进行空间上的对准,则融合后的图像毫无意义。

6.1.2　图像配准和融合过程解析

图像配准可以定义为两幅图像在空间和灰度上的映射。设用已知尺寸的二维矩阵 I_1 和 I_2 表示两幅图像,$I_1(x,y)$ 和 $I_2(x,y)$ 分别表示两幅图像中对应于空间同一位置的点 (x,y) 上的灰度值(也可以是其他度量值),则图像间的配准关系可表示为

$$I_2(x,y)=g(I_1(f(x,y)))$$

式中: g 为一维的灰度变换函数; f 为二维的空间变换函数。

图像配准的主要任务就是寻找最佳的空间变换函数 f 和灰度变换函数 g,使两幅图像实现最佳对准。通常情况下灰度变换 g 在图像预处理阶段就得到了纠正,所以解决配准问题的关键就变成寻找两幅图像之间的空间或几何变换 f 了。该变换一般可参数化为两个单值函数 f_x 和 f_y,于是配准关系式可改写为

$$I_2(x,y)=I_1(f_x(x,y),f_y(x,y))$$

几幅图像信息综合的结果称为图像的融合(Image Fusion)。

图 6.2 是图像配准融合示意图。同一个人从不同角度、不同位置拍摄的两张照片由于拍摄条件的不同,每张照片只反映了某些方面的特征。要将这两张照片一起分析,就要将其中一张中的人像做移动和旋转,使它与另一幅对齐。保持不动的图像称为参考图像,需要施加变换的图像称为浮动图像。经配准和融合后的图像反映了人的全貌。

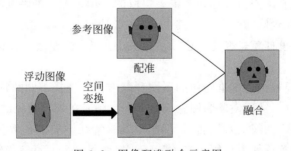

图 6.2　图像配准融合示意图

6.2　图像配准的基本框架

图像配准的基本框架主要由 4 方面构成,包括特征空间、搜索空间、搜索策略和相似性测度。

特征空间是指从参考图像和浮动图像中提取的可用于配准的特征；搜索空间是指在图像配准过程中对图像进行变换的范围及变换的方式；搜索策略的任务是在搜索空间内找到最优的图像变换参数，在搜索过程中以相似性测度的值作为判优依据；相似性测度是衡量每次变换结果优劣的准则，用来对变换的结果进行评估，为搜索策略的下一步动作提供依据。

以上4方面的组合，就构成了图像配准算法的基本框架。

基于上述框架，图像配准的通用过程一般分为3步：

(1) 根据待配准图像(浮动图像)I_2与基准图像(参考图像)I_1，提取出图像的特征空间。

(2) 根据提取出的特征空间确定出一种空间几何变换(T)，使浮动图像I_2经过一系列变换后与参考图像I_1满足所定义的相似性测度，即$I_1 = T(I_2)$。

(3) 在确定变换的过程中，还需采取一定的搜索策略及优化算法以使相似性测度更快、更好地达到最优。

配准过程如图6.3所示。

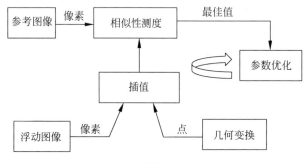

图6.3　图像配准示意图

6.2.1　特征空间

特征空间是指从参考图像和浮动图像中提取的可用于配准的特征集合。这些特征包括灰度、特征点、线、边缘轮廓和纹理等。其中，特征点是图像中满足一定结构要求的像素点，边缘是图像中关于灰度或色彩变化不连续而形成的边界，纹理是由大量有序的相似基元或模式排列而成的结构。

在实际应用中，要根据待配准图像的属性和配准任务选择不同的特征空间，比如在基于灰度的图像配准方法中，特征空间为图像像素的灰度值；在基于特征的图像配准方法中，特征空间可以是点、直线、曲线、边缘、曲面、不变矩等。特征空间的选取很大程度上影响着配准算法的运算速度和鲁棒性等性能。有关特征的提取将在后面章节详细介绍。

6.2.2　搜索空间

搜索空间包括空间变换范围和空间变换方式。

空间变换范围分为全局变换和局部变换。全局变换是指整幅图像的空间变换都可以用相同的变换参数表示。局部变换是指在图像的不同区域可以有不同的变换参数，通常的做法是在区域的关键点位置进行参数变换,在其他位置进行插值处理。

空间变换方式主要解决图像平面上像素的重新定位问题,配准关系式中的空间几何变换函数 f 可用空间变换模型进行描述。常用的空间变换模型有刚体变换、仿射变换、投影变换和非线性变换,见图 6.4,变换模型见表 6.1。

刚体变换是指在变换前后的两个平面中,物体内部任意两点之间的距离保持不变的一种坐标变换方法。刚体变换可分解为平移和旋转两种变换。

仿射变换是指在变换前后的平面中,任意两条直线间的平行关系保持不变,它比刚体变换多了缩放变换,这种变换将直线依然映射为直线,且保持直线间的平行关系但不保持直线段长度和它们的角度。仿射变换可以分解为线性(矩阵)变换和平移变换。

与仿射变换相似,投影变换将直线映射为直线,但不再保持相互间的平行性质。这种变换反映了从不同距离对目标成像时在成像系统中引起的变形,主要用于二维投影图像与三维立体图像之间的配准。投影变换可用高维空间上的线性(矩阵)变换来表示。

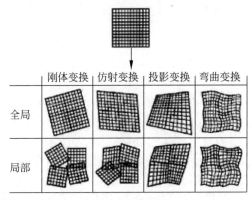

图 6.4　全局变换和局部变换

如果一幅图像中的一条直线经过变换后映射到第二幅图像上不再是直线,则这样的变换称为非线性变换,也称为弯曲变换、弹性变换。使用较多的变换函数是多项式函数,如二次、三次函数及薄板样条函数,有时也使用指数函数。非线性变换适合具有全局性形变的图像配准问题,以及整体近似刚体但局部有形变的配准情况。

表 6.1　图形的变换模型

类　　型	反　　转	旋　　转	平　　移	缩　　放	投　　影	扭　　曲
刚体变换	√	√	√			
仿射变换	√	√	√	√		
投影变换	√	√	√	√	√	
非线性变换	√	√	√	√	√	√

注:√表示满足条件。

仿射变换是最常用的一种空间变换形式,可以实现图像的平移、旋转、按比例缩放等操作。

1. 仿射变换

使用 Python-OpenCV 中的 cv2. warpAffine()实现对图像的仿射变换,如图 6.5 所示。函数原型如下:

```
cv2.warpAffine(src, M, dsize,dst,flags,borderMode,borderValue)
```

其中：

① src：为输入图像。

② **M**：为 2×3 变换矩阵,反映平移或旋转的关系,需要通过其他函数获得,也可以手动输入。

③ dsize：为输出图像的大小。

④ dst：为变换后输出图像,类型与 src 一致。

⑤ flags：插值方法(int 类型),默认为线性插值。与 resize 中的插值算法一致。

⑥ borderMode：边界像素模式,边界外推法标志(int 类型),默认为黑色。

⑦ borderValue：用来填充边界外面的值,默认为 0,表示边界填充默认为黑色。

仿射变换的变换矩阵 **M** 比较复杂,一般很难直接找到,OpenCV 提供了根据变换前后 3 个点的对应关系来自动求解 **M** 的函数 cv2.GetAffineTransform(),然后再使用函数 cv2.warpAffine()利用得到的 **M** 对原始图像进行变换。

函数原型：

```
M = cv2.getAffineTransform(src, dst)
```

其中：

① src：表示原始图像中的 3 个点的坐标;

② dst：为变换后的这 3 个点对应的坐标;

③ M：是根据 3 个对应点求出的仿射变换矩阵。

【例 6.1】 利用变换矩阵实现图片的仿射变换。

仿射变换 Python 程序实现代码如下：

```
import cv2 as cv
import numpy as np
image = cv.imread('f:/cs/lena.bmp')
rows,cols,channel = image.shape
#对应点
src_points = np.float32([[0,0],[cols-1,0],[0,rows-1]])
dst_points = np.float32([[0,0],[int(0.6*(cols-1)),0],
[int(0.4*(cols-1)),rows-1]])
#6参数.3个点计算仿射矩阵.
affine_matrix = cv.geaAffineTransform(src_points,dst_points)
affine_image = cv.warpAffine(image,affine_matrix,(cols,rows))
cv.imshow('Original Image',image)
cv.imshow('Affine Image',affine_image)
cv.waitKey()
cv.destroyAllWindows()
```

程序运行结果如图 6.5 所示。

2.平移、旋转

利用 cv2.warpAffine()可以实现图像的平移、旋转等变换。

(1)平移变换矩阵 **M** 可以定义为

$$M = \begin{bmatrix} 1 & 0 & t_x \\ 0 & 1 & t_y \end{bmatrix}$$

(a) 变换前 （b) 变换后

图 6.5 仿射变换效果

式中,t_x 和 t_y 分别是 x 和 y 方向上平移的距离,如图 6.6 所示。

【例 6.2】 利用平移矩阵实现图像的平移。

平移变换 Python 程序实现如下:

```
import numpy as np
import cv2 as cv
img = cv.imread('f:/cs/lena.bmp')
rows,cols = img.shape[:2]
# 定义平移矩阵,需要是 NumPy 的 float32 类型
M = np.float32([[1,0,100],[0,1,50]])          # x 轴平移 100,y 轴平移 50
# 用仿射变换函数实现平移,第三个参数为 dst 的大小
dst = cv.warpAffine(img,M,(cols,rows))
cv.imshow('Original Image',img)
cv.imshow('Shift Image',dst)
cv.waitKey()
cv.destroyAllWindows()
```

(a) 变换前 （b) 变换后

图 6.6 平移变换效果

（2）旋转变换同平移一样,也需要定义一个变换矩阵 **M**。OpenCV 中提供了函数 cv2.getRotationMatrix2D()用于构建旋转变换矩阵,如图 6.7 所示。

函数原型:

```
M = cv2.getRotationMatrix2D (center,angle,scale)
```

其中:

① center:旋转的中心点,一般是图片中心,用 img.shape 取得长宽,然后取一半。

② angle：旋转的角度，正值为逆时针方向旋转，负值是顺时针方向旋转。

③ scale：缩放因子。

④ **M**：求出的旋转变换矩阵。

【例 6.3】　利用旋转矩阵实现图像的旋转变换。

旋转变换 Python 程序实现如下：

```python
import numpy as np
import cv2 as cv
img = cv.imread('f:/cs/lena.bmp')
rows,cols = img.shape[:2]
# 逆时针45°旋转图片并缩小一半,图片中心为旋转中心
M = cv.getRotationMatrix2D((cols / 2,rows / 2),45,0.8)
# img:源图像;M: 旋转矩阵;(cols,rows);dst 的大小
dst = cv.warpAffine(img,M,(cols,rows))
cv.imshow('oringe',img)
cv.imshow('rotation',dst)
cv.waiKey(0)
cv.destroyAllWindows()
```

　　　　(a) 变换前　　　　　　　　　　　　(b) 变换后

图 6.7　旋转变换效果

3. 缩放变换

缩放变换就是调整图片的大小，使用 cv2.resize() 函数实现图像缩放。可以按照比例缩放，也可以按照指定的大小缩放，如图 6.8 所示。

　(a) 原图　　　　(b)160×180图像　　　　　(c) 放大1.5倍图像

图 6.8　缩放变换效果

函数原型：

```
cv.resize(src,dst,dsize,fx,fy, interpolation)
```

其中：

① src 为输入图像 ,dst 为输出图像,dsize 为输出图像大小；

② fx、fy：分别表示图像在 width 方向和 height 方向的缩放比例；

③ interpolation：图像插值方式，共有 5 种，在 3.5.3 节有详细介绍。

【例 6.4】 图像的缩放操作。

缩放变换 Python 程序实现如下：

```
import numpy as np
import cv2 as cv
img = cv.imread('f:/cs/lena.bmp')
# 按照指定的宽度、高度缩放图片
dst1 = cv.resize(img,(160,180))
# 按照比例缩放,如 x、y 方向均放大 1.5 倍
dst2 = cv.resize(img,None,fx = 1.5,fy = 1.5,interpolation = cv.INTER_CUBIC)
cv.imshow('Original Image',img)
cv.imshow('Shrink Image',dst1)
cv.imshow('Zoom Image',dst2)
cv.waitKey(0)
cv.destroyAllWindows()
```

4. 投影变换

使用 Python-OpenCV 中的 cv2.warpPerspective()实现对图像的投影变换。

函数原型为：

```
cv2.warpPerspective(src,M,dsize,dst,flags,borderMode,borderValue)
```

其中,cv2.warpPerspective()的参数和 cv2.warpAffine 函数的类似,不再做介绍；变换矩阵 M 可以通过 cv2.getPerspectiveTransform()函数获得,其原理和 cv2.getAffineTransfrom()相同,只是投影变换矩阵 M 是一个 3×3 矩阵。投影变换效果如图 6.9 所示。

(a) 变换前

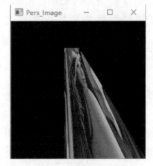
(b) 变换后

图 6.9 投影变换效果

【例 6.5】 图像的投影操作。

投影变换 Python 程序实现如下：

```
import cv2
import numpy as np
```

```
#读取图片
image = cv2.imread("f:/cs/lena.jpg")
#获取图片的高度和宽度
rows,cols = image.shape[:2]
#对应点
src_points = np.float32([[0,0], [cols-1,0], [0,rows-1],[cols-1,rows-1]])
dst_points = np.float32([[100,50],[cols/2.0,50],[100,rows-1],[cols-1,rows-1]])
#调用 warpPerspective 计算投影矩阵
pers_matrix = cv2.getPerspectiveTransform(src_points,dst_points)
pers_image = cv2.warpPerspective(image, pers_matrix,(cols, rows))
#显示图像
cv2.imshow("OriginalImage",image)
cv2.imshow("Pers_Image",pers_image)
cv2.waitKey(0)
cv2.destroyAllWindows()
```

6.2.3　搜索策略

图像配准的过程可以归结为一个多参数最优化的问题,在给定搜索空间上寻求相似性度量函数的最优解。由于很多配准特征和相似性测度伴随着庞大的计算量,搜索策略的选择优化成为一个不容忽视的问题。通过优化搜索策略不断优化已寻找到的最优空间变换参数,使相似性测度更好、更快地达到最大值,可以极大地提高配准精度,节省配准时间,为实时图像处理提供可能。

在图像配准中常用的优化算法可以分为两类,即局部优化算法和全局优化算法。

局部优化算法也称为经典优化算法,主要用于解决单峰问题,利用局部有限的信息来改进初始模型,对初始模型有很大的依赖性,容易陷入局部极值区,导致配准误差。常见的方法有 Powell 方法、牛顿法、梯度法、共轭梯度法、单纯形法等。

全局优化算法习惯上称为现代优化算法,主要用于解决多峰问题,使用全局方法可以找到搜索空间中的全局最优解,常见的方法有遗传算法、模拟退火法、禁忌搜索法、粒子群算法(PSO)等。这些算法都有一个共同的特点,就是都具有随机搜索的特性:遗传算法是对自然界中生物生存竞争过程的模拟;模拟退火来源于物理学中固体退火过程;PSO 模仿了鸟类的觅食行为,算法的随机特性是避免局部极值的关键,但计算量相对较大,速度比局部方法要慢。

现在常用的一种技术是将全局和局部方法的优势结合,即利用全局优化算法在整个可行域内搜索最优区域,再利用局部优化算法在最优区域中搜索最优解,从而提高搜索效率。

6.2.4　灰度插值技术

灰度插值技术主要解决像素灰度级的赋值问题。在图像配准中,图像是数字的、离散的,图像的像素值只定义在整数坐标处,当对浮动图像进行一定的空间几何变换后,将导致变换后图像的网格与原始图像网格不再重合,原始图像的像素点不一定会被映射到变换后的图像上,这就需要利用灰度插值的方法对变换后图像中的像素值进行估计。

具体实现过程:从配准后图像上像素点坐标出发,求出原始图像上对应的像素点坐标,由于该位置的坐标值可能不是整数,因此需要利用原始图像上该对应位置周围像素点的灰度值通过插值的方法求出该位置的灰度值,然后将其赋给配准后图像上的像素点。

目前图像配准中常用的灰度级插值方法有最近邻域插值法、双线性插值法和立方卷积插值法。

1. 最近邻域插值法

最近邻域插值法是一种简单的插值方法,也称为零阶插值。其插值原理是通过比较计算插值点与其周围像素点之间的距离,选择距离值最小的像素点灰度值作为此插值像素点的灰度值来进行插值,插值示意图如图 6.10 所示。

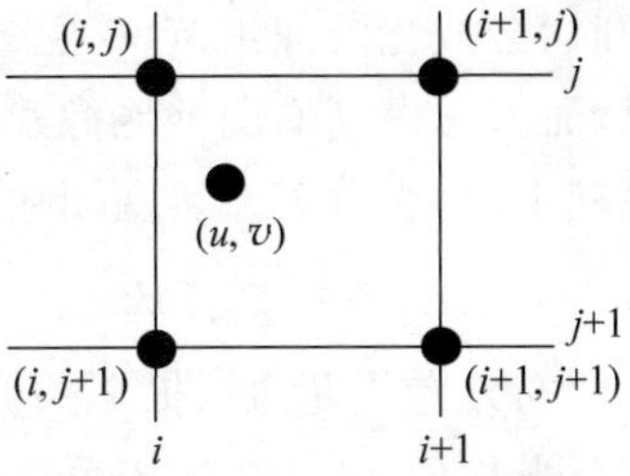

在图 6.10 中待插值点为 (u,v),其周围有 4 个像素点 (i,j)、$(i,j+1)$、$(i+1,j)$、$(i+1,j+1)$,所对应的灰度值分别为 $g(i,j)$、$g(i,j+1)$、$g(i+1,j)$ 和 $g(i+1,j+1)$。这种算法就是通过比较待插值点与其周围 4 个点之间的距离,选择距离值最小的像素点的灰度值作为 (u,v) 点的灰度值。

图 6.10 最近邻域插值示意图

将两点之间的距离记为 $D[(u,v),(i,j)]$,则上述 4 点与点 (u,v) 最小距离可由下式求得,即

$$D[(u,v),(i,j)] = \min \{(D[(u,v),(i,j)], D[(u,v),(i,j+1)],$$
$$D[(u,v),(i+1,j)], D[(u,v),(i+1,j+1)])\}$$

在计算出与点 (u,v) 距离值最小的点 (i',j') 后,就可以由此算法确定点 (u,v) 的灰度为

$$g(u,v) = g(i',j')$$

在待插值像素周围的 4 个像素点中,将距离该点最近的像素的灰度值赋给待求像素。这种方法的优点在于容易实现、计算量少、速度快。但也存在难以克服的缺点和局限性,比如当相邻的点之间的像素灰度值相差很大时,采用这种方法误差就会比较大,很难保证配准的精度要求。

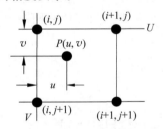

图 6.11 双线性插值示意图

2. 双线性插值法

为了改善最近邻插值算法的不足,提出了一种新的插值算法,即双线性插值算法,又称为一阶插值算法。它的插值原理是待插值像素点分别与周围 4 个像素点在水平和垂直方向做插值运算,得到的值即为插值像素点的灰度值,其插值结果与进行水平或垂直插值运算的先后顺序无关,无论谁先谁后,其插值结果完全相同。插值示意图如图 6.11 所示。

在水平方向和垂直方向分别有 4 个点,即 (i,j)、$(i,j+1)$、$(i+1,j)$、$(i+1,j+1)$,它们组成了一个方形区,点 (u,v) 为方形区内部点,对由这几个像素点组成的方形区灰度的计算在该内部进行。双线性插值算法是在水平方向和垂直方向上进行的,因此用双线性插值算法计算区域内点 (u,v) 的灰度值,可以利用以下公式求得,即

$$g(u,v) = a + bu + cv + duv$$

区域内部点 (u,v) 的灰度值为 $g(u,v)$。a、b、c、d 为待定常数,利用原图中 4 点所对应的灰度值 $g(i,j)$、$g(i,j+1)$、$g(i+1,j)$ 和 $g(i+1,j+1)$,可以计算出 4 个待定常数的值,计算公式为

$$\begin{cases} a = g(i,j) \\ b = g(i+1,j) - g(i,j) \\ c = g(i,j+1) - g(i,j) \\ d = g(i,j) + g(i+1,j+1) - g(i+1,j) - g(i,j+1) \end{cases}$$

与最近邻插值算法相比,双线性插值算法计算量大且复杂,当用此算法进行多倍插值处理时,会淡化图像细节,视觉效果较差。由于此算法只考虑了邻域4个像素灰度值的变化情况,而未考虑到周围其他像素灰度值的变化情况,会使放大后的图像重要细节受损失,图像模糊不清,当只需要实现图像的放大效果,而不在意图像的质量时,可以用此算法。

3. 立方卷积插值法

立方卷积插值法根据插值点 P 周围邻域 16 个像素点的灰度值按一定的加权系数计算加权平均值,从而内插出反向变换点的灰度值。插值示意图如图 6.12 所示。

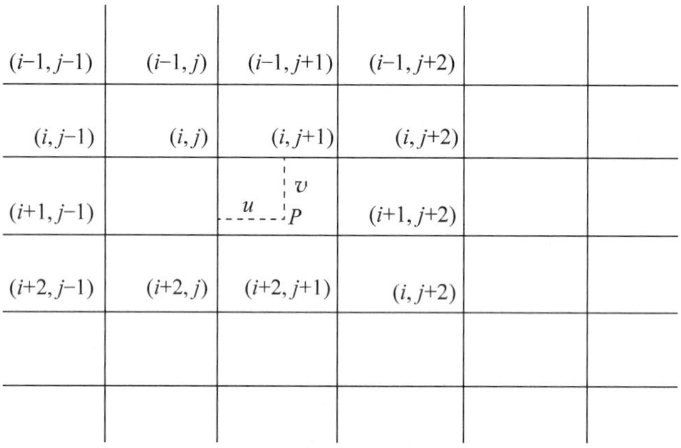

图 6.12　立方卷积插值法示意图

假设插值点 P 的坐标为 $(i+u, j+v)$,其中 i、j 为正整数,u、v 为 $[0,1]$ 区间的纯小数,则 $f(i+u, j+v)$ 的值可由原始图像中以 P 为中心邻域的 16 个像素的灰度值共同决定。其计算公式为

$$f(i+u, j+v) = \boldsymbol{A} \cdot \boldsymbol{B} \cdot \boldsymbol{C}$$

其中,

$$\boldsymbol{A} = \begin{bmatrix} s(1+v) & s(v) & s(1-v) & s(2-v) \end{bmatrix}$$

$$\boldsymbol{B} = \begin{bmatrix} f(i-1,j-1) & f(i-1,j) & f(i-1,j+1) & f(i-1,j+2) \\ f(i,j-1) & f(i,j) & f(i,j+1) & f(i,j+2) \\ f(i+1,j-1) & f(i+2,j) & f(i+2,j+1) & f(i+2,j+2) \\ f(i+2,j-1) & f(i+2,j) & f(i+2,j+1) & f(i+2,j+2) \end{bmatrix}$$

$$\boldsymbol{C} = \begin{bmatrix} s(1+u) \\ s(u) \\ s(1-u) \\ s(2-u) \end{bmatrix}$$

$s(w)$ 为插值加权系数函数,其表达式为

$$s(w) = \begin{cases} 1 - 2|w|^2 + |w|^3 & |w| < 1 \\ 4 - 8|w| + 5|w|^2 - |w|^3 & 1 \leqslant |w| \leqslant 2 \\ 0 & |w| \geqslant 2 \end{cases}$$

以下是根据上述 3 种插值算法的计算公式编写的 Python 程序,通过调用定义的 3 种插值函数实现插值算法,3 种算法的插值效果如图 6.13 所示。

【例6.6】 最近邻插值、双线性插值、立方卷积插值方法实现。

```python
# 最近邻插值算法
import numpy as np
import math
import cv2
# 定义最近邻插值函数
# input_signal 输入图像,zoom_multiples 缩放倍数
def nearest_neighbor(input_signal, zoom_multiples):
    # 输入图像的副本
    input_signal_cp = np.copy(input_signal)
    # 输入图像的尺寸(行、列)
    input_row, input_col = input_signal_cp.shape
    # 输出图像的尺寸
    output_row = int(input_row * zoom_multiples)
    output_col = int(input_col * zoom_multiples)
    # 输出图像
    output_signal = np.zeros((output_row, output_col))
    for i in range(output_row):
        for j in range(output_col):
            # 输出图像中坐标(i,j)对应至输入图像中的(m,n)
            m = round(i/output_row * input_row)
            n = round(j/output_col * input_col)
            # 防止四舍五入后越界
            if m >= input_row:
                m = input_row - 1
            if n >= input_col:
                n = input_col - 1
            # 插值
            output_signal[i, j] = input_signal_cp[m, n]
    returnoutput_signal
# 读入图像
img = cv2.imread("f:/cs/cz.jpg",0).astype(np.float)
# 调用插值函数
out = nearest_neighbor(img,2).astype(np.uint8)
# 输出图像
cv2.imshow('NNresult.jpg',out)
cv2.waitKey(0)
cv2.destroyAllWindows()
# 双线性插值算法
import numpy as np
import math
import cv2
# 定义双线性插值函数
# input_signal: 输入图像,param zoom_multiples: 放大倍数
def double_linear(input_signal,zoom_multiples):
    input_signal_cp = np.copy(input_signal)      # 输入图像的副本
    input_row,input_col = input_signal_cp.shape  # 输入图像的尺寸(行、列)
    # 输出图像的尺寸
    output_row = int(input_row * zoom_multiples)
    output_col = int(input_col * zoom_multiples)
    output_signal = np.zeros((output_row,output_col))  # 输出图像
    for i in range(output_row):
        for j in range(output_col):
```

```
                    # 输出图像中坐标(i.j)对应至输入图像中的最近的 4 个点的均值
                        temp_x = i/output_row * input_row
                        temp_y = j/output_col * input_col
                        x1,y1 = int(temp_x),int(temp_y)
                        x2,y2 = x1,y1 + 1
                        x3,y3 = x1 + 1,y1
                        x4,y4 = x1 + 1,y1 + 1
                        u,v = temp_x - x1,temp_y - y1
                        if x4 > = input_row:
                            x4 = input_row - 1
                            x2,x1,x3 = x4,x4 - 1,x4 - 1
                        if y4 > = input_col:
                            y4 = input_col - 1
                            y3,y1,y2 = y4,y4 - 1,y4 - 1
                        # 插值
                        output_signal[i,j] = (1 - u) * (1 - v) * int(input_signal_cp[x1,y1]) + (1 - u)
    * v * int(input_signal_cp[x2,y2]) + u * (1 - v) * int(input_signal_cp[x3,y3]) + u * v * int
    (input_signal_cp[x4,y4])
                    # 返回双线性插值后的图像
                    returnoutput_signal
            # 读入图像
            img = cv2.imread("f:/cs/cz.jpg",0).astype(np.float)
            # 调用插值函数
            out = double_linear(img,2).astype(np.uint8)
            # 输出图像
            cv2.imshow("DBresult", out)
            cv2.waitKey(0)
            cv2.destroyAllWindows()
    # 立方卷积插值算法
            import numpy as np
            import math
            import cv2
            # 产生 16 个像素点不同的权重
            def BiBubic(x):
                x = abs(x)
                if x < = 1:
                    return 1 - 2 * (x ** 2) + (x ** 3)
                elif x < 2:
                    return 4 - 8 * x + 5 * (x ** 2) - (x ** 3)
                else:
                    return 0
            # 定义立方卷积插值算法
            # img: 输入图像,dstH: 输出图像的高,dstW: 输出图像的宽
            def BiCubic_interpolation(img,dstH,dstW):
                scrH,scrW = img.shape
                dstimg = np.zeros((dstH,dstW,3),dtype = np.uint8)
                for i in range(dstH):
                    for j in range(dstW):
                        scrx = i * (scrH/dstH)
                        scry = j * (scrW/dstW)
                        x = math.floor(scrx)
                        y = math.floor(scry)
                        u = scrx - x
                        v = scry - y
```

```
                    tmp = 0
                    for ii in range( - 1,2):
                        for jj in range( - 1,2):
                            if x + ii < 0 or y + jj < 0 or x + ii > = scrH or y + jj > = scrW:
                                continue
                            tmp += img[x + ii,y + jj] * BiBubic(ii - u) * BiBubic(jj - v)
                        dstimg[i,j] = np.clip(tmp,0,255)
            return dstimg
    #读取图像
    img = cv2.imread("f:/cs/cz.jpg",0).astype(np.float)
    #调用插值函数
    out = BiCubic_interpolation(img,img.shape[0] * 2,img.shape[1] * 2).astype(np.uint8)
    #输出图像
    cv2.imshow("BiCubicresult", out)
    cv2.waitKey(0)
    cv2.destroyAllWindows()
```

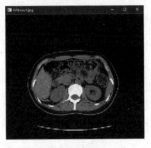 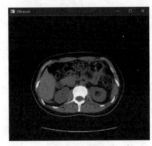 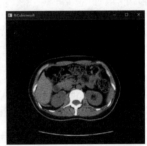

(a) 最近邻插值   (b) 双线性插值   (c) 立方卷积插值

图 6.13　3 种插值算法效果

6.2.5　相似性测度

相似性测度是图像配准的重要步骤,是衡量空间变换结果优劣的准则,通过对变换结果进行评估,为搜索策略的下一步动作提供依据。在理想情况下,随着待配准的两幅图像的逐渐匹配,相似性测度的函数值将逐渐增大或减小。当两幅图像完全匹配时,其函数值达到全局的最值(最大或最小)。

相似性测度是对两幅图像匹配程度进行衡量的指标量,从待配准图像中提取配准特征后,由相似性测度函数的计算决定在当前所取的变换模型下图像是否被正确匹配。

目前,配准的相似性测度主要有以下几类。

1. 基于距离的相似性测度

这类测度主要用于单模图像配准,特别是对某图像与其空间变换后的图像之间的简单对准。常用距离测度有差绝对值和误差、均方根误差、马氏距离和 Hausdorff 距离等,算法原理简单、实现方便,但由于速度较慢、精度较低等缺点,应用不是很广泛。

2. 基于相关法的相似性测度

这类测度比较适合于来自同一物体,由于图像获取条件的差异或物体自身比较小的改变而产生的图像序列,从中发现微小改变。常用这类测度有相关比率(Correlation Ration)、相关系数(Correlation Coefficient)、PIU(Partitioned Intensity Uniformity)测度和梯度互相关等。由于要对每种变换参数可能的取值都要计算一次相似性测度,相关法的计算量十分庞大。该类测度在单模的刚体配准中精度较高,但不是很适合多模及非刚体配准。

3. 基于互信息量的相似性测度

在基于全图像信息的图像配准中,以互信息量作为相似性测度的方法以其计算复杂度低、鲁棒性好等特性逐渐成为当前研究的热点。该类方法对单模和多模、刚体和非刚体配准中均适用。常用的有条件熵、联合熵、互信息、归一化互信息和散度等。

目前还没有一种相似性度量方法适用于所有特征向量之间的相似性测度,因为相似性测度具有特征依赖性,因此在实际应用中需要根据选取的特征向量来采用合适的相似性测度方法。

6.3　基于灰度信息的图像配准

图像配准方法按照不同的分类标准可以分为多种类别,目前较为常用的是按照在图像配准算法中所利用图像信息和处理方法的不同进行分类,大致可以分为 3 类,即基于灰度信息的方法、基于特征的方法和基于变换域的方法,其中每一类又可细分为若干类别。本节主要介绍基于灰度信息的图像配准方法,其他两类方法将在后面的小节逐一介绍。

基于灰度信息的配准是图像配准方法中非常经典的一种,它直接使用图像的灰度值信息,计算图像间的相似度程度。通过一些数学方法,计算并比较待配准图像中的一块区域与参考图像中相同尺寸区域的灰度值差异,采用搜索方法寻找使灰度测度相似性最大或者最小的点,从而确定参考图像和待配准图像之间重叠区域的范围和位置,实现图像配准。

这种方法的主要特点是实现简单,不需要对参考图像和待配准图像进行复杂的预处理;缺点是计算量大,不能直接用于矫正图像的非线性形变。目前基于灰度信息的图像配准已经在图像拼接、手术导航、红外图像处理以及医学研究等领域得到了广泛的应用。

基于灰度信息的方法主要有互相关法、序列相似度检测方法及互信息法。

6.3.1　互相关法

互相关(Cross-correlation)是一种相似性测度方法,在电子信号处理中,常用来表征两个不同随机信号之间的线性依赖关系,在基于灰度信息的图像配准中,两幅图像的配准灰度信息不是时间的函数,而是像素点坐标位置的函数。

互相关法的思路就是使用统计图像灰度的方法找出使各图像之间相关性最大的空间变换参数来实现图像的配准,通常被用于进行模板匹配和模式识别。该方法通过优化两幅图像间的相似性测度来估计空间变换参数(刚体的平移和旋转参数),采用的相似性测度可以是多种多样的,如相关系数、差值的平方和及相关函数等。其中最经典的相似性测度是归一化的相关系数(Correlation Coefficient,CC),即

$$CC = \frac{\sum_{n-1}^{N-1}(f_n - \overline{f})(g_n - \overline{g})}{\sqrt{\sum_{n-1}^{N-1}(f_n - \overline{f})^2}\sqrt{\sum_{n-1}^{N-1}(g_n - \overline{g})^2}}$$

式中：F 为模板图像，$F = \{f_n\}_{n=1}^{N-1}$，f_n 为图像 F 的灰度；G 为目标图像，$G = \{g_n\}_{n=1}^{N-1}$，g_n 为图像 G 的灰度；$\overline{f}$ 和 $\overline{g}$ 分别为图像 F 和 G 灰度的均方值。若两图像相似度较大，表现为模板窗口与参考图像的重叠区域较大，则体现为两者相关度大，计算结果将接近 1。

假设给定两幅图像，F 为 $M \times M$ 的模板图像，G 为 $N \times N$ 的搜索图像，现在要在 S 上确定 T 的位置，匹配方法如下。

（1）首先将 F 叠放在 S 的左上角，记 F 覆盖的那块子图为 $S_{i,j}$（i、j 为这块子图左上角像素点在 S 上的坐标），其中 $1 \leqslant i$、$j \leqslant N - M + 1$，依次从左到右、从上到下平移 F，即可得到搜索图的一系列特征点，如图 6.14 所示。

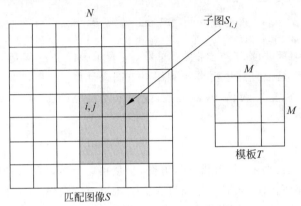

图 6.14 搜索图和模板图的关系

（2）计算模板 T 与它覆盖子图 $S_{i,j}$ 的相似性测度值，不同的相似性测度公式对应不同的算法。

（3）依据计算的相似性测度值判断各个位置的匹配情况。

对于同一物体由于各种图像获取条件的差异或物体自身发生的空间位置的改变而产生的单模图像配准问题常常应用互相关法。但由于要对每种变换参数可能的取值计算一次相似性测度，互相关法的计算量往往比较庞大。

6.3.2 序列相似度检测方法

传统的模板匹配算法的基本搜索策略是遍历性的，为了找到最优匹配点，传统方法均必须在搜索区域内的每一个像素点上进行相似性测度计算，计算量很大，匹配速度较慢，序贯相似性检测算法（SSDA）为了提高匹配速度，先选择一个设定的门限 T，在某点上计算两幅图像残差和的过程中，若残差和大于固定门限 T，就认为当前点不是匹配点，从而终止当前残差和的计算，转向用别的点来计算残差和，最后认为残差和增长最慢的点就是匹配点。

对于大部分非匹配点来说，只需要计算模板中的前几个像素点，而只有匹配点附近的点需要计算整个模板。

6.3.3 互信息法

互信息（Mutual Information，MI）是信息论中的一个基本概念，用于描述两个变量间的统计相关性，或一个变量中包含的另一个变量中信息的多少，表示两个随机变量之间的依赖程度,一般用熵来表示。

熵表达的是一个系统的复杂性和不确定性。信息熵的定义为

$$H(X) = -\sum_{j=1}^{N} p(a_j) \log p(a_j)$$

对于一幅图像来说,其熵的计算表达式为

$$P_i = \frac{h_i}{\sum_{i=1}^{N-1} h_i}$$

$$H(Y) = -\sum_{i=0}^{N-1} p_i \log p_i$$

h_i 表示图像 Y 中灰度值为 i 的像素点总数,N 表示图像 Y 的灰度级数。显然,P_i 表示灰度 i 出现的概率,于是很自然地就会想到用直方图来计算。

联合熵反映了随机变量 X、Y 的相关性,设两个随机变量 X 和 Y,则 X 和 Y 的联合信息熵表示为

$$H(X,Y) = -\sum_{x,y} P_{xy}(x,y) \log P_{xy}(x,y)$$

对于两幅图像 X、Y 来说,利用联合直方图,显然可以计算出两者的联合熵。

在图像配准中,两幅图的互信息是通过它们的熵以及联合熵,来反映它们之间信息的相互包含程度。对于图像 R、F 来说,其互信息表示为

$$\mathrm{MI}(R,F) = H(R) + H(F) - H(R,F)$$

当两幅图像相似度越高或重合部分越大时,其相关性也越大,联合熵越小,也即互信息越大。

互信息配准的原理就是在互信息理论的基础上,通过优化算法求出两幅图像之间互信息的最大值,并搜索互信息达到最大值时对应的空间变换参数。其配准过程如下。

第一步:在两幅待配准图像中,以一幅图像为基准图像,另一幅图像为浮动图像,计算两幅图像的互信息。

第二步:给定一个空间变换,将浮动图像中的点变换到基准图像坐标系中,对变换后处于非整数坐标上的点进行灰度插值,计算基准图像和新的浮动图像间的互信息并建立互信息和空间变换参数间的关系。

第三步:通过优化算法,不断改变空间变换参数的值,寻求两幅图像之间互信息的最大值,并搜索互信息达到最大值时对应的空间变换参数。

目前,基于灰度的最大互信息法直接利用全部图像灰度数据进行配准,避免了因分割图像带来的误差,具有精度高、稳定性强、无须进行预处理并能实现自动配准的特点,是人们研究最多的方法之一,主要适合于参考图像和浮动图像间有较大重叠区域的图像配准。

6.3.4　基于灰度的图像配准实例

下面以互相关法为例编程实现图像模板匹配过程。可以借助 OpenCV 中提供的函数 cv2. matchTemplate() 和 cv2. minMaxLoc()。

1. 模板匹配函数

函数原型:

```
cv2.matchTemplate(image, templ, method[, result, mask])
```

其中：

① image：待搜索源图像，必须是 8 位整数或 32 位浮点数。

② templ：模板图像，必须不大于源图像并具有相同的数据类型。

③ result：匹配结果图像，必须是单通道 32 位浮点数。如果 image 的尺寸为 $W \times H$，templ 的尺寸为 $w \times h$，则 result 的尺寸为 $(W-w+1) \times (H-h+1)$。

④ method：计算匹配程度的方法。OpenCV 提供了 6 种模板匹配算法，见表 6.2。

函数的作用是根据输入模板搜寻输入图像中与模板相似的地方，获得匹配结果图像。

表 6.2 模板匹配 6 种算法

匹 配 算 法	方 法
平方差匹配法	CV_TM_SQDIFF
归一化平方差匹配法	CV_TM_SQDIFF_NORMED
相关匹配法	CV_TM_CCORR
归一化相关匹配法	CV_TM_CCORR_NORMED
相关系数匹配法	CV_TM_CCOEFF
归一化相关系数匹配法	CV_TM_CCOEFF_NORMED

以上方法中，除了平方差匹配法和归一化平方差匹配法最好的匹配值为 0，匹配越差匹配值越大以外，其余的都是数值越大表明匹配程度越好。

随着从简单测量方法（平方差）到更复杂的测量方法（相关系数法），可以获得越来越准确的匹配，同时也意味着越来越大的计算代价。

2. 寻找全局极值函数

函数原型：

```
cv2.minMaxLoc(src[, mask])
```

其中，src 表示输入单通道图像，mask 表示用于选择子数组的可选掩码，一般不使用。

函数结果返回 4 个值，包括最小值 min_val、最大值 max_val、最小值位置 min_loc 和最大值位置 max_loc。

3. 编写 Python 源程序实现模板匹配

【例 6.7】 应用归一化相关系数匹配实现图像的配准。

```
import cv2 as cv
import numpy as np
from Matplotlib import pyplot as plt
# 读取源图像
image = cv.imread('f:/cs/lena.jpg')
# 读取模板图像
target = cv.imread('f:/cs/xlena1.jpg')
# 获取模板图像的高和宽
th, tw = target.shape[:2]
# 使用归一化相关系数匹配
result = cv.matchTemplate(image, target, cv.TM_CCOEFF_NORMED)
# 使用函数 minMaxLoc,确定匹配结果矩阵的极值及其位置
min_val, max_val, min_loc, max_loc = cv.minMaxLoc(result)
```

```
#选取最大值的位置,为图像的左上角
tl = max_loc
#获取图像的右下角
br = (tl[0] + tw, tl[1] + th);
#绘制矩形框
cv.rectangle(image, tl, br, (0,255,0), 2)
#设置窗口,显示图像
plt.title('Target Image')
plt.xticks([])
plt.yticks([])
plt.subplot(132)
plt.imshow(result)
plt.title('Matching Result')
plt.xticks([])
plt.yticks([])
plt.subplot(133)
plt.imshow(image)
plt.title('Detected Point')
plt.xticks([])
plt.yticks([])
plt.show()
```

模板匹配效果如图 6.15 所示。

(a) 目标图像

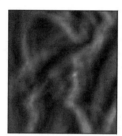

(b) 匹配结果

(c) 检测点

图 6.15　模板匹配效果

6.4　基于特征的图像配准

　　基于图像特征的方法是图像配准中最常见的方法,该类方法并非像基于灰度的方法那样利用图像全局的灰度信息进行相似性测度,而是仅仅利用图像中某些具有显著特征的局部结构(如点、直线、边缘、轮廓和局部区域等)作为配准依据,寻找图像间的空间变换模型,进而完成图像配准。它可以克服利用图像灰度信息进行图像配准的缺点,主要优势体现在以下 3 方面。

　　① 图像的特征点比图像的像素点要少很多,从而大大减少了匹配过程的计算量。

　　② 特征点的匹配度量值对位置变化比较敏感,可以大大提高匹配的精度。

　　③ 特征点的提取过程可以减少噪声的影响,对灰度变化、图像形变以及遮挡等都有较好的适应能力。

　　因此,基于特征的图像配准方法是实现高精度、快速有效和适用性广的配准算法的最佳选择。

基于特征的图像配准方法一般过程：首先要对待配准图像进行特征提取，再利用提取到的特征完成两幅图像之间的特征匹配，根据特征的匹配关系建立图像之间的配准映射变换，通过求解模型参数最终实现两幅图像的精确配准。其中，图像的特征提取和特征匹配是方法的关键，最终图像配准的质量很大程度上依赖于特征提取和匹配的精确性。基于特征的图像配准流程见图 6.16。

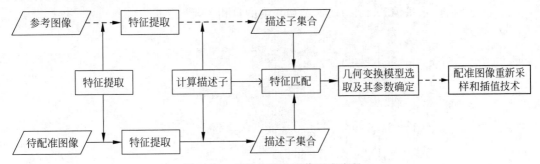

图 6.16　基于特征的图像配准流程

根据选取特征信息的不同，基于特征的图像配准方法大致可以分为基于点特征的配准、基于线特征的配准和基于区域特征的配准 3 类。

6.4.1　基于点特征的图像配准

在所有基于特征的配准方法中，基于点特征的方法是最常见的。在这类方法中，用于匹配的对象称为特征点，也称为关键点或者兴趣点，它是图像灰度在各个方向上都有很大变化的一类局部点特征，其中以角点在图像配准操作中的应用最为广泛。

角点没有明确的数学定义，但人们普遍认为角点往往是图像边缘曲线上曲率的极大值点，也可能是两条或多条直线的交点，这些点在保留图像图形重要特征的同时，可以有效地减少信息的数据量、提高信息含量、加快计算速度。

图 6.17 画出几种不同的角点，有 L 形、T 形、X 形和 Y 形等。

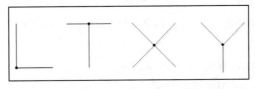

图 6.17　几种角点的示意图

基于角点的图像配准方法的主要思路：首先在两幅图像中分别提取角点；再以不同的方法建立两幅图像中角点的相互关联，从而确立同名角点；最后以同名角点作为控制点，确定图像之间的配准变换。

1. 角点的提取

角点提取算法一般分为两类，即基于边缘的方法和基于灰度变化的方法。基于边缘的方法首先要对图像进行边缘检测，然后沿着检测到的边缘再寻找曲率最大的点或者拐点作为角点。这类方法容易受到前期边缘检测结果和噪声干扰的影响，算法的精确度较差。基于灰度变化的方法是通过计算图像中局部区域灰度的曲率和梯度等的变化，然后寻找其中的极大值点来检测角点,这种方法避免了边缘给角点检测带来的影响,因此应用最广泛。

基于灰度变化的角点提取已经有了比较成熟的算法,从最早的 Moravec 角点检测算法到 Harris 算法,还有 SUSAN、SIFT、SURF、FAST 算法等,可以说角点提取算法层出不穷。

Moravec 角点检测是基于图像灰度自相关函数的角点检测方法,是第一个直接从灰度图像中提取图像特征点的算法。其算法思想是在固定大小的窗口内计算图像中某点与周围 4 个方向上(垂直、水平、45°、135°)的像素点灰度的自相关函数,即

$$
\begin{cases}
V_1 = \sum_{i=-k}^{k-1} (g_{m+i,v} - g_{n+i+1,v})^2 \\[2mm]
V_2 = \sum_{i=-k}^{k-1} (g_{m+i,v+i} - g_{n+i+1,v+i+1})^2 \\[2mm]
V_3 = \sum_{i=-k}^{k-1} (g_{M,v+i} - g_{m,v+i+1})^2 \\[2mm]
V_4 = \sum_{i=-k}^{k-1} (g_{m+i,v-i} - g_{m+i+1,v-i-1})^2
\end{cases}
$$

(u,v) 是当前点的坐标,窗口大小为 $w \times w$,k 是 $w/2$ 取整。取 $V_1 \sim V_4$ 中的最小值作为点 (u,v) 的兴趣值,如果这个兴趣值是局部极大值且大于某个预先设定的阈值,则判定点 (u,v) 为角点。

Harris 角点检测算法是一种对 Moravec 算法的改进,自相关函数计算不再局限在 4 个方向之内,而是窗口沿任意方向做小的平移时的灰度变化。Harris 算法的原理是:当窗口处在平坦区域上时,灰度值在任意方向上都不变化;当处在边缘区域时,沿着边缘的方向上灰度值没有变化;当处在角点区域上时,在所有方向上灰度值都具有较大的变化。Harris 角点检测正是利用灰度值在各个方向上的变化程度,来决定是否为角点。

使用 Harris 算子对图像进行检测得到的特征点具有平移和旋转不变性,但当尺度发生变化时,这些点的位置会发生变化,因此它不具有尺度不变性。

Python-OpenCV 中使用 cv2.cornerHarris()函数用来实现 Harris 角点检测。

```
cv2.cornerHarris(src, blocksize, ksize, k, dst = None, borderType = None)
```

其中:

① src:数据类型为 np.float32 的数据图像。

② blocksize:角点检测中考虑的区域大小。

③ ksize:求导窗口大小。

④ k:Harris 角点检测方程中的自由参数,取值参数为[0.04,0.06]。

⑤ dst:输出图像。

⑥ borderType:边界类型。

【例 6.8】 图像的 Harris 角点检测。

编写 Python 程序实现 Harris 角点检测,代码如下:

```
import cv2
import numpy as np
#读取图像,转换成灰度图像
img = cv2.imread('f:/cs/animal.jpg')
```

```
gray = cv2.cvtColor(img, cv2.COLOR_BGR2GRAY)
#cornerHarris 函数图像格式为 float32,因此需要将图像转换成 float32 类型
gray = np.float32(gray)
dst = cv2.cornerHarris(src = gray, blockSize = 9, ksize = 23, k = 0.04)
# 变量 a 的阈值为 0.01 * dst.max(),如果 dst 的图像值大于阈值像素点设为 True
# 将图片每个像素点根据变量 a 进行赋值,将图像角点勾画出来
a = dst > 0.01 * dst.max()
img[a] = [0, 0, 255]
# 显示图像
cv2.imshow('corners',img)
cv2.waitKey(0)
cv2.destroyAllWindows()
```

程序运行结果见图 6.18。

图 6.18　Haris 角点检测结果

SUSAN 角点检测法采用的是一个固定半径的圆形模板在图像上滑动,模板中心像素点称为核。若模板内其他点的灰度值与核的灰度值之差小于某一阈值,则认为该点与核具有相似的灰度,满足这样条件的像素点组成的区域称为核值相似区(USAN)。当 USAN 区域较大,一般认为是图像平滑区域;当 USAN 区域大小中等,一般认为是图像边缘区域;当 USAN 区域小于给定阈值,一般认为是一个角点。通过计算 USAN 区域的大小,就可以知道该点是否为角点。

FAST 角点检测算法是在像素周围绘制一个圆,该圆包括 16 个像素;然后 FAST 会将每个像素值与加上某个阈值的圆心像素值进行比较,若存在 N 个连续的像素值比加上一个阈值的圆心的像素值还亮(暗),则可认为圆心是角点,FAST 是一种公认的快速检测角点的算法。

SIFT(尺度不变特征变换匹配算法)是一种高效区域检测算法,该算法通过搜索所有尺度上的图像位置,通过高斯微分函数来识别对于尺度和旋转不变的兴趣点,是一种局部特征描述子。其主要步骤分为建立高斯金字塔、生成 DOG 高斯差分金字塔和 DOG 局部极值点检测。

在 OpenCV-Python 中除了有特征检测函数外,还可以通过创建相应的特征检测器实现特征点检测。下面分别以 FAST 算法和 SITF 算法为例,通过创建特征检测器检测图像的特征点,并把检测到的特征点利用 cv2.drawKeypoints()函数在图像上显示输出。

【例 6.9】　分别用 FAST 算法和 SIFT 算法实现图像的角点检测。

```
import numpy as np
import cv2
# 读入图像
img1 = cv2.imread('f:/cs/animal.jpg')
img2 = cv2.imread('f:/cs/animal.jpg')
gray1 = cv2.cvtColor(img1, cv2.COLOR_BGR2GRAY)
gray2 = cv2.cvtColor(img2, cv2.COLOR_BGR2GRAY)
# 创建特征点检测器
fast = cv2.FastFeatureDetector_create(
threshold = 60, nonmaxSuppression = True, type = cv2.FAST_FEATURE_DETECTOR_TYPE_9_16)
sift = cv2.xfeatures2d.SIFT_create()
# 开始检测特征点
```

```
kp = fast.detect(gray1,None)
keypoints,descriptor = sift.detectAndCompute(gray2, None)
# 绘制特征图
img1 = cv2.drawKeypoints(img1,kp,img1,color = (255,0,0))
img2 = cv2.drawKeypoints(image = img2,outImage = img2,keypoints = keypoints,
                    flags = cv2.DRAW_MATCHES_FLAGS_DEFAULT,color = (0,0,255))
# 输出图像
cv2.imshow('FAST',img1)
cv2.imshow('SIFT',img2)
cv2.waitKey(0)
cv2.destroyAllWindows()
```

程序运行结果如图 6.19 和图 6.20 所示。

图 6.19　FAST 检测结果　　　　图 6.20　SIFT 检测结果

除了上述角点检测算法外,还有 SURF、ORB、KLT、Forstner、Shi-Tomasi 等多种角点检测算法,算法原理不再逐一介绍,算法的程序实现在 OpenCV 中也有相应的检测算子函数和特征检测器可以直接使用。

2. 角点的匹配

在得到两幅图像的特征点(角点)后,下一步就要对提取出的角点进行匹配,找出两幅图像角点之间的对应关系,以寻找空间变换关系,确定变换矩阵并求解参数,实现图像配准。常用的角点匹配方法有以下 3 种。

(1) Brute-Force(暴力匹配)。在第一幅图像上选取一个关键点,然后依次与第二幅图像的每个关键点进行(描述符)距离测试,最后返回距离最近的关键点。不过这样匹配的错误点就会很多,所以常用交叉匹配法消除错误匹配。交叉匹配法指的是,反过来匹配一次,用匹配到第二幅图像的关键点反过来匹配第一幅图的点,如果匹配结果与原来相同,则认为是正确匹配。

(2) KNN(K 近邻匹配)。在匹配时选择 K 个和特征点最相似的点,如果这 K 个点之间的区别足够大,则选择最相似的那个点作为匹配点,通常选择 $K = 2$。KNN 匹配也会出现一些误匹配,这时需要对比第一邻近与第二邻近之间的距离大小,假如 distance_1< (0.5～0.7)×distance_2,则认为是正确匹配。

(3) FLANN(Fast Library for Approximate Nearest Neighbors)。这是快速最近邻搜索包的简称,是最近邻搜索算法的集合,而且这些算法都已经被优化过了。在面对大数据集时它的效果要好于 BFMatcher。

一般调用 cv2.BruteForceMatcher()或者 cv2.FlannBasedMatcher()函数来进行特征点匹配,FLANN 里边就包含 KNN、KD 树,还有其他的最近邻算法。找到两幅图像角点的匹配关系后,可以使用 OpenCV 中的库函数 findHomography()函数计算两幅图像的单应性矩阵,求解变换参数,从而实现图像配准。

【例 6.10】 利用 SIFT 特征检测算法+FLANN 匹配算法编程,实现对目标的匹配定位:

```
import numpy as np
import cv2
from Matplotlib import pyplot as plt
MIN_MATCH_COUNT = 10
img1 = cv2.imread('f:/cs/pic1.jpg',1)
img2 = cv2.imread('f:/cs/pic.jpg',1)
# 使用 SIFT 检测角点
sift = cv2.xfeatures2d.SIFT_create()          # OpenCV 版本 4.5.3 以上使用 cv2.SIFT_create()函数
# 获取关键点和描述符
kp1, des1 = sift.detectAndCompute(img1,None)
kp2, des2 = sift.detectAndCompute(img2,None)
# 定义 FLANN 匹配器
index_params = dict(algorithm = 5, trees = 5)
search_params = dict(checks = 50)
flann = cv2.FlannBasedMatcher(index_params, search_params)
# 使用 KNN 算法匹配
matches = flann.knnMatch(des1,des2,k = 2)
# 去除错误匹配
good = []
for m,n in matches:
    if m.distance <= 0.7 * n.distance:
    good.append(m)
# 单应性
if len(good)> MIN_MATCH_COUNT:
    # 改变数组的表现形式,不改变数据内容,数据内容是每个关键点的坐标位置
    src_pts = np.float32([ kp1[m.queryIdx].pt for m in good ]).reshape( -1,1,2)
    dst_pts = np.float32([ kp2[m.trainIdx].pt for m in good ]).reshape( -1,1,2)
    # 计算变换矩阵,使用 RANSAC 算法寻找一个最佳单应性矩阵 M
    M, mask = cv2.findHomography(src_pts, dst_pts, cv2.RANSAC,5.0)
    # ravel 方法将数据降维处理,最后转换成列表格式
    matchesMask = mask.ravel().tolist()
    h,w,dim = img1.shape # 获取 img1 的图像尺寸
    # pts 是图像 img1 的 4 个顶点
    pts = np.float32([[0,0],[0,h-1],[w-1,h-1],[w-1,0]]).reshape( -1,1,2)
    dst = cv2.perspectiveTransform(pts,M) # 计算变换后的 4 个顶点坐标位置
    # 根据 4 个顶点坐标位置在 img2 图像画出变换后的边框
    img2 = cv2.polylines(img2,[np.int32(dst)],True,(255,255,255),1, cv2.LINE_AA)
else:
    print("Not enough matches are found - %d/%d") % (len(good),MIN_MATCH_COUNT)
    matchesMask = None
# 显示匹配结果
draw_params = dict(matchColor = (0,255,0), singlePointColor = None,matchesMask = matchesMask,
flags = 2)
img3 = cv2.drawMatches(img1,kp1,img2,kp2,good,None, ** draw_params)
plt.figure(figsize = (20,20))
plt.imshow(cv2.cvtColor(img3,cv2.COLOR_BGR2RGB))
plt.show()
```

程序运行结果如图 6.21 所示。

6.4.2 基于线特征的图像配准

线特征一般指图像中灰度梯度较大的边界、轮廓等线状特征。其中,边缘作为图像最基

(b) 待检测图

(a) 原图

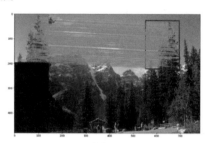

(c) 特征匹配图

图 6.21　SIFT＋FLANN 特征检测效果

本的特征,一般都表现为图像局部特征的不连续性,是图像上灰度梯度较大处的边界线。轮廓是指物体在图像场景中的完整边界,与边缘区别,突出边界的完整性,一般认为边缘包含了全部轮廓。

　　基于线特征的图像配准方法的主要思路:首先提取图像的边缘、轮廓特征,然后通过图像间特征匹配关系确定几何变换模型,最后实现图像间的配准。

1. 边缘、轮廓的提取

　　近年来,随着图像分割、特征检测等技术的发展,边缘检测技术逐渐成熟,已经有很多经典的边缘检测算子可以实现对图像边缘的提取,它们实质上是通过计算图像中每个像素点在其较小邻域内的灰度变化程度,即通过计算一阶或二阶方向导数变化来进行边缘检测。其中,一阶导数是以灰度最大值作为对应的边缘位置,而二阶导数则以过零点作为对应边缘的位置。

　　(1) 常用的边缘检测算子。常用的边缘检测算子有 Robert 算子、Prewitt 算子、Sobel 算子、Lapacian 算子、Canny 算子等。

　　① Robert 算子又称为交叉微分算法,通过局部差分计算实现边缘检测。Robert 算子的模板分为水平方向 d_x 和垂直方向 d_y,从其模板可以看出,Robert 算子能较好地增强 $\pm 45°$ 的图像边缘,因此当图像边缘接近于 $+45°$ 或 $-45°$ 时,该算法处理效果更理想,缺点是对边缘的定位不太准确,提取的边缘线条较粗。Roberts 算子常用来处理具有陡峭的低噪声图像。

$$d_x = \begin{bmatrix} -1 & 0 \\ 0 & 1 \end{bmatrix} \quad d_y = \begin{bmatrix} 0 & -1 \\ 1 & 0 \end{bmatrix}$$

　　② Prewitt 算子是一种图像边缘检测的微分算子,原理是利用特定区域内像素灰度值产生的差分实现边缘检测,它采用 3×3 模板对区域内的像素值进行计算,其计算模板如下所示。从模板可以看出,Prewitt 算子的边缘检测结果在水平方向和垂直方向均比 Robert

算子更加明显。Prewitt 算子适合用来识别噪声较多、灰度渐变的图像。

$$\boldsymbol{d}_x = \begin{bmatrix} -1 & 0 & 1 \\ -1 & 0 & 1 \\ -1 & 0 & 1 \end{bmatrix} \quad \boldsymbol{d}_y = \begin{bmatrix} -1 & -1 & -1 \\ 0 & 0 & 0 \\ 1 & 1 & 1 \end{bmatrix}$$

③ Sobel 算子是一种用于边缘检测的离散微分算子,它根据像素点上下、左右邻点的灰度加权差,在边缘处达到极值这一现象来检测边缘。Sobel 算子结合了高斯平滑和微分求导,因此对噪声具有一定的平滑作用,能提供较为精确的边缘方向信息,常用于噪声较多、灰度渐变的图像。当对精度要求不是很高时,是一种较为常用的边缘检测方法。

Sobel 算子模板如下所示,其中 $\boldsymbol{d}_x$ 表示水平方向,$\boldsymbol{d}_y$ 表示垂直方向。

$$\boldsymbol{d}_x = \begin{bmatrix} -1 & 0 & 1 \\ -2 & 0 & 2 \\ -1 & 0 & 1 \end{bmatrix} \quad \boldsymbol{d}_y = \begin{bmatrix} -1 & -2 & -1 \\ 0 & 0 & 0 \\ 1 & 2 & 1 \end{bmatrix}$$

④ 拉普拉斯算子是 n 维欧几里得空间中的一个二阶微分算子,通过灰度差分计算邻域内的像素。其具有各向同性,即与坐标轴方向无关,坐标轴旋转后梯度结果不变。缺点是对噪声比较敏感,所以图像一般先经过平滑处理。

拉普拉斯算子分为 4 邻域和 8 邻域,4 邻域是对邻域中心像素的 4 个方向求梯度,8 邻域是对 8 个方向求梯度。拉普拉斯算子模板如下所示。

其中:4 邻域模板为 $\boldsymbol{H} = \begin{bmatrix} 0 & -1 & 0 \\ -1 & 4 & -1 \\ 0 & -1 & 0 \end{bmatrix}$;8 邻域模板为 $\boldsymbol{H} = \begin{bmatrix} -1 & -1 & -1 \\ -1 & 8 & -1 \\ -1 & -1 & -1 \end{bmatrix}$。

⑤ Canny 算子是最好的阶跃型边缘检测算子,它把一阶导数的局部最大值定义为边缘。其基本思想是:首先对图像选择一定的 Gauss 滤波器进行平滑滤波,然后采用非极值抑制技术进行处理得到最后的边缘图像。它是一个多阶段的算法,主要由图像降噪、计算图像梯度、非极大值抑制和阈值筛选四步组成,实现图像边缘的提取。

(2) 边缘提取的程序实现。

在 OpenCV-Python 中可以使用相应函数完成对边缘检测算子的程序实现。

Roberts 算子和 Prewitt 算子的实现过程比较相似,可以通过 NumPy 定义相应模板,调用 OpenCV 的 filter2D()函数来实现对图像的卷积运算,最终通过 convertScaleAbs()函数和 addWeighted()函数实现图像边缘提取。

在 OpenCV 中将 Sobel 算子和拉普拉斯算子分别封装在 Sobel()和 Laplacian()函数中。

Sobel()函数。

```
dst = Sobel(src, ddepth, dx, dy[, dst[, ksize[, scale[, delta[, borderType]]]]])
```

其中:

① src:输入图像。

② dst:输出的边缘图,其大小和通道数与输入图像相同。

③ ddepth:目标图像所需的深度,不同的输入图像输出目标图像有不同的深度。

④ dx、dy:x、y 方向上的差分阶数,取值 1 或 0。

⑤ ksize:Sobel 算子的大小,其值必须是正数和奇数。

⑥ scale：缩放导数的比例常数，默认情况下没有伸缩系数。

⑦ delta：将结果存入目标图像前，添加到结果中的可选增量值，默认值为 0。

⑧ borderType：边框模式。

Laplacian()函数。

```
dst = Laplacian(src, ddepth[, dst[, ksize[, scale[, delta[, borderType]]]]])
```

其中：

① 参数 src、dst、ddepth、delta、borderType 同 Sobel()函数。

② ksize：用于计算二阶导数滤波器的孔径大小，其值必须是正数和奇数，默认值为 1，表示采用 4 邻域模板进行变换处理。

③ scale：计算 Laplacian 算子值的可选比例因子，默认值为 1。

【例 6.11】 图像的边缘检测。

以下分别利用 Roberts、Prewitt、Sobel 和拉普拉斯这 4 种边缘检测算法实现对图像的边缘检测，程序及效果对比图如下：

```
import cv2
import numpy as np
import Matplotlib.pyplot as plt
img = cv2.imread('f:/cs/lena.jpg')
img_RGB = cv2.cvtColor(img, cv2.COLOR_BGR2RGB)
grayImage = cv2.cvtColor(img, cv2.COLOR_BGR2GRAY)
#高斯滤波
gaussianBlur = cv2.GaussianBlur(grayImage, (3,3), 0)
#阈值处理
ret,binary = cv2.threshold(gaussianBlur, 127, 255, cv2.THRESH_BINARY)
#Roberts 算子
kernelx = np.array([[-1,0],[0,1]], dtype = int)
kernely = np.array([[0,-1],[1,0]], dtype = int)
x = cv2.filter2D(binary, cv2.CV_16S,kernelx)
y = cv2.filter2D(binary, cv2.CV_16S,kernely)
absX = cv2.convertScaleAbs(x)
absY = cv2.convertScaleAbs(y)
Roberts = cv2.addWeighted(absX, 0.5, absY, 0.5, 0)
#Prewitt 算子
kernelx = np.array([[1,1,1],[0,0,0],[-1,-1,-1]], dtype = int)
kernely = np.array([[-1,0,1],[-1,0,1],[-1,0,1]], dtype = int)
x = cv2.filter2D(binary, cv2.CV_16S,kernelx)
y = cv2.filter2D(binary, cv2.CV_16S,kernely)
absX = cv2.convertScaleAbs(x)
absY = cv2.convertScaleAbs(y)
Prewitt = cv2.addWeighted(absX,0.5,absY,0.5,0)
#Sobel 算子
x = cv2.Sobel(binary, cv2.CV_16S, 1, 0)
y = cv2.Sobel(binary, cv2.CV_16S, 0, 1)
absX = cv2.convertScaleAbs(x)
absY = cv2.convertScaleAbs(y)
Sobel = cv2.addWeighted(absX, 0.5, absY, 0.5, 0)
#Laplacian 算子
dst = cv2.Laplacian(binary, cv2.CV_16S, ksize = 3)
Laplacian = cv2.convertScaleAbs(dst)
# 显示图形
plt.rcParams['font.sans-serif'] = ['SimHei']
plt.subplot(231),plt.imshow(img_RGB),plt.title('原始图像'),plt.axis('off')
```

```
plt.subplot(232),plt.imshow(binary,cmap = plt.cm.gray)
plt.title('二值图'),plt.axis('off')
plt.subplot(233),plt.imshow(Roberts,cmap = plt.cm.gray )
plt.title('Roberts 算子'),plt.axis('off')
plt.subplot(234),plt.imshow(Prewitt, cmap = plt.cm.gray )
plt.title('Prewitt 算子'),plt.axis('off')
plt.subplot(235),plt.imshow(Sobel, cmap = plt.cm.gray )
plt.title('Sobel 算子'),plt.axis('off')
plt.subplot(236),plt.imshow(Laplacian, cmap = plt.cm.gray )
plt.title('Laplacian 算子'),plt.axis('off')
plt.show()
```

程序中 filter2D()函数主要是利用内核实现对图像的卷积运算。

filter2D()函数用法如下：

```
dst = filter2D (src, ddepth, kernel[, dst[, anchor[, delta[, borderType]]]])
```

其中：

① src：输入图像。

② dst：输出的边缘图,其大小和通道数与输入图像相同。

③ ddepth：目标图像所需的深度。

④ kernel：表示卷积核,一个单通道浮点型矩阵。

⑤ anchor：表示内核的基准点,其默认值为(−1,−1),位于中心位置。

⑥ delta：在储存目标图像前可选的添加到像素的值,默认值为 0。

⑦ borderType：边框模式。

程序运行结果如图 6.22 所示。

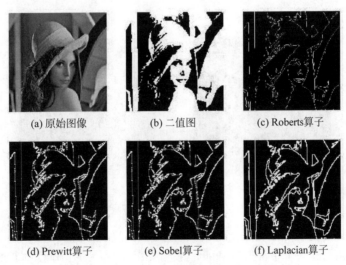

(a) 原始图像　　　　(b) 二值图　　　　(c) Roberts算子

(d) Prewitt算子　　　(e) Sobel算子　　　(f) Laplacian算子

图 6.22　4 种边缘检测算子的效果对比

OpenCV 中提供了 Canny()函数用于实现 Canny 算子的边缘检测功能。

函数原型：

```
cv2.Canny(image, threshold1, threshold2[, edges[, apertureSize[, L2gradient ]]])
```

其中：

① image：源图像。

② threshold1、threshold2：最小阈值、最大阈值。

Canny 算子使用双阈值来确定真实和潜在的边缘。如果当前梯度值大于 threshold2，判断为边界；如果当前梯度值小于 threshold1，则舍弃；如果当前梯度值在给定的 threshold1～threshold2：如果其周围的点是边界点，那么当前点保留；否则舍弃。

③ apertureSize：可选参数，计算图像梯度的 Sobel 卷积核的大小，默认值为 3。Canny 检测算法采用 Soble 算子计算各个点的梯度大小和梯度方向。

④ edges：函数返回的二值图，包含检测出的边缘。

⑤ L2gradient：用来设定求梯度大小的方程。

【例 6.12】 应用 Canny 算子实现图像的边缘检测。

以下是利用 cv2.Canny()函数编程实现边缘检测程序和检测效果图。图 6.23(a)和图 6.23(b)是设置了不同的阈值效果，可以看出，当 threshold1 和 threshold2 设置的越小时，所保留的边缘信息越多。

```
import cv2
import numpy as np
#读取图像
img = cv2.imread("f:/cs/lena.jpg", 0)
#阈值1 = 200,阈值2 = 350
dst1 = cv2.Canny(img,200,350)
#阈值1 = 100,阈值2 = 150
dst2 = cv2.Canny(img,100,150)
cv2.imshow("Canny1", dst1)
cv2.imshow("Canny2", dst2)
cv2.waitKey()
cv2.destroyAllWindows()
```

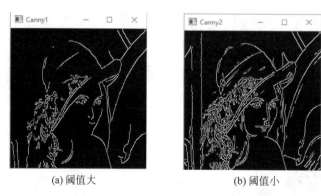

(a) 阈值大　　　　　　　　　　　(b) 阈值小

图 6.23　Canny 算子边缘检测效果

（3）图像轮廓的提取可以借助上述经典算子在边缘检测之后，通过寻找闭合边缘获得。程序中可以使用 OpenCV-Python 中的 cv2.findCountours()函数实现轮廓检测，cv2.drawContours()函数进行轮廓绘制。

【例 6.13】 图像轮廓检测及轮廓绘制。

```
import cv2
#读取原图,并转换为灰度图像
img = cv2.imread('f:/cs/lena.jpg')
gray = cv2.cvtColor(img,cv2.COLOR_BGR2GRAY)
#求二值图像
ret,binary = cv2.threshold(gray,127,255,cv2.THRESH_BINARY)
```

```
#轮廓检测
Binary,contours,hierarchy = cv2.findContours(binary,cv2.RETR_TREE,cv2.CHAIN_APPROX_SIMPLE)
#绘制轮廓
cv2.drawContours(img,contours, - 1,(255,0,0),1)
#显示图像
cv2.imshow("img", img)
cv2.waitKey(0)
```

运行结果如图 6.24 所示。

2. 图像边缘的匹配

获得图像的边缘特征后,就可以进行图像边缘匹配了。
首先选择边缘曲线的表达方式,常用的描述方法有链码、多边
形和样条逼近。当选定表达方式之后,还需要对目标进行描
述,一般是通过一些方法生成数值的描述子串来描述形状,常
用的几何特征有面积、周长、长短轴、紧密度、实心度、偏心率、
凹凸度等。目前常用的匹配算法有以下几种。

图 6.24　轮廓提取效果

(1) 边缘直接匹配算法。

提取边缘后的图像二值信号,即边缘是"1"、非边缘是
"0"。图像匹配时可以用参考图像的边缘图在实时图像的边缘图上逐点搜索,计算每个位置
的相似程度,取得极值的点就是两者相对应的位置。一般用平方差边缘匹配算法或最小绝
对值边缘匹配算法来实现。但该方法有着致命的缺点,就是图像畸变、旋转与缩放变化对匹
配结果影响较大。

(2) 基于曲率的边缘匹配。

曲率指曲线上某个点的切线方向角对弧长的转动率,体现了曲线的弯曲程度。

曲率的数学定义为:设曲线 C 具有连续转动的切线,在 C 上任意选择两点 M_0 和 M,
两点之间的弧长记为 Δs,两切线之间夹角记为 $\Delta \alpha$,夹角 $\Delta \alpha$ 与弧长 Δs 之间的比值称为平均
曲率 $\bar{k}$,当 $\Delta s \rightarrow 0$ 时,平均曲率 $\bar{k}$ 的极限值就是点 M_0 处的曲率,即

$$k = \lim_{\Delta s \to 0} \frac{\Delta s}{\Delta \alpha}$$

该点的曲率半径 $\rho = 1/k$。

6.4.3　基于区域特征的图像配准

在图像配准中,有些图像并没有明显的点或线特征,或者其中的点或线特征不容易提
取,但图像中却具有某些特定意义的局部区域,此时可以借助图像分割及区域边缘优化将图
像分割成封闭区域,再通过区域特征的提取及描述、特征匹配等处理来确定图像间的变换模
型参数,从而实现图像配准。基于区域特征的图像配准流程如图 6.25 所示。

图像分割的任务就是把图像分成互不交叠的有意义的区域,以便进一步处理、分析和应
用。图像分割方法主要分为两类:一类是边界方法,通过边缘检测和边缘连接来完成图像
分割;另一类是区域方法,这类方法主要有阈值分割、聚类和区域生长的方法。具体方法参
见图像分割章节。

两幅图像的配准,是基于获取的区域特征来进行的。区域特征描述符主要有边界长度、
边界直径、区域面积、区域周长、区域圆心率、矩和链码等,这些描述符可以单独使用,也可以

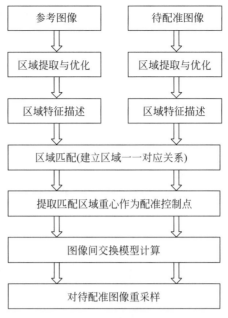

图 6.25 基于区域特征的图像配准流程

联合使用。

图像区域面积是指区域内包含的像素数。图像区域周长是区域轮廓线上像素间距离之和。

区域圆心率是在计算得出区域面积和周长的基础上,衡量区域的形状复杂程度的特征量。一般用下式计算圆心率,即

$$e = \frac{4\pi \times 面积}{(周长)^2}$$

式中,e 为圆心率,可以看出,e 越大,形状越接近于圆,e 越小,形状越复杂,e 值的范围在 $0 \sim 1$。

重心就是计算目标区域中像素坐标的平均值。例如,某区域像素的坐标为(x_i, y_i) $(i=0,1,\cdots,)$,其重心坐标(x_0, y_0)可由下式求得

$$(x_0, y_0) = \left[\frac{1}{n}\sum_{i=0}^{n-1} x_i, \frac{1}{n}\sum_{i=0}^{n-1} y_i \right]$$

区域特征的匹配是基于上述特征描述进行的,通过计算相似度找出两幅图像最相近的区域对,再利用匹配区域的重心作为配准控制点,求出两个图像的变换模型参数,从而实现图像配准。

【例 6.14】 应用边缘检测、轮廓识别、区域周长和特征配准等技术实现车牌识别。

图 6.26 车牌识别原图

车牌识别过程分为三步。

第一步:车牌检测。从图 6.26 所示的汽车上检测车牌所在位置。使用 OpenCV 中矩形的轮廓检测来寻找车牌。如果知道车牌的确切尺寸、颜色和大致位置,则可以提高准确性。通常,也会将根据摄像机的位置和该特定国家/地区所使用的车牌类型来训练检测

算法。

第二步：字符分割。检测到车牌后，必须将其裁剪并保存为新图像。

第三步：字符识别。应用 OCR（光学字符识别）技术对获得的新图像进行字符检测。

在第一步的车牌检测中，每张图片都会包含有用和无用的信息，这种情况下，只有牌照是有用的信息，其余的信息几乎是无用的噪声。通常，使用双边滤波（模糊）从图像中删除不需要的细节，然后应用 canny 算法进行边缘检测，之后在图像上寻找轮廓。这一步的核心代码如下。

```
import cv2
img = cv2.imread("car.jpg",1)
img = cv2.resize(img,(620,480))                    #调整大小后,可以避免使用较大分辨率的图像
gray = cv2.cvtColor(img,cv2.COLOR_BGR2GRAY)        #灰度图会加快后续处理速度
gray = cv2.bilateralFilter(gray,13,15,15)          #使用双边滤波,保持边界清晰
edged = cv2.Canny(gray,30,200)                     #canny算子边缘检测 30 到 200 之间的灰度值
#矩形轮廓检测,接受二值图
car = edged.copy()
contours = cv2.findContours(car,cv2.RETR_TREE,cv2.CHAIN_APPROX_SIMPLE)
```

接下来，将所有轮廓 contours 按从大到小进行排序，并只考虑前 10 个结果而忽略其他结果。计数器可以是具有闭合表面的任何事物，但是在所有获得的结果中，牌照号码也将存在，因为它也是闭合表面。为了过滤获得的结果中的车牌图像，遍历所有结果，并检查其具有四个侧面和闭合图形的矩形轮廓，因为车牌肯定是四边形的矩形。找到正确的计数器后，将其保存在名为 screenCnt 的变量中，然后在其周围绘制一个矩形框，以确保已正确检测到车牌。这部分的核心代码如下。

```
import imutils #pip install imutils
#返回 contours 里的轮廓,imutils 经常搭配 cv2.findContours 一起使用
contours = imutils.grab_contours(contours)
#排序,选择前 10 个
contours = sorted(contours,key = cv2.contourArea,reverse = True)[:10]
screenCnt = None
for c in contours:
    peri = cv2.arcLength(c,True)                    #计算轮廓周长
    approx = cv2.approxPolyDP(c,0.058 * peri,True)
    if len(approx) == 4:                           #矩形
        screenCnt = approx
        break
import numpy as np
mask = np.zeros(gray.shape,np.uint8)
new_image = cv2.drawContours(mask,[screenCnt],0,255,-1)
new_image = cv2.bitwise_and(img,img,mask = mask)   #mask 为提取区域
```

程序中的 cv2.approxPolyDP(c,0.058 * peri,True) 函数指定的精度将轮廓形状近似为具有较少顶点数的另一个形状。参数 1 是源图像的某个轮廓；参数 2（epsilon）是一个距离值，表示多边形的轮廓接近实际轮廓的程度，值越小，越精确；参数 3 表示是否闭合。当轮廓定点数为 4 时，说明是矩形轮廓，图形 new_image 就是检测出车牌的新图像。

现在知道了车牌在哪里，其余的信息几乎没有用。因此，对整个图片进行遮罩，通过裁剪车牌并将其保存为新图像，将车牌从图像中分割出来，Cropped 即为分割出的车牌图像。代码如下。

```
(x,y) = np.where(mask == 255)
(topx,topy) = (np.min(x),np.min(y))
(bottomx,bottomy) = (np.max(x),np.max(y))
Cropped = new_image[topx:bottomx + 1,topy:bottomy + 1]
```

车牌识别的最后一步是通过 Pytesseract 模块的 image_to_string()函数进行图像的字符识别的。Pytesseract 是一款用于光学字符识别(OCR)的 Python 工具,即从图片中识别和读取其中嵌入的文字。Ptesseract 是对 Tesseract-OCR 的一层封装,同时也可以单独作为 Tesseract 引擎的调用脚本,支持使用 PIL 库(Python Imaging Library)读取各种图片文件类型,包括 jpeg、png、gif、bmp、tiff 等格式。作为脚本使用时,Pytesseract 将打印识别出的文字,而不是将其写入文件。

安装 Pytesseract 模块需要满足如下要求:

(1) Python 版本必须是 python3.x;

(2) 安装 Python 的图像处理库 PIL(或 Pillow);

(3) 安装谷歌的 OCR 识别引擎 Tesseract-OCR。

通过 cmd 输入"pip install pytesseract"命令进行安装。字符识别的代码如下。

```
import pytesseract        # pip install pytesseract -- user
text = pytesseract.image_to_string(Cropped)
print("Licence plate Number:",text)
```

运行结果为 Licence plate Number：CZ20FSE

将中间过度的图片显示出来,如图 6.27 所示。代码如下。

```
cv2.imshow("grayed",gray)
cv2.imshow("edged",edged)
cv2.imshow("new_image",new_image)
cv2.imshow("Cropped",Cropped)
cv2.waitKey()
cv2.destroyAllWindows()
```

(a) 灰度图gray   (b) 边缘检测图edged   (c) 车牌检测图new_image   (d) 分割车牌图Cropped

图 6.27　车牌识别过程中产生的中间图像

6.5　基于变换域的图像配准

基于变换域的图像配准方法主要包括基于傅里叶变换、小波变换、Warsh 变换等方法。其中常用的是基于傅里叶变换图像配准方法。傅里叶变换能够把一幅图像从空间域变换到只包含不同频率信息的频率域,通过傅里叶变换,原始图像上的灰度突变部位、图像结构复杂的区域、图像细节及干扰噪声等信息将集中在高频区,而原始图像上灰度变化平缓部位的信息集中在低频区。

傅里叶变换用于图像配准的基本原理：在图像域的平移等价于在傅里叶域的相位平移；直角坐标系下的旋转可以转换成极坐标系下的平移；直角坐标系下的尺度变换可以转换为对数坐标系下的平移。这些理论被广泛用于图像配准中。

6.5.1 傅里叶变换特性

1. 平移特性

如果图像 $f_2(x,y)$ 是图像 $f_1(x,y)$ 经过 (x_0,y_0) 后的图像，即

$$f_2(x,y)=f_1(x-x_0,y-y_0)$$

则对应的傅里叶变换 F_1 和 F_2 的关系为

$$F_2(u,v)=\mathrm{e}^{-\mathrm{j}2\pi(ux_0+vy_0)}F_1(u,v)$$

式中，u、v 为图像在傅里叶空间的位置。

且对应频域中两个图像的互能量谱为

$$\frac{F_1(u,v)F_2^*((u,v))}{|F_1((u,v))F_2^*((u,v))|}=\mathrm{e}^{\mathrm{j}2\pi(ux_0+vy_0)}$$

式中，F_2^* 为 F_2 的复共轭。

平移理论表明，互能量谱的相位等于图像间的相位差。通过对互能量谱进行反变换，就可得到一个脉冲函数 $\delta(x-x_0,y-y_0)$。此函数在偏移位置处有明显的尖锐峰值，而其他位置的值接近零，根据这点就能找到两图像间的偏移量。

相位相关法的主要依据就是傅里叶的平移原理。相位相关是一种基于傅里叶功率谱的频域相关技术，该技术利用傅里叶变换的平移特性，解决了仅存在平移关系的图像间的配准问题。

2. 旋转特性

如果 $f_2(x,y)$ 是图像 $f_1(x,y)$ 经平移 (x_0,y_0)、旋转 θ_0 后的图像，即

$$f_2(x,y)=f_1(x\cos\theta_0+y\sin\theta_0-x_0,-x\sin\theta_0+y\cos\theta_0-y_0)$$

根据傅里叶的旋转平移特性，变换后两图像间关系为

$$F_2(u,v)=\mathrm{e}^{-\mathrm{j}2\pi(ux_0+vy_0)}F_1(u\cos\theta_0+v\sin\theta_0,-u\sin\theta_0+v\cos\theta_0)$$

假设 M_1、M_2 分别是 F_1、F_2 的能量，则

$$M_2(u,v)=M_1(u\cos\theta_0+v\sin\theta_0,-u\sin\theta_0+v\cos\theta_0)$$

由此可以看出，F_1、F_2 的能量是相同的，不过其中一个是另一个旋转后的副本。直角坐标系中的旋转对应着极坐标角度的平移，因此将其进行极坐标描述为

$$M_1(\rho,\theta)=M_2(\rho,\theta-\theta_0)$$

这样，直角坐标系下的旋转就可以通过测量极坐标系下的平移而获得，即在极坐标系中利用相位相关技术找到平移量，然后换算成直角坐标系下的旋转角度。

3. 比例放缩特性

如果 f_2 为 f_1 分别在水平方向和垂直方向上进行比例缩放后的图像，缩放因子为 (a,b)，根据傅里叶尺度变换特性，有

$$F_2(u,v)=\frac{1}{ab}F_1\left(\frac{u}{a},\frac{v}{b}\right)$$

为了使用简单的相位相关技术,将图像的频谱变换到对数坐标下,比例变换可转换为平移变换(忽略乘积因子 $\frac{1}{ab}$),即

$$F_2(\log u, \log v) = F_1(\log u - \log a, \log v - \log b)$$

上式可简写成

$$F_2(x, y) = F_1(x - c, y - d)$$

可以看出,在变换到对数坐标后,具有尺度变换的两幅图像的频谱具有平移关系,这样,在变换后的图像中,平移 (c, d) 可通过相位相关技术得到,尺度因子 (a, b) 由 (c, d) 得到

$$a = e^c, \quad b = e^d$$

从上面可以看到,对于图像的旋转和比例变换配准都可以通过坐标系的转换使用相位相关技术来获得。由于快速傅里叶变换的实现,使得这些相位相关技术的运算时间大大减少,并在实际应用中占有优势。

6.5.2　基于傅里叶变换的图像配准

运用傅里叶变换解决图像配准的基本步骤是将图像在直角坐标系下的旋转和缩放转化为对数极坐标系下的平移,通过相位相关求得平移量就得到了图像的缩放倍率和旋转角度,然后根据倍率和旋转角度做矫正,再直接利用相位相关求得平移量,就得到了两幅图像的相对位移、旋转角度和缩放比例,最终实现图像的配准。

在 Python 中对图像进行傅里叶变换,可以采用 NumPy 库和 OpenCV 库中专门的傅里叶变换和逆变换函数。

(1) NumPy 库中实现傅里叶变换的函数如下:

```
#傅里叶变换
f = numpy.fft.fft2(img)
#将零频率分量移到频谱中心
fshift = numpy.fft.fftshift(f)
#设置频谱范围
res = numpy.log(np.abs(fshift))
#傅里叶逆变换
ishift = numpy.fft.ifftshift(fshift)
```

(2) OpenCV 库中实现傅里叶变换的函数如下:

```
#傅里叶变换
dft = cv2.dft(np.float32(img), flags = cv2.DFT_COMPLEX_OUTPUT)
#傅里叶逆变换
iimg = cv2.idft(ishift)
#返回傅里叶变换后 iimg 的幅值
res2 = cv2.magnitude(iimg[:,:,0], iimg[:,:,1])
```
实训 7 实现了一个基于傅里叶变换的图像配准示例.

6.6　图像配准的评价

依据标准客观的衡量图像配准算法的优劣并给出公正的评价,对于现有的配准算法的改进、新的配准算法的提出,以及在实际应用中选择合适的配准算法都具有重要意义。但在

实际配准过程中,特别是在多模图像配准中,待配准的多幅图像都是在不同时间或不同条件下获取,没有绝对的配准问题,即不存在统一的临床实践的金标准,只有相对的最优配准。因此,衡量一种图像配准算法的好坏,需要根据具体应用提出具体性能指标,然后制定具体可行的评定标准。

在对图像配准算法的评价中,常用到的评价标准涉及:算法精度、速度、鲁棒性、通用性、自动性等。在不同的应用环境下,要选择合适的指标进行评价。

算法精度,表征系统属性,用来描述整个配准系统的误差,可以让一个理想输入通过配准系统后获取。

算法速度表示算法的时间复杂度。除了算法本身的计算复杂度外,算法的运算速度还与具体的运行平台、硬件条件和编程语言有关。因此,有时也可以间接地比较算法的速度,如可以通过统计搜索算法的迭代次数来比较配准算法的搜索效率。

算法的鲁棒性指的是算法准确度的稳定性。一个高鲁棒性的算法能够在它的所有输入参数改变时,其准确度或可靠性不会很明显地改变。鲁棒的算法应该具有连续高的准确度或者可靠性,它决定了算法的使用价值。

通用性考察配准算法是否只针对特定器官组织有效,对于高维数据是否同样适用。基于特征的配准由于涉及特征提取或分割操作,一般通用性较差。互信息法对待配准数据没有任何要求,具有很强的通用性。

自动化是指配准过程中人的参与程度。交互式配准虽然交互性最高,但若交互程度太大,往往会导致配准方法的实用性降低。而全自动是虽然实用性强,但若进行适当的交互,则可以大大简化、加速配准过程,提高鲁棒性。

6.7 图像融合

6.7.1 图像融合的概念

图像融合(Image Fusion)是指将多源信道所采集到的关于同一目标的图像数据经过图像处理和计算机技术等,最大限度地提取各自信道中的有利信息,最后综合成高质量的图像,以提高图像信息的利用率、改善计算机解译精度和可靠性、提升原始图像的空间分辨率和光谱分辨率,利于监测。简单来说,图像融合就是将两幅或多幅图像中的信息综合到一幅图像中,并以可视化方法显示的技术。

图像融合的最终目标是得到质量更高、信息更全的图像信息,而经过图像融合后,原有的若干图像可以互补,也可以去除部分冗余信息,可以更好地分析、理解场景,并能更好地检测识别图像或追踪目标。一个好的图像融合技术应尽量保留源图像中的有用信息,去除冗余信息,使得图像更加适应人的感官要求。得到质量更高的图像信息是图像融合的最终目的。待融合的图像应该是已经配准好并且像素位宽一致,只有这样融合的图像才有意义。

6.7.2 图像融合的分类

一般情况下,图像融合由低到高分为 3 个层次,即像素级融合、特征级融合、决策级融合。

像素级融合是 3 个层次中最基本的融合,是指在严格配准条件下对各种传感器采集来的数据进行处理而获得融合图像的过程,它是高层次图像融合的基础,也是目前图像融合研究的重点之一。该层次的融合准确性最高,经过像素级图像融合以后得到的图像具有更多的细节信息,有利于图像的进一步分析、处理与理解。但像素级图像融合由于处理的数据量最大、处理时间较长,无法实现实时处理,另外它要求对待融合的图片必须事先进行严格的配准;否则将导致融合后的图像模糊,目标和细节不清楚、不精确。

特征级融合属于中间层,先提取来自传感器的原始图像中的特征,之后对于提取到的特征信息进行综合分析、处理与整合,从而得到融合后的图像特征。由于特征级融合对图像信息进行了压缩,再用计算机分析与处理,所消耗的内存与时间与像素级相比都会减少,实时性有所提高。特征级图像融合对图像匹配的精确度的要求没有像素级那么高,计算速度也较快,可是它提取图像特征作为融合信息,所以会丢掉很多的细节性特征。

决策级融合是高层次的融合,有针对性地根据所提问题的具体要求,将来自特征级图像所得到的特征信息加以利用,然后根据一定的准则以及每个决策的可信度(目标存在的概率)直接作出最优决策。该融合具有实时性最好、处理速度最快等优点,但在融合的过程中,信息损失数量也是非常大的。

目前很多的图像融合算法就是依据上述的 3 个层次提出来的,其中研究和应用最多的是像素级图像融合,已经提出的绝大多数的图像融合算法均属于该层次上的融合。像素级融合中又分为空间域算法和变换域算法,其中空间域融合方法包括逻辑滤波法、加权平均法、数学形态法、图像代数法和模拟退火法等。变换域方法包括金字塔图像融合法、小波变换图像融合法和多尺度分解法等。

6.7.3　一个简单图像融合实例

下面以加权平均法为例编程实现一个简单图像融合。

加权平均法是将两幅输入图像 $g_1(i,j)$ 和 $g_2(i,j)$ 各自乘上一个权系数,融合而成新的图像 $F(i,j)$。

$$F(i,j)=ag_1(i,j)+(1-a)g_2(i,j)$$

式中,a 为权重因子,且 $0 \leqslant a \leqslant 1$,可以根据需要调节 a 的大小。该算法实现简单,其困难在于如何选择权重系数,才能达到最佳的视觉效果。

Python-OpenCV 中可以采用 cv2. addWeighted()函数实现图像融合。

函数原型:

```
cv2.addWeighted(src1, alpha, src2, beta, gamma, dst = None, dtype = None)
```

其中,src1 和 src2 是待叠加的两个图像,两个图像的大小、通道数必须一致;alpha 和 beta 是两个图像的权重,增大权重可以突出对应图像在融合结果中的明显程度;gamma 是必选参数。两个图像融合后添加的数值,总和等于 255 以上就是纯白色了。

Python 程序实现如下:

```
import cv2
#读入图像
```

```
img1 = cv2.imread('f:/cs/p1.jpg')
img2 = cv2.imread('f:/cs/m1.jpg')
cv2.imshow('img1',img1)
cv2.imshow('img2',img2)
#图像融合
dst = cv2.addWeighted(img1,0.7,img2,0.3,2)
cv2.imshow('dst',dst)
cv2.waitKey()
cv2.destroyAllWindows()
```

加权法图像融合效果如图 6.28 所示。

图 6.28　加权法图像融合效果

说明：如果 img1 和 img2 的大小(shape)不一样，则调用 cv2.addWeighted()函数出错，可以通过 cv2.resice()函数将其变换成一样大小之后，再实现两个图像的融合。

实训 7　基于傅里叶变换的配准实例

利用傅里叶变换实现旋转文本的校正。目前，快速傅里叶变换已经非常成熟，所以基于变换域的图像配准方法实现起来比较容易。傅里叶变换方法的优点是计算速度快、抗噪声能力强。但同时也存在一定的局限性，傅里叶变换法只适合解决图像的灰度属性满足线性正相关的情况，待配准的图像要满足傅里叶变换的条件和关系。

```
import cv2 as cv
import numpy as np
import math
from Matplotlib import pyplot as plt
def fourier_demo():
    #读取文件,灰度化
    img = cv.imread('f:/cs/wb.jpg')
    cv.imshow('original', img)
    gray = cv.cvtColor(img, cv.COLOR_BGR2GRAY)
    cv.imshow('gray', gray)
    #图像延扩
    h, w = img.shape[:2]
    new_h = cv.getOptimalDFTSize(h)
    new_w = cv.getOptimalDFTSize(w)
    right = new_w - w
    bottom = new_h - h
```

```python
        nimg = cv.copyMakeBorder(gray, 0, bottom, 0, right,
                                        borderType = cv.BORDER_CONSTANT, value = 0)
    cv.imshow('new image', nimg)
    # 执行傅里叶变换, 并获得频域图像
    f = np.fft.fft2(nimg)
    fshift = np.fft.fftshift(f)
    magnitude = np.log(np.abs(fshift))
    # 二值化
    magnitude_uint = magnitude.astype(np.uint8)
    ret, thresh = cv.threshold(magnitude_uint, 11, 255, cv.THRESH_BINARY)
    print(ret)
    cv.imshow('thresh', thresh)
    print(thresh.dtype)
    # 霍夫直线变换
    lines = cv.HoughLinesP(thresh, 2, np.pi/180, 30, minLineLength = 40, maxLineGap = 100)
    print(len(lines))
    # 创建一个新图像, 标注直线
    lineimg = np.ones(nimg.shape, dtype = np.uint8)
    lineimg = lineimg * 255
    piThresh = np.pi/180
    pi2 = np.pi/2
    print(piThresh)
    for line in lines:
        x1, y1, x2, y2 = line[0]
        cv.line(lineimg, (x1, y1), (x2, y2), (0, 255, 0), 2)
        if x2 - x1 == 0:
            continue
        else:
            theta = (y2 - y1) / (x2 - x1)
        if abs(theta) < piThresh or abs(theta - pi2) < piThresh:
            continue
        else:
            print(theta)
    angle = math.atan(theta)
    print(angle)
    angle = angle * (180 /np.pi)
    print(angle)
    angle = (angle - 90)/(w/h)
    print(angle)
    center = (w//2, h//2)
    M = cv.getRotationMatrix2D(center, angle, 1.0)
    rotated = cv.warpAffine(img, M, (w, h), flags = cv.INTER_CUBIC,
                                        borderMode = cv.BORDER_REPLICATE)
    cv.imshow('line image', lineimg)
    cv.imshow('rotated', rotated)
fourier_demo()
cv.waitKey(0)
cv.destroyAllWindows()
```

实例效果如图 6.29 所示。

(a) 原始图像

(b) 二值图像

(c) 矫正后文本

图 6.29 文本矫正效果

第7章

图形图像的可视化技术

本章学习目标

- 熟悉可视化工具 Matplotlib 常用函数。
- 绘制柱形图、折线图、点图和分块图。
- 了解医学图像三维重建与可视化。
- 了解面绘制和体绘制的原理和技术。

可视化技术是运用计算机图形学、图像处理、计算机视觉等方法,将科学、工程学、医学等计算、测量过程中的符号、数字信息转换为直观的图形图像,并在屏幕上显示的理论、技术和方法。

7.1 科学计算和可视化

NumPy 与 Matplotlib 是科学计算和可视化操作的重要工具。NumPy 比 Python 列表更具优势,其中一个优势便是速度。在对大型数组执行操作时,NumPy 的速度比 Python 列表的速度快好几倍。因为 NumPy 数组本身能节省内存,并且 NumPy 在执行算术、统计和线性代数运算时采用了优化算法。

NumPy 的另一个强大功能是具有可以表示向量和矩阵的多维数组数据结构。NumPy 对矩阵运算进行了优化,能够高效地执行线性代数运算,非常适合解决机器学习问题。与 Python 列表相比,NumPy 具有的另一个强大优势是具有大量优化的内置数学函数。这些函数能够非常快速地进行各种复杂的数学计算,并且用很少的代码(无须使用复杂的循环),使程序更容易读懂和理解。

Matplotlib 是一个 Python 二维绘图库,已经成为 Python 中公认的数据可视化工具,通过 Matplotlib 可以轻松地画一些简单或复杂图表,几行代码即可生成折线图、直方图、饼图、条形图、散点图和雷达图等。

7.1.1 绘制 Matplotlib 图表组成元素

图表可以使用 Matplotlib.Pyplot 模块中的函数来绘制。使用 Matplotlib 绘制图表需要安装 Matplotlib 和 NumPy 第三方库,NumPy 科学计算库是 Matplotlib 库的基础,Matplotlib 库是建立在 NumPy 库基础上的绘图。

在图形窗口绘制图表,除了设置图表类型外,还包含很多元素,如坐标轴、图表标题、坐标轴标签、坐标轴刻度、网格线、图例等。

绘制图表的主要函数如下。

1. 函数 xlim()、ylim()

功能:设置 x 轴的数值显示范围。

调用:plt.xlim(xmin,xmax)。

参数说明如下。

① xmin:x 轴上的最小值。

② xmax:x 轴上的最大值。

【**注意**】 函数 ylim()是设置 y 轴的数值显示范围,用法与 xlim()类似。

2. 函数 xlabel()、ylabel()

功能:设置 x 轴的标签文本。

调用:plt.xlabel(string)。

【**注意**】 函数 ylabel(string)是设置 y 轴上标签文本。

3. 函数 grid()

功能:绘制刻度线的网格线。

调用:plt.grid(linetype=":",color="r")。

参数说明如下。

① linetype:网格线的线条风格。

② color:网格线的线条颜色。

4. 函数 axline()

功能:绘制平行于 x 轴的水平参考线。

调用:plt.axline(y=0.0,c="r",ls="——",lw=2)。

参数说明如下。

① y:水平参考线的出发点。

② c:参考线的线条颜色。

③ ls:参考线的线条风格。

④ lw:参考线的线条宽度。

【**注意**】 函数 ayline(是绘制平行于 y 轴的水平参考线)。

5. 函数 axvspan()

功能:绘制垂直于 x 轴的参考区域。

格式:plt.axvspan(xmin=1.0,xmax=2.0,facecolor="y",alpha=0.3)

参数说明如下。

① xmin:参考区域的起始位置。

② xmax:参考区域的终止位置。

③ facecolor:参考区域的填充颜色。

④ alpha:参考区域填充颜色的透明度。

【注意】 函数 ayvspan()是绘制垂直于 y 轴的参考区域。

6. 函数 annotate()

功能：添加图形内容的指向性注释文本。

格式：plt. annotate(string,xy＝(np. pi/2,1. 0),xytext－((np. pi/2)＋0. 15,1. 5)，
　　　 weight ＝ "bold", color ＝ "b", arrowprops ＝ dict (arrowstyle ＝ "->"，
　　　 connectionstyle ＝"arc", color＝"b"))

参数说明如下。

① string：图形内容的注释文本。

② xy：被注释图形内容的位置坐标(上述表示在 pi/2 处注释)。

③ xytext：注释文本的位置坐标。

④ weight：注释文本的字体粗细风格。

⑤ color：注释文本的字体颜色。

⑥ arrowprops：指示被注释内容箭头的属性字典。

7. 函数 text()

功能：添加图形内容的无指向性注释文本。

格式：plt. text(x,y,string,weight＝"bold",color＝b)

参数说明如下。

① x：注释文本内容所在位置的横坐标。

② y：注释文本内容所在位置的纵坐标。

③ string：注释文本内容。

④ weight：注释文本内容的粗细风格。

⑤ color：注释文本内容的字体颜色。

8. 函数 title()

功能：添加图形内容的标题。

调用：plt. title(string)。

参数说明如下。

string：图形内容的标题文本。

9. 函数 xticks()

功能：指定 x 轴刻度的数目与取值。

调用：plt. ticks()。

【注意】 函数 plt. yticks()指定 y 轴刻度的数目与取值。

10. 函数 legend()

功能：为每个数据序列提供文本标签图例,指定图例的大小、位置、标签。

调用：plt. legend(loc＝"lower left")。

参数说明如下。

loc：图例在图中的地理位置。具体位置有 best、upper right、upper left、loereft、lower
right、right、center left、center right、lower center、upper center、center。

11. 函数 savefig( )

功能：保存绘制的图形，可以指定图形的分辨率、边缘颜色等参数。

调用：plt.savefig("路径/文件名")。

12. 函数 show( )

功能：在本机显示图形。

调用：plt.show( )。

【例 7.1】 使用 Matplotlib 库中函数功能绘制函数 $y=x$ 和 $y=1+2x$ 的曲线。

```
＃导入库
import Matplotlib.pyplot as plt
import numpy as np
plt.rcParams["font.sans-serif"] = ["SimHei"]      ＃配置中文字体,采用 SimHei
x = np.linspace(0,30)                              ＃x 轴的取值范围 0~30
＃函数 plot()绘制折线图
plt.plot(x,x,"--")                                 ＃添加 y = x 曲线
plt.plot(x,1 + 2 * x)                              ＃添加 y = 1 + 2x 曲线
plt.xlabel("x")                                    ＃设置 x 轴标签
plt.ylabel("y")                                    ＃设置 y 轴标签
plt.xlim(0,30)                                     ＃指定 x 轴的范围
plt.ylim(0,30)                                     ＃指定 y 轴的范围
plt.xticks ([0,5,10,15,20,25,30])                  ＃指定 x 轴刻度
plt.yticks ([0,5,10,15,20,25,30])                  ＃指定 y 轴刻度
plt.title("绘制函数 y = x 和 y = 1 + 2x 的曲线")     ＃添加图表标题
plt.legend(["y = x","y = 1 + 2x"])                 ＃添加图例
plt.savefig("c:/tubiao.png")                       ＃保存成图片到 c:/
plt.show()                                         ＃显示图形
```

运行结果如图 7.1 所示。

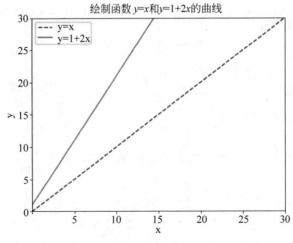

图 7.1　绘制函数 $y=x$ 和 $y=1+2x$ 的曲线

7.1.2　绘制数据图形

利用 Matplotlib 库绘制柱状图、条形图、散点图、折线图、直方图、饼图、箱线图等。在
Matplotlib 中，经常会用到 pyplot 工具包，它包括很多绘图函数，类似 Matlab 的绘图框架。

在使用前需要进行引用：

```
import Matplotlib.pyplot as plt
```

1. 柱状图

对于分类数据这种离散数据，需要查看数据是如何在各个类别之间分布的，就可以使用柱状图。柱形图是统计图形中使用频率非常高的一种统计图形，有垂直样式和水平样式两种。通过函数 bar() 来实现。

格式：bar(x,height,width,bottom＝None,color＝None,edgecolor＝None,
　　　　tick_label＝None,label＝None,ecolor＝None)

说明如下。

① x：指定柱形图中 x 轴上的刻度值。

② height：指定柱形图 y 轴上的高度。

③ width：指定柱形图的宽度，默认为 0.8。

④ bottom：用于绘制堆叠柱形图。

⑤ color：指定柱形图的填充色。

⑥ edgecolor：指定柱形图的边框色。

⑦ tick_label：指定柱形图的刻度。

⑧ label：指定条形图的标签，一般用以添加图例。

【例 7.2】　利用柱形图绘制五大城市 GDP 分布图。

```
import Matplotlib.pyplot as plt
plt.rcParams["font.sans-serif"] = ["SimHei"]            # 配置中文字体,采用 SimHei
x = ("北京","上海","重庆","天津","广东")
y = (2.8,3.0,1.9,1.9,9.0)
plt.bar(x,y,tick_label = x,color = 'r')                 # 设置柱体颜色为红色
plt.ylabel('GDP(万亿)')                                  # 添加 y 轴的标签
for x,y in zip(x,y):        # zip 指把 x、y 结合为一个整体,一次可以读取一个 x 和一个 y
    plt.text(x,y,'%.2f' % y,ha = 'center',va = 'bottom') # 为每个条形图添加数值标签
plt.title("2017 年五大城市 GDP 分布图")
plt.show()                                               # 显示图形
```

运行结果如图 7.2 所示。

2. 条形图

将柱状图翻转 90°，由垂直方向变成水平方向，得到的图形就是条形图。通过函数 barh()
实现。

格式：barh(x,height,width,bottom＝None,color＝None,edgecolor＝None,
　　　　tick_label＝None,label＝None,ecolor＝None)

说明如下。

• x：y 轴上柱体标签值。

• height：x 轴上显示的柱体高度。

• tick_label：表示 y 轴上的柱体标签值。

若将例 7.2 显示为条形图，代码更改为：

```
import Matplotlib.pyplot as plt
```

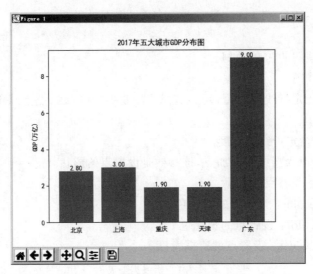

图 7.2　五大城市 GDP 分布柱形图

```
plt.rcParams["font.sans - serif"] = ["SimHei"]              ♯配置中文字体,采用 SimHei
x = ["北京","上海","重庆","天津","广东"]
y = [2.8,3.0,1.9,1.9,9.0]
plt.barh(x,y,tick_label = x,color = 'r',alpha = 0.6)        ♯设置柱体颜色为红色,柱体透明度 0.6
plt.xlabel('GDP(万亿)')                                     ♯添加 y 轴的标签
plt.title("2017 年五大城市 GDP 分布图")
plt.show()                                                  ♯显示图形
```

运行结果如图 7.3 所示。

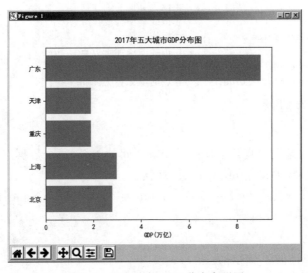

图 7.3　五大城市 GDP 分布条形图

3. 折线图

折线图是将数据按照顺序连接起来的图形。用于观察趋势常用的图形,可以看出数据随着某个变量的变化趋势,如数量的差异和增长趋势的变化。通过函数 plot()实现。

格式:plot(x,y,linestyle,linewidth,color,marker,markersize,markeredgecolor, markerfactcolor,markeredgewidth,label,alpha)

说明如下。

① x：指定折线图的 x 轴数据。

② y：指定折线图的 y 轴数据。

③ linestyle：指定折线的类型，可以是实线、虚线、点虚线、点点线等，默认为实线，见表 7.1。

④ linewidth：指定折线的宽度。

⑤ marker：可以为折线图添加点，该参数是设置点的形状。

⑥ markersize：设置点的大小。

⑦ markeredgecolor：设置点的边框色。

⑧ markerfactcolor：设置点的填充色。

⑨ markeredgewidth：设置点的边框宽度。

表 7.1　折线类型表

字符	'－'	'－－'	'－.'	':'	'.'	'v'	'∧'	'<'	'>'	'3'	'4'
类型	实线	虚线	虚线点	点线	圆点	下三角	上三角	左三角	右三角	左三叉点	右三叉点
字符	'1'	'2'	's'	'p'	'*'	'h'	'H'	'+'	'x'	'D'	'd'
类型	下三叉点	上三叉点	正方点	五角点	星形点	六边形点1	六边形点2	加号点	乘号点	实心菱形点	瘦菱形点

若将例 7.2 显示为折线图，折线图代码：

```
plt.plot(x,y,                          ♯设置 x 轴 y 轴数据
    "linestyle = '-',                  ♯折线类型为"-"
    color = 'steelblue',               ♯折线颜色
    marker = 'o',                      ♯折线图添加正方点
    markersize = 6,                    ♯点的大小为6
    markerfacecolor = 'blue')          ♯点的填充色为 blue
```

运行结果如图 7.4 所示。

4. 散点图

散点图可以形象地展示直角坐标系中变量之间的关系，每个数据点的位置实际上就是变量的值。画散点图需要使用 plt.scatter()函数。

格式：scatter(x,y,s＝20,c＝None,marker＝'o',alpha＝None,linewidths＝None, edgecolors＝None)

说明如下。

① x：指定散点图的 x 轴数据。

② y：指定散点图的 y 轴数据。

③ s：设置绘制点的大小。

④ c：设置绘制点的颜色，默认为蓝色。

⑤ marker：设置绘制点的形状，默认为空心圆。

⑥ apha：设置散点的透明度，范围为 0～1，默认为 None。

【例 7.3】　绘制 Iris 数据集散点图。

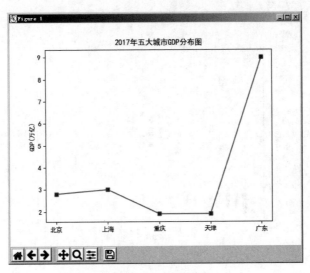

图 7.4 绘制折线图

Iris 数据集是常用的分类试验数据集。Iris 也称鸢尾花卉数据集,是一类多重变量分析的数据集。该数据集 Iris 以鸢尾花的特征作为数据来源,包含 150 个数据集,分为 3 类不同类型的鸢尾花(Iris Setosa,山鸢尾;Iris Versicolour,杂色鸢尾;Iris Virginica,维吉尼亚鸢尾),每类 50 个数据,每个数据包含 4 个属性(Sepal. Length,花萼长度;Sepal. Width,花萼宽度;Petal. Length,花瓣长度;Petal. Width,花瓣宽度)。其中的一个种类与另外两个种类是线性可分离的,后两个种类是非线性可分离的。

```
from sklearn import datasets                      # 导入 sklearn 库
import Matplotlib.pyplot as plt
plt.rcParams["font.sans-serif"] = ["SimHei"]      # 配置中文字体,采用 SimHei
# 加载 Iris 数据集,是一个字典类
lris_df = datasets.load_iris()
x_axis = lris_df.data[:,3]                         # 获取数据集中第 4 列"花瓣长度"数据
y_axis = lris_df.data[:,2]                         # 获取数据集中第 3 列"花瓣宽度"数据
#c 指定点的颜色,当 c 赋值为数值时,会根据值的不同自动着色
plt.scatter(x_axis, y_axis, c = lris_df.target)
# 添加 x 轴和 y 轴标签
plt.xlabel('花瓣宽度')
plt.ylabel('花瓣长度')
# 添加标题
plt.title('鸢尾花的花瓣宽度与长度关系')
plt.show()
```

运行结果如图 7.5 所示。

Sklearn(Scikit-Learn)是 Python 中一个开源机器学习模块,建立在 NumPy、Scipy 和 Matplotlib 模块之上,为用户提供各种机器学习算法接口,让用户简单、高效地进行数据挖掘和数据分析。

5. 堆积图

堆积图是将若干统计图形堆叠起来的统计图形。

(1) 堆积柱状图。

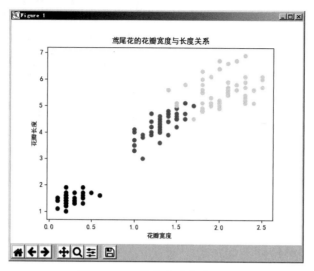

图 7.5 Iris 数据集分类散点图

利用函数 bar()的参数 bottom 设置堆积图下面的数据值。

【**例 7.4**】 利用堆积柱状图绘制某图书馆日出入馆人数情况。

```
import Matplotlib as mpl                          ♯导入库
import Matplotlib.pyplot as plt
mpl.rcParams["font.sans - serif"] = ["SimHei"]
mpl.rcParams["axes.unicode_minus"] = False
♯设置数据
x = ["6 时","7 时","8 时","9 时","10 时","11 时","12 时","13 时","14 时","15 时"]
y = [8,10,60,250,111,55,50,80,140,80]
y1 = [1,5,40,100,80,120,60,50,80,70]
♯绘制堆积柱状图
ticks = ["6 时","7 时","8 时","9 时","10 时","11 时","12 时","13 时","14 时","15 时"]
plt.bar(x, y, align = "center",color = "♯a7fcc3",tick_label = ticks,label = "入馆人数")
plt.bar(x,y1,align = "center",bottom = y,   ♯"bottom = y"出馆人数在下面
            color = "♯c00220",label = "出馆人数")
plt.legend()
plt.title("市图书馆日出入馆人数统计")
plt.show()
```

运行结果如图 7.6 所示。

（2）堆积条形图。

绘制堆积条形图需设置函数 barh()中的 left 参数。

例 7.4 部分代码更改如下：

```
plt.barh(x, y, align = "center",color = "♯a7fcc3",tick_label = ticks,label = "入馆人数")
plt.barh(x,y1,align = "center",left = y, ♯"left = y"出馆人数在左面
            color = "♯c00220",label = "出馆人数")
♯设置 x 轴，y 轴标签
plt.ylabel("时间")
plt.xlabel("人数")
```

运行结果如图 7.7 所示。

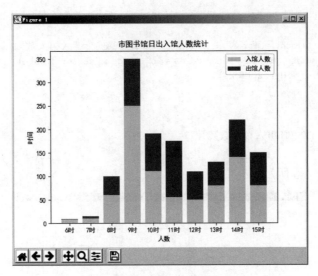

图7.6 堆积柱状图

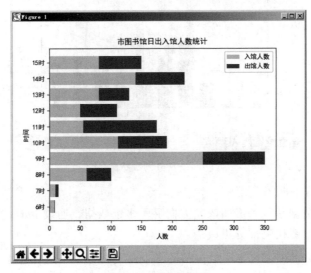

图7.7 堆积条形图

6. 分块图

（1）多数据并列柱状图。

对于堆积柱状图还可以选择多数据并列柱状图来显示。通过 bar() 函数实现。

例7.4代码更改如下：

```
import Matplotlib as mpl                    #导入库
import numpy as np
import Matplotlib.pyplot as plt
mpl.rcParams["font.sans-serif"] = ["SimHei"]
#设置数据
x = np.arange(10)
y = [8,10,60,250,111,55,50,80,140,80]
y1 = [1,5,40,100,80,120,60,50,80,70]
#绘制堆积柱状图.
```

```
ticks = ["6 时","7 时","8 时","9 时","10 时","11 时","12 时","13 时","14 时","15 时"]
bar_width = 0.35
plt.bar(x,y,bar_width, color = "c",align = "center",label = "入馆人数")
plt.bar(x + bar_width,y1,bar_width, color = "b",align = "center", label = "出馆人数")
plt.xticks(x + bar_width/2,ticks)
plt.xlabel("时间")
plt.ylabel("人数")
plt.legend()
plt.title("市图书馆日出入馆人数统计")
plt.show()
```

运行结果如图 7.8 所示。

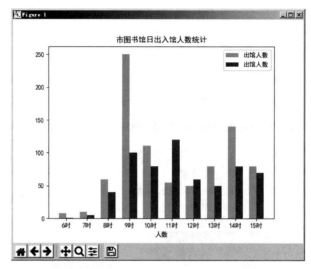

图 7.8　并列柱状图

（2）多数据平行条形图。

还可以通过多数据平行条形图改变方向显示多组数据。通过 barh()函数实现。

例 7.4 并列柱状图代码部分更改为：

```
plt.barh(x,y,bar_width, color = "c",align = "center",label = "入馆人数")
plt.barh(x + bar_width,y1,bar_width, color = "b",align = "center", label = "出馆人数")
plt.yticks(x + bar_width/2,ticks)
plt.ylabel("时间")
plt.xlabel("人数")
```

运行结果如图 7.9 所示。

7. 直方图

直方图是柱形图的特殊形式，当想要查看数据集的分布情况时，选择直方图。直方图的变量划分至不同的范围，然后在不同的范围中统计计数。在直方图中，柱子之间是连续的，连续的柱子暗示数值上的连续。通过 hist()函数实现。

格式：plt. hist(x,bins = 10,normed = False,orientation = 'vertical',color = None, edgecolor=None,label=None)

说明如下。

① x：指定要绘制直方图的数据。

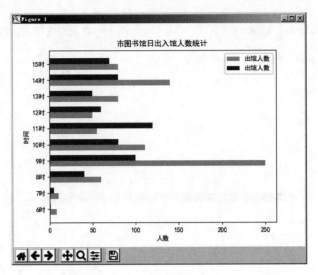

图 7.9　平行条形图

② bins：指定直方图条形的个数。

③ normed：是否将直方图的频数转换成频率。

④ orient ation：设置直方图的摆放方向，默认为垂直方向。

⑤ color：设置直方图的填充色。

⑥ edge color：设置直方图边框色。

⑦ label：设置直方图的标签。

【例 7.5】　读取学生成绩文件，统计绘制学生成绩分布直方图。

学生成绩文件情况如图 7.10 所示。

	A	B	C	D	
1	学号	姓名	班级	总成绩	
2	201815250106	董浩铖	18临床1	79	
3	201815250111	陈一笑	18临床1	67	
4	201915260101	曹轩语	19麻醉1	86	
5	201915260102	李梦惠	19麻醉1	88	
6	201915260103	杨家铭	19麻醉1	85	
7	201915260104	郑浩然	19麻醉1	89	
8	201915260105	黄凯迪	19麻醉1	77	
9	201915260106	卜彬楠	19麻醉1	84	

图 7.10　部分学生成绩

代码如下：

```
import pandas as pd                                    #导入数据读取工具模块 pandas
import Matplotlib.pyplot as plt
import Matplotlib as mpl
mpl.rcParams["font.sans.serif"] = ["SimHei"]
mpl.rcParams["axes.unicode_minus"] = False
student = pd.read_excel('g:\student.xlsx')            #读取数据文件
# 不妨删除含有缺失成绩的观察
student.dropna(subset = ['总成绩'], inplace = True)    #删除有空值的行
# 绘制直方图
plt.hist(x = student.总成绩,                          # 指定绘图数据
        bins = 20,                                    #指定直方图中条块的个数
```

```
                color = 'steelblue',        # 指定直方图的填充色
                edgecolor = 'black'          # 指定直方图的边框色
                )
# 添加 x 轴和 y 轴标签
plt.xlabel('总成绩')
plt.ylabel('个数')
# 添加标题
plt.title('学生成绩分布')
# 显示图形
plt.show()
```

运行结果如图 7.11 所示。

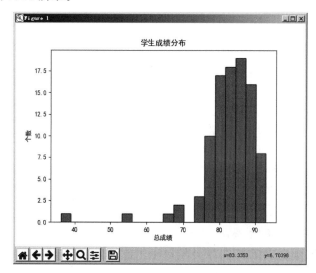

图 7.11   学生成绩分布直方图

8. 饼图

通过绘制饼图,可以直观地反映研究对象的比例分布情况。通过 pie()函数实现。

格式:pie(x,explode=None,labels=None,colors=None,autopct. None,pctdistance=0.6,
      shadow=False,labeldistance=1.1,startangle=0,textprops=None)

说明如下。

① x:指定绘图的数据。

② explode:指定饼图某些部分的突出显示,即呈现爆炸式。

③ labels:为饼图添加文本标签说明。

④ autopct:指定文本标签内容对应的数值百分比样式。

⑤ startangle:从 x 轴作为起始位置,第一个饼片逆时针方向旋转的角度。

⑥ textprops:饼图文字颜色。

⑦ shadow:是否绘制阴影。

⑧ colors:指定饼图的颜色。

⑨ pctdistance:设置百分比标签与圆心的距离。

⑩ labeldistance:设置各扇形标签(图例)与圆心的距离。

(1) 非分裂式饼图。

【例 7.6】　绘制学历比例分布饼图。

```
import Matplotlib.pyplot as plt
plt.rcParams["font.sans.serif"] = ["SimHei"]          ♯配置中文字体,采用 SimHei
data = [0.1505,0.3734,0.4316,0.0368,0.0067]
labels = ['中专','大专','本科','硕士','其他']
explode = [0,0,0.1,0,0]
♯ 绘制非分裂式饼图
plt.pie(x = data,
        labels = labels,                              ♯添加学历水平标签
        autopct = '%.1f%%',                           ♯设置百分比格式,保留一位小数
        explode = explode,
        startangle = 30,
        shadow = True,
        pctdistance = 0.7,labeldistance = 1.2,        ♯设置百分比数值和标签文字的位置
        textprops = dict(color = "g")                 ♯文字颜色为绿色
        )
plt.title("学历比例分布情况")
plt.show()                                            ♯显示图形
```

运行结果如图 7.12 所示。

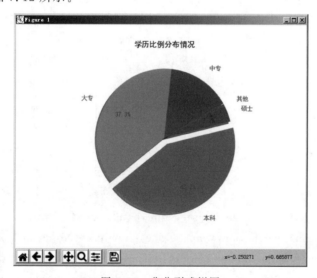

图 7.12　非分裂式饼图

（2）分裂式饼图。

调整函数 pie() 中的参数 explode 即可绘制分裂式饼图。例 7.6 中的代码修改如下：

```
explode = [0.1,0.1,0.1,0.1,0.1]
```

运行结果如图 7.13 所示。

9. 箱线图

箱线图是利用 5 个统计值（最小值、下四分位数、中位数、上四分位数和最大值）来描述数据。线的上、下两端表示某组数据的最大值和最小值；箱子的上、下两端表示这组数据中排在前 25％ 位置和 75％ 位置的数值，即上四分位数和下四分位数；箱中间的横线表示中位数；有时在箱子外部会出现一些点，可以理解成数据中的"常值"，见图 7.14。

箱线图能反映一组或多组连续型定量数据分布的中心位置和散布范围。箱线图不仅能

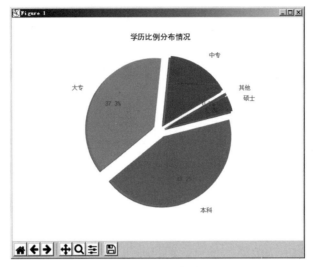

图 7.13　分裂式饼图

够直接看出数据是否具有对称性、分布的分散程度等信息,分析不同类别数据各层次水平差异,还能揭示数据间离散程度、异常值、分布差异等,对多个样本进行比较。

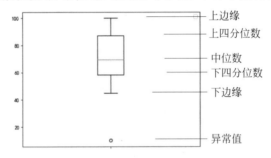

图 7.14　箱线图示意图

格式:boxplot(x,vert＝None,whis＝None,patch_artist＝None,meanline＝None,
　　　　showmeans＝None,showcaps. None,showbox＝None,showfliers＝None,
　　　　boxprops＝None,labels＝None,filerprops＝None,medianprops＝None,
　　　　meanprops＝None,capprops＝None,whiskerprops＝None,sym＝None,widths＝
　　　　None)

说明如下。

① x:指定要绘制箱线图的数据。

② vert:是否需要将箱线图垂直摆放。默认为垂直摆放。

③ whis:指定上下边缘与上下四分位的距离,默认为 1.5 倍的四分位差。

④ patch-artist:bool 类型参数,是否填充箱体的颜色,默认为 False。

⑤ meanline:bool 类型参数,是否用线的形式表示均值,默认为 False。

⑥ showmeans:bool 类型参数,是否显示均值,默认为 False。

⑦ showcaps:bool 类型参数,是否显示箱线图顶端和末端的两条线。

⑧ showbox:bool 类型参数,是否显示箱线图的箱体,默认为 True。

⑨ showfliers:是否显示异常值,默认为 True。

⑩ boxprops：设置箱体的属性，如边框色、填充色等。

⑪ labels：为箱线图添加标签，类似于图例的作用。

⑫ filerprops：设置异常值的属性，如异常点的形状、大小、填充色等。

⑬ medianprops：设置中位数的属性，如线的类型、粗细等。

⑭ meanprops：设置均值的属性，如点的大小、颜色等。

⑮ capprops：设置箱线图末端线条的属性，如颜色、粗细等。

⑯ whiskerprops：设置线的属性，如颜色、粗细、线的类型等。

⑰ sym：指定异常点的形状，默认"＋"号显示。

⑱ widths：指定箱线图宽度，默认为0.5。

【例7.7】 绘制学生成绩分布箱线图。

```
import Matplotlib as mpl                          ＃导入库
import Matplotlib.pyplot as plt
mpl.rcParams["font.sans.serif"] = ["SimHei"]
scoresT = [50,60,70,80,99,56,45, 45,88,59,10,88,87,65,69,80,78,90,60,100]
x = scoresT
whis = 1.6                                        ＃正常值范围
width = 0.15
plt.boxplot(x,whis = whis,widths = width,sym = "o",showfliers = True)
＃绘制箱线图
plt.legend()
plt.title ("高一1班成绩分布箱线图")
plt.show()
```

运行如图7.15所示。

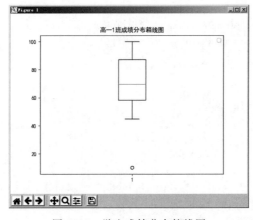

图7.15 学生成绩分布箱线图

10. 雷达图

雷达图是以从同一点开始的轴上表示的3个或更多个定量变量的二维图表的形式，显示多变量数据的图形方法。轴的相对位置和角度通常是无信息的。雷达图也称为网络图、蜘蛛图、星图、蜘蛛网图、不规则多边形、极坐标图或Kiviat图。它相当于平行坐标图，呈轴径向排列。

雷达图主要应用于企业经营状况—收益性、生产性、流动性、安全性和成长性的评价。

上述指标的分布组合在一起非常像雷达的形状,因此而得名。

相关概念说明如下。

① 极点:以圆的中心作为极点 O。

② 极轴:以 $0°$ 的方向引一条射线极轴 Ox。

③ 极径:选定一个长度单位 r。

④ 极角:以 Ox 正方向开始计算角度 θ(通常取逆时针方向)。

⑤ 极坐标:以极点 O 作为圆心,以极轴 Ox 的方向作为起点,以极径 r 作为半径,画一个极角 θ 的扇形,最终圆规脚的位置就是极坐标 M。

【例 7.8】 绘制员工活动状态雷达图。

```python
import numpy as np
import Matplotlib.pyplot as plt
# 中文和负号的正常显示
plt.rcParams['font.sans.serif'] = 'Microsoft YaHei'
plt.rcParams['axes.unicode_minus'] = False
# 使用 ggplot 的风格绘图
plt.style.use('ggplot')
# 构造数据
values = [3.2, 2.1, 3.5, 2.8, 3, 4]
values_1 = [2.4, 3.1, 4.1, 1.9, 3.5, 2.3]
feature = ["个人能力", "QC知识", "解决问题能力", "服务质量意识", "团队精神", "IQ"]
N = len(values)
# 设置雷达图的角度,用于平分切开一个平面
angles = np.linspace(0, 2 * np.pi, N, endpoint=False)
# 使雷达图封闭起来
values = np.concatenate((values, [values[0]]))
angles = np.concatenate((angles, [angles[0]]))
values_1 = np.concatenate((values_1, [values_1[0]]))
# 绘图
fig = plt.figure()
# 设置为极坐标格式
ax = fig.add_subplot(111, polar=True)
# 绘制折线图
ax.plot(angles, values, 'o.', linewidth=2, label='活动前')
ax.fill(angles, values, 'r', alpha=0.5)
# 填充颜色
ax.plot(angles, values_1, 'o.', linewidth=2, label='活动后')
ax.fill(angles, values_1, 'b', alpha=0.5)
# 添加每个特质的标签
ax.set_thetagrids(angles * 180/np.pi, feature)
# 设置极轴范围
ax.set_ylim(0, 5)
# 添加标题
plt.title('活动前后员工状态')
# 增加网格纸
ax.grid(True)
plt.show()
```

运行结果如图 7.16 所示。

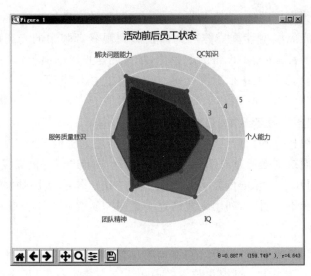

图 7.16 员工活动状态雷达图

7.2 解析可视化概念

1. 可视化

可视化(Visualization)是利用计算机图形学和图像处理技术,将数据转换成图形或图像在屏幕上显示出来,并进行交互处理的理论、方法和技术。它涉及计算机图形学、图像处理、计算机视觉、计算机辅助设计等多个领域,成为研究数据表示、数据处理、决策分析等一系列问题的综合技术。

可视化技术最早运用于计算机科学中,并形成了可视化技术的一个重要分支——科学计算可视化(Visualization in Scientific Computing)。科学计算可视化能够把科学数据,包括测量获得的数值、图像或是计算中涉及、产生的数字信息变为直观的、以图形图像信息表示的、随时间和空间变化的物理现象或物理量呈现在研究者面前,使他们能够观察、模拟和计算。

图像的可视化是指图像的三维可视化,即三维重建。指通过对获得的数据或二维图像信息进行处理,生成物体的三维结构,并按照人的视觉习惯进行不同效果显示。

2. 可视化技术

最近几年计算机图形学的发展使得三维表现技术得以形成,这些三维表现技术使我们能够再现三维世界中的物体,能够用三维形体来表示复杂的信息,这种技术就是可视化(Visualization)技术。

可视化技术使人能够在三维图形世界中直接对具有形体的信息进行操作,和计算机直接交流。这种技术已经把人和机器的力量以一种直觉而自然的方式加以统一,赋予人们一种仿真的、三维的并且具有实时交互的能力,这样人们可以在三维图形世界中用以前不可想象的手段来获取信息或发挥自己创造性的思维。

科学可视化的主要过程是建模和渲染。建模是把数据映射成物体的几何图元,渲染是把几何图元描绘成图形或图像,渲染是绘制真实感图形的主要技术。严格地说,渲染就是根据基于光学原理的光照模型计算物体可见面投影到观察者眼中的光亮度大小和色彩的组成,并把它转换成适合图形显示设备的颜色值,从而确定投影画面上每一像素的颜色和光照效果,最终生成具有真实感的图形。真实感图形是通过物体表面的颜色和明暗色调来表现的,它和物体表面的材料性质、表面向视线方向辐射的光能有关,计算复杂且计算量很大。因此,工业界投入很多力量来开发渲染技术。

图像的三维可视化技术依据绘制过程中的数据描述方法的差异,分为基于面绘制与基于体绘制两大类。面绘制是通过对图像序列的三维体数据进行等值面提取生成中间几何单元,并对生成的中间几何单元进行显示的表面重建方法。体绘制是对数据场中的所有体素赋予一定的光亮度和不透明度,利用光线透过半透明物质的光学原理得到的二维投影图像。

3. 可视化应用

可视化把数据转换成图形,给予人们深刻与意想不到的洞察力,在很多领域使科学家的研究方式发生了根本性变化。可视化技术的应用大至高速飞行模拟,小至分子结构的演示,无处不在。机械工程师可以从二维平面图中得以解放直接进入三维世界,从而很快得到自己设计的三维机械零件模型;医生可以从病人的三维扫描图像分析病人的病灶;军事指挥员可以面对用三维图形技术生成的战场地形,指挥具有真实感的三维飞机、军舰、坦克向目标开进并分析战斗方案的效果。目前正在飞速发展的虚拟现实技术,也是以图形图像的可视化技术为依托的。

7.3   医学图像三维重建与可视化

随着医学成像设备 CT、MRI 的发展,医学图像的可视化是图像的可视化应用的重要领域。医学图像可视化是研究由各种医学成像设备获取的二维图像断层序列构建组织或器官的三维几何模型,并在计算机屏幕上绘制并显示出来。

医学图像扫描设备输出的影像都是人体内部组织和器官的二维断层序列数字图像,医务人员需要根据以往的经验来估计感兴趣区域的大小、形状以及与周围组织器官的三维几何关系,从而对疾病进行诊断。这种诊断方法依赖于医生的临床经验及主观想象,不仅要求医生有非常高的专业水平,同时缺乏准确性与直观性。因此,在计算机技术与医学图像处理技术的指导下,准确、高效地提取出感兴趣区域、为医疗诊断分析建立三维可视化模型,在辅助医务人员的原始医学图像的观察和医疗诊断方面具有十分重要的意义。因此,由二维断层切片序列重建出人体组织的三维图像,可以更好地显示数据和诊断信息,为医生提供逼真的显示手段和定量分析工具,提高医生对病情的诊断率;还可以避免医生陷入二维图像的数据"海洋",防止过多浏览断层图像而造成漏诊率上升。医学图像三维重建为人体结构提供了真实、直观的反映,在医学三维放射治疗、人体仿真、假肢与整形外科、虚拟手术及解剖、虚拟内窥镜、机器人手术、实时手术导航、药代动力学研究等方面都可发挥重要作用。

7.3.1   医学图像可视化过程

医学图像三维重建与可视化包括预处理以及绘制技术两部分内容,基本流程如图 7.17

所示。第一,从医学扫描设备上获得原始的医学图像进行处理并以 DICOM 标准格式存储,便于进行常规的读取与显示;第二,采用合适的医学图像预处理技术,去噪、分割和增强等操作来改善原始图像的画质,降低对噪声的敏感性,提高感兴趣组织的显示效果;第三,利用三维可视化工具(如 VTK)或者用相应的编程语言,结合相关的三维重建算法,对这些预处理后的二维序列图像进行三维重建;第四,将三维重建的结果进行可视化显示。

图 7.17 医学图像三维重建与可视化的基本流程

医学图像预处理是为了有利于从图像中准确地提取出有用的信息,需要对原始图像进行预处理,以突出有效的图像信息,消除或减少噪声的干扰。通常在对三维体数据进行绘制之前,需要人们对这些图像数据进行一系列的预处理操作,包括图像画质的改善处理、分割标注、匹配融合等相关操作,然后再对整合后的三维数据进行绘制处理。

7.3.2 医学图像种类

根据成像设备是对组织结构成像还是对组织功能成像,将医学图像分成两类,即医学结构图像和医学功能图像。医学结构图像包括 X 射线图像、CT 图像、MRI 图像、B 超图像等;医学功能图像包括 PET 图像、SPECT 图像、功能磁共振图像(FMRI)等。

1. CT 图像

CT(Computed Tomography)即计算机 X 射线断层扫描技术。CT 机如图 7.18 所示,由 X 光断层扫描装置(包括 X 射线发射装置和 X 射线接收装置)、微型电子计算机和显示器三部分组成。它的原理是利用 X 射线发射装置发射 X 射线穿过人体,再由 X 射线接收装置接收穿过人体衰减后的 X 射线,输入计算机得到该人体点的衰减系数,用特定的灰度值记录下来。实际操作时,X 射线与 X 射线探测器同时围绕人体的某一断面逐点扫描,探测器不断接收到衰减后的 X 射线,计算机便记录下一组反映衰减系数的灰度值,再由无数个连续断面的灰度值组成一幅灰度图像,就是所谓的 CT 图像,如图 7.19 所示。

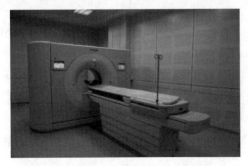

图 7.18 CT 机

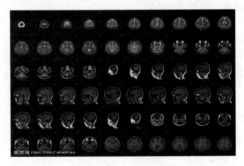

图 7.19 CT 图像

CT 图像中每一像素点反映的是人体对应点的器官和组织对 X 射线的吸收程度,图中较暗的区域表示低吸收区,即低密度区,如肺部;较亮的区域表示高吸收区,即高密度区,如人体骨骼。CT 图像能分辨出人体密度有微小差别的地方,可以很好地显示由软组织构成的器官,如脑、脊髓、纵膈、肺、肝、胆胰以及盆部器官等,并在良好的解剖图像背景上显示出病变的影像。这是 CT 图像强于 X 射线图像的突出优点。

2. MRI 图像

自然界中原子核内包含带正电的质子和不带电的中子。具有偶数质子的原子核其自旋磁场相互抵消不能产生磁共振现象,而含有奇数质子的原子核在自旋过程中会产生磁矩和磁场,如氢原子。氢原子的原子核中只含有一个质子,很不稳定,质子自旋相当于在原子核中形成一个环形电流,在其周围产生一个小型的磁场,称为核磁。人体中无数个氢原子杂乱无章地排列使磁性相互抵消,所以人体不带电也不显磁性,而当有磁场施加在人体上时,氢原子中的核磁有了特定的方向。核磁共振机如图 7.20 所示。

MRI 成像原理即利用了人体氢原子核的这一特性来显示人体内部结构,是核磁共振成像的简称。利用人体组织中的氢原子核在磁场受到射频脉冲的激励而发生核磁共振现象,产生磁共振信号,经过探测器接收磁共振信号交由电子计算机处理,重构出人体某一层面的图像,得到 MRI 图像,如图 7.21 所示。

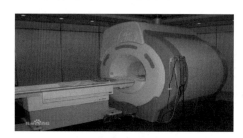 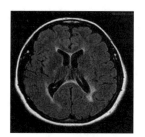

图 7.20　核磁共振机　　　　　　　　图 7.21　MRI 图像

MRI 成像的优点:在所有医学影像技术中,MRI 的软组织对比分辨力是最高的,并且由于氢原子在体内分布极为广泛,故可在人体任意部位成像。另外,与传统血管造影法相比,其最大优点是无创伤,即无须注射对比剂。

MRI 成像技术的应用:MRI 的特点决定了它特别适用于中枢神经系统、心脏大血管、头颈部肌肉关节系统,也适用于纵膈、腹腔、盆腔等器官及乳腺的检查。

3. PET 图像

正电子发射计算机断层扫描技术(Positron Emission Computed Tomography,PET)是核医学领域十分先进的临床检查影像技术。

其原理是,将标记了放射性核素的某种物质(如葡萄糖、蛋白质、核酸脂肪酸等)注入人体,放射性核素在衰变过程中释放出的正电子与人体中游离的负电子相遇而湮灭,湮灭的同时释放出的能量以光能的形式发射出一对几乎背对背的光子,光子被对光极度敏感的光电倍增管或雪崩光电二极管探测到,经过计算机进行散射和随机信息的校正,便能得到具有人体内部信息的三维图像(见图 7.22)。

PET 是目前唯一可在活体上显示生物分子代谢、受体及神经介质活动的影像技术,具有特异性高、安全性好的优点,被广泛用于对肿瘤患者的诊断。

4. 超声图像

超声波本质上是一种声波,但由于其振动频率很高,超出了人耳的听觉范围,所以称其为超声波。超声波和声波一样,都是由某种机械振动引起的,并能在弹性介质中传播,遇到声阻抗不同的介质会发生反射和散射等。

现代超声波探测技术可以分为两大类,即基于脉冲回波扫描的超声探测技术(即 B 型超声显像技术,见图 7.23)和基于多普勒效应的超声探测技术。

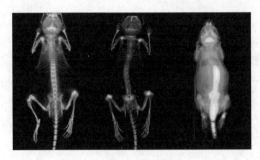

图 7.22　PET 图像

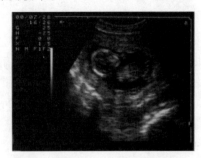

图 7.23　B 超图像

基于脉冲回波扫描的超声探测技术,人体不同组织器官的声阻抗不同,超声波在人体中传播,在遇到两种声阻不同的人体组织时,便会在组织交界面产生较强的反射,称为回波信号。探头在接收到回波信号后,将其转换成电信号,经过计算机处理,便能实时地在屏幕上显示出人体内部组织的图像。

基于多普勒效应的超声探测技术,其主要原理是利用了声源与接收器在发生相对运动时,接收器接收到的声波频率会发生变化这一现象。例如,用超声扫描仪观察心脏的运动状况,当心脏某一表面向探头靠近时,探头接收到的回波频率会高于原本的发射频率,在显示屏中以较亮的区域显示处理;相反,当心脏表面远离探头运动时,显示屏中这一区域会逐渐变暗。医学上利用这种超声多普勒效应来观测人体心脏、血管、胎心等的运动状态。

超声成像最大的优点是对人体无损、无创、无电离辐射,同时图像真实性强、仪器操作简便,还能提供人体断面实时的动态图像。现代超声成像技术正逐渐朝着三维成像技术的方向发展。

7.3.3　医学图像处理系统

国外在医学图像的三维重建领域的研究始于 20 世纪 70 年代,发达国家在这个领域的研究起步较早且比较深入,在医学图像的三维重建领域已经取得了相当显著的科研成果。主要体现在医学图像软件平台系统。

目前,国际上较为流行的医学图像处理系统比较多。例如,美国纽约州立大学的VolVis 系统、3D Slicer 系统,以及性能十分优越的商业可视化系统,加拿大的 Allegro、西门子的 Syngo、东芝 Vital Imaging 公司的 Vitrea 2 等。这些系统功能丰富,对医生的诊断和治疗有极大的帮助。

1. 3D Slicer 系统

3D Slicer 由麻省理工学院人工智能实验室和哈佛医学院附属医院合作开发,是一个可以免费下载、开放源代码的医学图像分割和三维重建系统。3D Slicer 可在 Windows、macOS 和 Linux 多种操作系统平台上运行,是一个具有多种功能的应用软件。3D Slicer 可以实现不同图像格式之间的转换,支持图像的配准和融合功能,支持多种编程语言,如 C++、Python、Java 等,也支持 VTK(Visualization ToolKit)、ITK(Insight ToolKit)的语言,并可用 QT 来做界面开发。

2. Mimics 系统

Mimics 是 1992 年由比利时的 Materialise 公司研发的交互式模块化结构的系统。Mimics 由几个模块组成,即体数据浏览模块、图像分割模块、三维重建模块、医学影像与计算机辅助设计模块、虚拟手术规划与解剖学测量模块、有限元分析模块、医学影像快速成型模块。可以进行图像滤波、增强处理;可以测量角度、长度和像素值;支持多种图像分割算法;支持三维重建面绘制与三维剖切;支持三维网格数据到 CAD 数据的转换;支持几何网格到有限元网格的转换;可以通过三维打印、激光固化或熔化沉积法把计算机上的模型转换为现实中的模型。

3. Amira 系统

Amira 是由澳大利亚 Visage Imaging 公司主持研发的可视化系统。Amira 支持 Windows、macOS 和 Linux 操作系统,支持 CT、MRI,光学显微镜等多种成像设备的图像输入,为分子和细胞生物学、神经科学、生命科学、生物工程学、材料学、石油和天然气、半导体学提供三维成像流程。Amira 支持单个细胞、粒子的跟踪;支持单颗粒分析、冷冻立体成像技术。Amira 也是一个模块化的软件系统,如数据处理模块、网络模块、文件读写模块、可视化模块,并能同 MATLAB 相结合,主要采用 Python 语言编写。

7.4　三维可视化工具

三维可视化领域涌现了一批优秀的开发工具包,包括 VTK 开源可视化工具包、ITK(Insight Segmentation and Registration ToolKit)医学图像处理工具包。

7.4.1　VTK 开发包

1. VTK 简介

VTK(可视化工具包)是一个开源、跨平台、可自由获取、支持并行处理的图形应用函数库,主要用于 2D 和 3D 图形图像处理和可视化功能,并在三维重建领域表现出不俗的成绩。

VTK 是 Kitware 公司研发,早期由 Ken Martin、Will Schroeder 和 Bill Lorensen 开发,于 1993 年首次对外公布。VTK 是在三维函数库 OpenGL 的基础上采用面向对象的设计方法发展起来的,将可视化开发过程中会经常遇到的细节屏蔽起来,并将一些常用的算法封装起来。

VTK 具有优异的可移植性能,能在多种操作系统上运行,并且能够如插件一般地嵌入相关软件系统,并能够接受其他开发工具及语言的编程,使开发过程灵活可控,且便于研发人员的交流与共享。顺应着科学计算可视化的研究热潮,VTK 作为一款开源的免费工具包,凭借其优异的图像处理能力、强大的交互部件及合理的构架体系,在学术研究及商业应用领域都受到重用。例如,Slicer 生物医学计算软件使用 VTK 作为核心,许多讨论和研究 VTK 的 IEEE 论文出现。VTK 也是许多大型研究机构,如 Sandia、Los Alamos 及

Livermore 国家实验室与 Kitware 的合作基础,这些研究中心使用 VTK 作为数据可视化处理工具。VTK 同时也是美国国家卫生研究院(National Institutesof Health,NIH)创立的美国国家医学影像计算联盟(National Alliance for Medical Image Computing,NA-MIC)的关键计算工具。目前 VTK 在西方发达国家的主要科研院所和教育机构都有与其相关的研究项目,并作为关键工具在很多国际化重点课题中发挥着作用。

2. 用途

三维计算机图形、图像处理及可视化是 VTK 主要的应用方向。通过 VTK 可以将科学试验数据如建筑学、气象学、医学、生物学或者航空航天学,对体、面、光源等进行逼真渲染,从而帮助人们理解那些采取错综复杂而又往往规模庞大的数字呈现形式的科学概念或结果。

3. 特点

VTK 是给从事可视化应用程序开发工作的研究人员提供直接的技术支持的一个强大的可视化开发工具。它具有以下特点。

(1) 具有强大的三维图形功能。VTK 既支持基于体素的体绘制(Volume Rendering),又保留了传统的面绘制(Surface Rendering),从而在极大地改善可视化效果的同时又可以充分利用现有的图形库和图形硬件。

(2) VTK 的体系结构使其具有非常好的流和高速缓存的能力,在处理大量的数据时不必考虑内存资源的限制。

(3) VTK 能够更好地支持基于网络的工具,如 Java 和 VRML。随着 Web 和 Internet 技术的发展,VTK 有着很好的发展前景。

(4) 能够支持多种着色,如 OpenGL 等。

(5) VTK 具有设备无关性,使其代码具有良好的可移植性。

(6) VTK 中定义了许多宏,这些宏极大地简化了编程工作并且加强了一致的对象行为。

(7) VTK 具有更丰富的数据类型,支持对多种数据类型进行处理。

(8) VTK 的跨平台特性方便了各类用户。

4. VTK 管线运行机制

VTK 采用 Pipeline 管线运行机制,通过数据在不同的管线中流动来实现对数据的处理。几乎可以对任何类型的数据进行处理,并提供了许多相应的类对各种类型的数据进行转换或处理。

VTK 包括可视化模型和图像模型。首先在可视化模型中,创建和获取数据、对数据进行处理、把数据写入文件、把数据传递给图像模型,然后在图像模型中对生成的几何体进行绘制,负责数据的可视化表达,如图 7.24 所示。

处理对象(Process Object)和数据对象(Data Object)构成了可视化模型。处理对象中包含了源(Source)、过滤器(Filter)和映射器(Mapper)。

图形模型在绘制过程中的 9 个基本对象元素包括渲染控制器、渲染窗口、渲染器、灯光、摄像机、角色、特性、映射、变换,如图 7.25 所示。

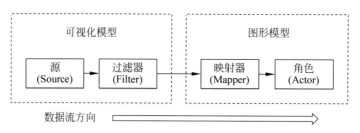

图 7.24   VTK 可视化管道机制

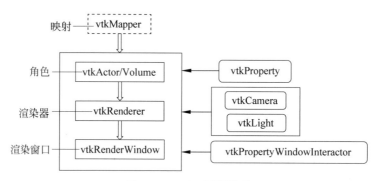

图 7.25   VTK 图形模型

- vtkMapper(映射)：作为可视化管道与图形模型的接口，vtkMapper 指定了图形库中基本图元与渲染数据之间的关系。一个或多个角色可以使用相同的映射，有多个参数对其进行控制。一个映射器连接对应一个或者多个角色。
- vtkActor(角色)：代表渲染场景中绘制的实体，相当于舞台中的演员。通过参数调节可以设置角色的位置、方向、渲染特性、引用、纹理映射等属性，可对角色进行缩放。
- vtkRenderer(渲染器)：相当于一个舞台，其作用是实现对绘制对象、光源、照相机等的属性管理，将其加入到 vtkRenderWindow 中即可将场景显示出来。
- vtkRenderWindow(渲染窗口)：管理显示设备上的窗口，一个或多个 vtkRenderWindow 可在渲染窗口上创建一个场景；vtkRenderWindow 可以用来调节显示的立体效果、设置渲染窗口的大小等。
- vtkProperty：用于实现可视化目标的属性，实现三维图形真实感。
- vtkCamera：在可视化过程中，定义观察者的位置和焦点等的属性，还可以控制可视化结果的旋转、平移和滚动等操作。
- vtkLight：在可视化渲染过程中，常常使用 vtkLight 类来控制灯光的状态、颜色、照射强度等属性。可以将创建好的 vtkLight 直接加入到指定队列中使用。
- vtkRenderWindowInteractor：该类主要作用于渲染窗口的互动，如对照相机 vtkCamera 类的操纵、选择角色演员以及调用自定义消息函数等。

5. VTK 三维重建的基本流程

VTK 三维重建的步骤流程：读取图形数据→过滤→建图→构建执行单元→渲染→打开渲染窗口→交互界面，管道运行机制如图 7.26 所示。

首先是由数据到图形的过程，"Source"位于管道的开端，一般称为数据层，用于创建或读取数据，为三维重建提供数据源。"Filter"，顾名思义，对导入的数据完成初步的改造，以达到后续处理的需求。"Mapper"完成映射功能，将场中数据按一定规则转换为图像的过程，但即使完成了数据到图像的转换，也无法在视窗中得到图像，这就要求系统对转换完成的图像进行表达，使之能够显示于窗口界面。"Actor"就是用来实现这一表达过程的，而且还具有控制实体表达属性的功能，利用属性函数（vtkProperty）使视窗显示的模型更具质感。

随后就需要在视窗上展现生成的模型，该功能由"Render"和"Render Window"来共同实现。通过连通图像引擎与窗口界面两部分的标准接口，在调用两者时便能够把所得模型呈现在视窗内。而"Render Window Interactor"所定义的功能为便捷地完成操作人员与显示图形间的交互，如对重建模型进行的平移、旋转等操作。

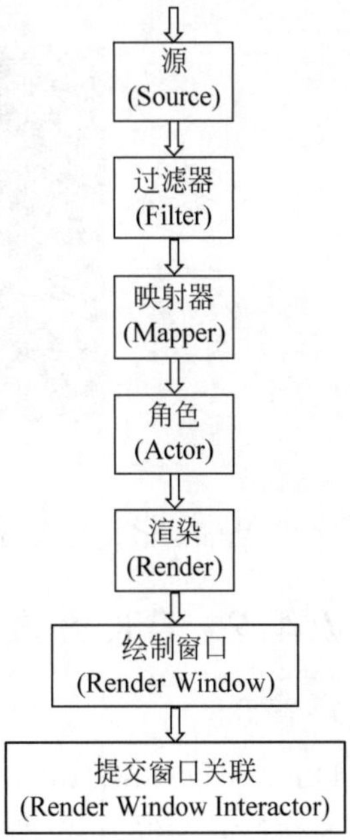

图 7.26　VTK 三维重建基本流程

【例7.9】　用 VTK 绘制一个三维锥体图形。

绘制一个锥体流程为：vtkConeSourec→vtkPolyDataMapper→vtkActor→vtkRenderer→vtkRenderWindow→vtkRenderWindowInteractor。

```python
import vtk
cone_a = vtk.vtkConeSource()              ＃创建锥体数据源
＃创建图,将点拼接成立方体
coneMapper = vtk.vtkPolyDataMapper()
coneMapper.SetInputConnection(cone_a.GetOutputPort())
＃创建执行单元
coneActor = vtk.vtkActor()
coneActor.SetMapper(coneMapper)
＃渲染(将执行单元和背景组合在一起按照某个视角绘制)
ren1 = vtk.vtkRenderer()
ren1.AddActor(coneActor )                  ＃因为 actor 有可能是多个,所以是 add()
ren1.SetBackground( 0.1, 0.2, 0.4 )        ＃背景只有一个,所以是 Set()
＃显示渲染窗口
renWin = vtk.vtkRenderWindow()
renWin.AddRenderer( ren1 )                 ＃渲染有可能有多个,把它们一起显示
renWin.SetSize( 300, 300 )
＃创建交互控件(可以用鼠标拖动查看三维模型)
renWin.Render()
iren = vtk.vtkRenderWindowInteractor()
iren.SetRenderWindow(renWin)
iren.Initialize()
iren.Start()
```

运行结果如图 7.27 所示。

所生成的三维图像通过拖动和旋转可进行任意方向查看。

说明：使用 VTK 前需要安装 VTK,可以直接 pip 安装,也可以下载 VTK whl 文件安

图 7.27　VTK 绘制三维锥体图形

装。打开 Anaconda Prompt 窗口,直接输入"pip install"。

7.4.2　ITK 开发包

1. 简介

ITK(Insight Segmentation and Registration ToolKit)是一个用于医学图像处理、配准、分割的软件开发包,是美国国家卫生院下属的国立医学图书馆投入巨资支持三家科研机构开发医学影像分割与配准算法的研发平台,是医学影像算法平台的重要组成部分。ITK 支持 C++、TCL 和 Python 语言,包含了当前比较流行的医学图像分割和配准算法,是封装了源代码的软件包。

ITK 主要功能:创建二维图形和三维图像;对图像进行滤波、增强等处理;可以读写单张图像和序列图像,图像数据经过处理可以保存成用户指定的格式;用数组参数来表示图像与参数的输入,使用方便,省去了修改图像名称与路径的麻烦;ITK 可对处理后的图像进行多种文件格式的输出,也可借助 VTK 进行显示。

ITK 的特点:①只是一个图像处理开发包,只提供对图像数据的读取、修改等功能,支持的图片类型除了 JPG、PNG、BMP、TIF 等常用格式外,还包括 DICOM、NIFTI 医学图像格式,同时还提供了包括图像滤波、图像配准、图像分割、基于统计在内的多种图像处理功能;②不提供图形用户接口(GUI),通常需要 MFC、FLTK 等 GUI 与 ITK 联合起来使用,为其提供一个用户接口;③ITK 不包含图像数据的显示功能,通常需要结合 VTK 等可视化软件开发包一起使用;④ITK 引入了 C++ 的众多特性,采用编程方式编写的模板(Template)也是其中之一。

ITK 采用管道结构的模式来实现数据流的管理,将 Data Object 与 Process Object 连接起来构成一个管道模型,使 Data Object 沿着该管道流动,从而实现数据的处理,如图 7.28 所示。ITK 的 Data.flow 采用管道作业方式,各种图像处理算法支撑着一个小模块的运行,将这些模块以一定的方式连接起来,就形成了一个图像处理的过程。该方式将数据的处理过程变得简单明了。在图 7.28 中出现了两个不同意义的 ImageFile,其中上面的 ImageFile 代表了管道模型中输入的图像文件,下面的则表示经过数据处理后输出的图像文件。ImageFileReader 用于实现图像文件的读取功能,将它们读入内存中,然后送到对应的 Filter 中进行处理。ImageFileWriter 用于将图像数据的处理结果保存为 ITK 所支持的任意格式的图片,或者将结果传送给 VTK 等图形显示系统,对结果进行可视化操作。

图 7.28 ITK 数据流模型

2. ITK 与 VTK 接口

ITK 虽然功能强大,但是无法完成可视化,这意味着需要一些其他的工具来显示信息。VTK 就是一个很好的与 ITK 结合完成可视化的工具。

VTK 与 ITK 的 Data.flow 均采用了流水线的作业方式,因此可以使用 ITK 自身的类库提供的用于类型转换的类来实现两者数据间的转换,这样可以将 ITK 的图像处理结果轻松地传入 VTK 中,实现可视化的目的,弥补了 ITK 的不足。如图 7.29 所示,ITK to VTK ImageFilter 作为 ITK 数据通向 VTK 的桥梁,将 ITK 数据结果转换成了 VTK 能够处理的数据类型,间接实现了 ITK 的可视化显示。同样地,也可以实现 VTK 的数据类型到 ITK 支持的数据类型的转换,通过使用 ITK 为 VTK 的图像处理功能做了一个拓展。

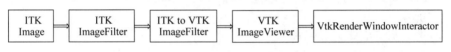

图 7.29 ITK 与 VTK 数据流连接

7.4.3 OpenGL

OpenGL 不是编程语言,而是一个三维图像和模型库。OpenGL 可以选择不同的版本在多种操作系统上运行,如 Windows、UNIX/Linux、macOS 等。OpenGL 实用工具包(GLUT)主要由 3 个文件组成,即头文件 gult.h、库文件 gult.lib 和动态链接库文件 glut.dll。OpenGL 命令由 300 多个子函数(或子程序)构成。这些函数存放在 OpenGL 核心库(gl.h)、OpenGL 实用库(glu.h)、OpenGL 辅助库(glaux.h)中。OpenGL 没有实现窗口操作,但可以借助运行时的操作系统提供的窗口。下载后在不同的运行环境下,OpenGL 文件的存放和设置是不同的。

OpenGL 可以绘制三维图像和二维图形,并对其进行真实感颜色渲染,使图形和图像更逼真。利用 OpenGL 可以把应用程序提供的数据转换成计算机可显示的图形。OpenGL 定义了几种坐标空间和空间之间的转换,如窗口空间、坐标空间、对象空间等。它支持一维、二维、三维和立方体 4 种贴图。OpenGL 中的数据类型都是以 GL 作为前缀,如 GLint、GLfloat 等。

7.5 面绘制

图像三维重建面绘制(Surface Rendering)是一种只显示三维物体外表面的重建方法。它的基本思想是先对体数据中待显示的物体表面进行分割,然后通过几何单元内插形成物体表面,最后通过光照、明暗模型进行渲染和消隐后得到显示图像。面绘制实际上是显示对三维物体在二维平面上的真实感投影。面绘制流程如图7.30所示。

图7.30　面绘制的一般流程

三维重建面绘制分为切片级重建和体素级重建。

1. 切片级重建

切片级表面重建是在断层序列图片中的每张切片上提取要重建的物质的边界轮廓,然后在相邻切片相应的边界轮廓线上用大量三角面片来拟合物体的表面,这需要一定的限制准则;否则每次拟合的物质表面的三角面片的组合都会不同。

2. 体素级重建

体素级重建是把二维断层切片图像上相邻的像素构建成三维数据场,并在三维数据场中组合立方体素,运用一定的算法来拟合物体的外表面。体素级的重建方法有立方块法、移动立方体法、移动四面体法、剖分立方体法等。

7.5.1　移动立方体法

最经典的面绘制方法是基于体素的移动立方体(Marching Cube,MC)法,是面绘制中使用最为广泛的算法。移动立方体法由William E. Lorensen和Harvey E. Cline在1987年提出,是在三维规则数据场中利用等值面生成物体表面的三维重建算法。自提出以来一直沿用至今,面绘制相关研究大多也是基于移动立方体法。

移动立方体算法的基本思想:遍历三维数据场中所有立方体素,在每一个立方体素中将其8个顶点的灰度值与给定等值面灰度阈值进行比较,确定包含等值面的边界体素,将三角面片作为等值面的一个近似表示。对所有边界体素生成的等值面连接,就形成了三维物体表面的三角片近似表示。最后再设定等值面的颜色和光照,使其具有真实感。

在构造三角面片的处理过程中对每个体素都“扫描”一遍,就好像是一个处理器在这些体素上移动一样,移动立方体法因此而得名。在等值面抽取的过程中,将一系列二维切片数据看作一个三维的数据场,从中将具有某种阈值的物质抽取出来,以某种拓扑形式连接成三角面片,所以也称为“等值面提取”算法。

在医学应用上,利用MC算法可以重建人体外部轮廓、内部组织器官,使医生能够直接在三维图像上观察感兴趣的器官与周围组织的空间关系。

MC算法主要分为两个部分。

(1)体素中由三角面片逼近的等值面计算,即等值面(轮廓)提取。

(2)等值面的明暗显示。

移动立方体算法流程图如图7.31所示。

1. 轮廓提取

在三维体数据集中,所有的采样点都位于一个立体栅格系统中。其最小的单元是以8个相邻顶点构成的立方体。

体素(Voxel)是三维数据场分割的最小单位,是三维可视化领域的一个基本概念,有两种定义:一种近似于二维图像中像素的定义,直接将体数据中的采样点看作体素;另一种是将特定区域作为体素,由一个或多个最小单元组成,一般取8个相邻的采样点包含的区域定义为体素,体素是立方体,8个顶点有相应的空间位置坐标。MC算法中的体素指的是8个相邻的采样点包含的立方体,如图7.32所示。

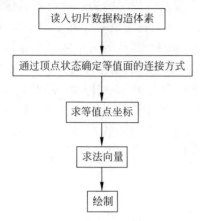

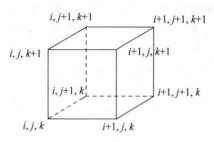

图7.31　移动立方体(MC)算法流程图　　　　图7.32　体素模型

例如,医学图像扫描得到二维断层图像切片大小为 $n \cdot n$,m 张切片,则三维数据场中所有像素点的数目为 $n \cdot n \cdot m$ 个。将两张相邻切片对应的8个相邻像素点构成的立方体作为一个体素。那么 $n \cdot n \cdot m$ 个像素点,就会得到 $(n.1) \cdot (n.1) \cdot (m.1)$ 个立方体素。

等值面是三维数据空间中所有具有某一个相同值的点的集合,其灰度值称为阈值。物体的表面实际上是一个闭合的灰度等值面,将一个适当的值赋给等值面,就可以用来代表某种物质的表面。表面重建就是利用等值面的这个性质,来完成对目标物质的轮廓提取,并以此为基础完成物质的三维几何模型的可视化。轮廓提取的实现方法就是在待提取的目标区域中,根据给定的阈值,用构造出的等值面来重建物质。

等值面可以用隐函数表示成

$$\{(x,y,z) \mid f(x,y,z)=c\}, \quad c \text{ 为常数值}$$

MC算法假定沿体素边的灰度值是呈连续线性变化的。利用三线性插值公式,可以计算出体素内任一点的灰度值,即

$$f(x,y,z)=a_0+a_1x+a_2y+a_3z+a_4xy+a_5yz+a_6zx+a_7xyz$$

式中:$a_0 \sim a_7$ 为体素8个顶点的灰度值;x、y、z 为体素内点的坐标;$f(x,y,z)$ 为体素内的 (x,y,z) 点的灰度值。

移动立方体法是利用等值面生成物体表面,由 $f(x,y,z)$ 可以得出,等值面是一个3次曲面,直接构造3次曲面需要复杂的计算。一个体素所占体积非常小,所以用多边形来代替近似拟合曲面。

不是每个体素内部都有等值面,当体素的8个顶点的值都大于阈值或者都小于阈值时,其内部便不存在既定的等值面。等值面所在的体素内部灰度并不均匀,即一部分顶点灰度值大于阈值和另一部分顶点灰度值小于阈值,这样的体素称为边界体素。为了判定等值面

是否位于体素内,根据体素 8 个顶点的灰度值与等值面的阈值大小情况,对顶点进行分类。

① 如果立方体中的顶点灰度值大于等值面的值,则该顶点位于等值面之外,标记为"1"。

② 如果立方体中的顶点灰度值小于等值面的值,则该顶点位于等值面之内,标记为"0"。

每个体素包含 8 个顶点,6 个正方形面,每两个顶点连成一条边。两个顶点标记值相同,此边无等值点;不相同,则此边必有一个等值点。顶点标记既有 1 和 0 的体素,即为包含等值面的边界体素。用直线将不同边上的等值点连接起来,得到一个或多个近似表示等值面的三角面片。每个立方体素的顶点状态共有 $2^8 = 256$ 种基本拓扑构型。256 种组合通过反转对称性,变成 128 种组合,经过旋转对称性,可以简化成 15 种构型,分别用黑、白两色圆点表示顶点标记 1 和 0,所有基本拓扑构型如图 7.33 所示。反转对称性是边界体素所有顶点状态值 0、1 互换,见图 7.34;旋转对称性是边界体素经过旋转,顶点 0、1 位置值相同,见图 7.35。由体素的 15 种基本拓扑构型通过旋转和求补可容易地得到体素的 256 种等值面分布状态。

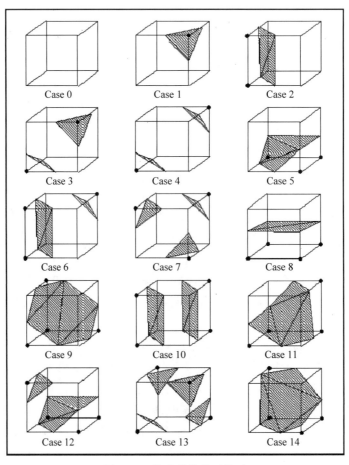

图 7.33　体素的等值面构型

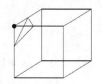

图 7.34　反转对称性　　　　　　　　　图 7.35　旋转对称性

建立"构型-三角剖分"查找表,它包含 256 个索引项,每个索引项包含索引、旋转及指向 15 种三角剖分中一种的指针。其方法是:对于每个体素,首先根据它的索引在"构型-三角剖分"查找表中确定其三角剖分形式,然后再根据相应索引项中的旋转参数确定最终三角剖分。

2. 等值点坐标和法向量的计算

等值面与边界体素的交点位置,即等值点坐标,通过该边的两个顶点,利用线性插值计算得到。假设边界体素的一条边上的两个顶点的灰度值,一个小于等值面的值,一个大于等值面的值,两顶点的坐标值分别为 (x_1,y_1,z_1) 和 (x_2,y_2,z_2),位于这两个顶点所在边上的等值点坐标值为 (x_i,y_i,z_i),两顶点的灰度值分别为 c_1 和 c_2,c 为等值面的值。用线性插值计算等值点坐标,有

$$K = \frac{c - c_1}{c_2 - c}$$
$$x_i = x_1 - K(x_2 - x_1)$$
$$y_i = y_1 - K(y_2 - y_1)$$
$$z_i = z_1 - K(z_2 - z_1)$$

为真实地显示物体表面的情况,采用等值面的明暗显示。三角面片的生成仅仅完成了等值面的构造,要真正显示出物体在一定光照条件的形态,还必须解决物体在特征的光照模型下的表面法向量的计算。采用中心差分方法来计算体素各顶点处的法向量。中心差分法公式如下。

$$g_x = \frac{f(x_{i+1},y_j,z_k) - f(x_{i-1},y_j,z_k)}{2\Delta x}$$
$$g_y = \frac{f(x_i,y_{j+1},z_k) - f(x_i,y_{j-1},z_k)}{2\Delta y}$$
$$g_z = \frac{f(x_i,y_j,z_{k+1}) - f(x_i,y_j,z_{k-1})}{2\Delta z}$$

体素顶点 (i,j,k) 处的梯度可通过 x 轴、y 轴、z 轴 3 个方向上邻近顶点的灰度值来计算,$f(x,y,z)$ 表示三维数据场中相应顶点坐标处的灰度值,Δx、Δy、Δz 分别表示在 3 个坐标轴方向的单位增量。

每个像素点的梯度值再经过标准化,就可以得到体素顶点的标准向量 (g_i,g_j,g_k)。

$$g_i = \frac{g_i}{\sqrt{g_i^2 + g_j^2 + g_k^2}}$$
$$g_j = \frac{g_j}{\sqrt{g_i^2 + g_j^2 + g_k^2}}$$

$$g_k = \frac{g_k}{\sqrt{g_i^2 + g_j^2 + g_k^2}}$$

3．移动立方体面绘制过程总结

（1）通过分割、配准及插值后，建立面绘制所需的基本三维体数据，选定作为表面显示的等值面的灰度阈值。

（2）紧邻上、下两层数据对应的 8 个像素点构成一个立方体，即一个体素。

（3）体素的 8 个顶点按照前面得到的等值面阈值进行分类，超过或等于阈值，则顶点算作等值面的内部点；小于阈值，顶点算作等值面的外部点。

（4）生成一个代表顶点内、外部状态的二进制编码索引表。

（5）移动至下一个立方体，重复(3)～(5)步。

（6）用此索引表查询一个长度为 256 的构型查找表，得到轮廓(等值面)与立方体空间关系的具体拓扑状态(构型)。

（7）根据构型，通过线性插值确定等值面与立方体相交的三角片顶点坐标，得到轮廓的具体位置。

（8）计算三角面片定点的法向量，设置等值面的明暗显示。

4．移动立方体方法的二义性

移动立方体绘制物体表面的一个重要问题就是轮廓的二义性。当对角顶点是同一状态，而邻边上点为不同状态时，就会发生二义性，如图 7.36 所示的 3 种连接方式。

图 7.36　二义性平面表示法

二义性会造成二义性面存在的两个相邻立方体素之间等值线的连接出现歧义。二义性的消除方法一般有渐近线方法、平均值法、梯度一致性法。最常用的方法是渐近线判别法。边界体素面上等值点的连接不是直线，直线是一种近似，连接的线实际上是曲线。渐近线法就是找出二义性面上双曲线渐近线的交点，用交点的状态来判断等值线的连接方式，如图 7.37 所示。

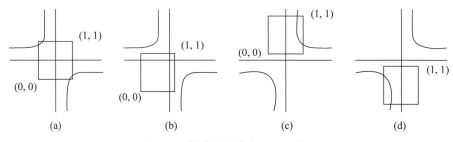

图 7.37　等值线与体素的相交情况

5．移动立方体算法存在的问题

（1）大量三角面片产生的问题。边界体素中的等值面，可以由一个，最多可以由 4 个三角面片来逼近,这样 MC 方法会产生大量三角形。随着三维数据场密度的不断提高,三角面片的数目也会随之增加,这就面临着空间和时间两个问题。把 MC 算法引入三维可视化进行实时交互,以及在许多应用领域中,如医学可视化,均是首要考虑的重要问题。

(2) 空洞问题。在形成三角面片时,多个顶点有可能有多于一种的不同连接方法,这种情况一旦出现在相邻的两个单元共享面上,如果不予以适当处理,就会产生实际不应有的空洞,在展示小的或定义差的特征时尤其如此。

(3) 效率问题。MC 算法需要对数据场全部体素逐一进行检查、计算,但通常等值面只与三维数据场内一部分体素相交。与体素计算相比,遍历的花费很大,依赖于数据场的总体规模、包含等值面体素的数目以及计算机内存的大小。

7.5.2 其他常见面绘制算法

1. 移动四面体法

移动四面体算法是把单个立方体素剖分成多个四面体。一般剖分成 5 个,见图 7.38。

等值面与四面体的相交模式与立方体素相比较,相交模式比较少,通过反转与旋转对称性转换,只有 3 种,见图 7.39。图 7.39(a)表示四面体 4 个顶点状态一致,等值面与四面体不相交;图 7.39(b)表示四面体中只有一个顶点和其他 3 个顶点的状态都不同,等值面在四面体内连成一个三角面片;图 7.39(c)表示四面体 4 个面上

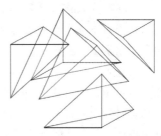

图 7.38 体素分成 5 个小四面体

三角形的 3 个顶点中有两个顶点状态是一样的,另一个顶点跟其他两个顶点状态都不同,等值面与四面体的连接方式是两个三角面片。连接方式有两种,根据所在边的状态和顶点编号来确定连接方式,要么是顶点 AC 连成线,要么是顶点 BD 连成线。之后用相应的边状态表和三角面片连接表来绘制外表面。顶点坐标与法向量的计算方法与移动立方体方法相类似。

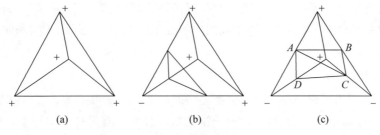

图 7.39 移动四面体等值面的连接方式

移动四面体法有效解决了移动立方体法三角面片二义性问题,重建精度高。但重建时间要长于移动立方体法,增加了三角面片的数量和存储量。为了提高绘制速度,GPU 的几何着色器为这个问题提供了良好的解决方案。

2. 剖分立方体法

随着获取图像技术的不断进步和发展,图像之间的间距越来越小,图像的空间分辨率越来越高,三维数据场具有很高的数据密度。在这种情况下,移动立方体算法在体素上产生的

三角面片数量剧增,而屏幕显示的空间分辨率有限,产生的小三角面片与屏幕上的像素差不多大,甚至还要小,此时再通过插值计算小三角面片是没有必要的,于是产生了剖分立方体法。

基本思想是,首先确定等值面(物体轮廓)的灰度阈值,对三维数据场中的所有体素进行分类,找出边界体素,得到显示对象的等值面(物体轮廓)。之后考察边界体素,如果该体素在显示平面的投影面积大于一个像素的大小,对边界体素进行分割,每个体素分成 $n_1 \times n_2 \times n_3$ 个大小相同的子体素,在这些子体素中再找出小的边界体素,使得每个子体素在显示平面的投影面积是一个像素大小,即一个表面点。子体素顶点灰度值通过线性插值得到。在与等值面相交的子体素中心生成一个点,用线性插值方法计算出法向量,进行亮度明暗计算得到光照效果。

剖分立方体算法步骤如下。

(1)输入三维体数据,设定等值面灰度阈值。

(2)首次读入连续 4 层数据。

(3)两个连续层面的 8 个数据邻点组成一个立方体(体素),在体素每个顶点处计算灰度梯度向量分量,数值等于该顶点沿每个坐标轴前后邻点灰度差。

(4)对体素分类。如果每个顶点灰度值均高于灰度阈值,体素是内部体素;反之如果每个顶点灰度值均低于灰度阈值,体素是外部体素;否则,等值面通过该体素。

(5)细分立方体。将包含等值面的体素细分为 $n_1 \times n_2 \times n_3$ 个子体素,使得每个子体素在显示平面上是一个像素大小。即每个子体素相当于一个表面点,子体素的 8 个顶点灰度值由原体素顶点灰度值线性插值获得。

(6)如第(5)步,检测还有哪些子体素与等值面相交。

(7)对每个与等值面相交的子体素计算 8 个顶点的灰度梯度向量。确定子体素中心点,法向量为 8 个顶点的灰度梯度向量的平均值。

(8)计算每个表面点的光强:法向量沿视方向投影的标量积。

(9)移出最上层数据,读入下一层数据,重复步骤(3)~(8),直至遍历全部体数据。

剖分立方体法适用于离散高密度三维数据场,特别是医学图像,重建效果较好。由于不需要经过线性插值计算等值点,所以生成图像的速度较快。但使用子体素中心点的小面片来投影,放大后细节不清晰。

3. 表面跟踪法

表面跟踪法利用了相邻单元间等值面之间的相关性。选取一个含有等值面的体素作为种子体素,运用体素面状态表,得到与种子体素相邻接的含有等值面的体素,并全部压入堆栈,再绘制,如图 7.40 所示。

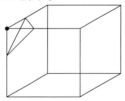

前	后	左	右	上	下
1	0	1	0	1	0

(a) 种子体素等值面示例　　　　(b) 相应的体素面状态表

图 7.40　种子体素等值面示例和体素面状态表

该算法不需要访问三维体数据场中的所有体素,因此加快了绘制速度。但是由于使用了栈和体素面状态表,加大了系统开销。

7.5.3　面绘制实例

【例 7.10】　VTK 实现移动立方体法面绘制。

VTK 提供了提取等值面的类,即 MC(Marching Cubes)算法类 vtkMarchingCubes。提取等值面之后的数据处理:通过 vtkPolyDataNormals 在等值面上产生法向量;通过 vtkStripper 在等值面上产生纹理或三角面片。

(1) 读取数据以及数据处理。首先,读取切片数据,并将其转换为 VTK 所支持的一种数据表达形式(vtkImageData)。对 CT 数据建立的是比较抽象的等值面模型,然后将物理组件与抽象的模型结合在一起,建立对 CT 数据的可视化,帮助用户正确理解数据。利用 VTK 中的 vtkDICOMImageReader,可以很方便地读取切片数据。

(2) 提取等值面。用算法对所读取的数据进行处理。比如,采用经典 MC 面绘制方法。首先利用 vtkMarching Cubes 类来提取出某一 CT 值的等值面(利用 vtksetValue()来设置需要提取的阈值),但这时的等值面其实仍只是一些三角面片,还必须由 vtkStripper 类将其拼接起来形成连续的等值面。这样就把读取的原始数据经过处理转换为应用数据,也即由原始的点阵数据转换为多边形数据。然后由 vtkPolyDataMapper 将其映射为几何数据,并将其属性赋给窗口中代表它的角色,将结果显示出来。在实际应用中 VTK 支持多表面重建,可以设置多个参数值,提取出多个等值面并同时显示出来。如何设置多个参数值呢?可以通过 VTK 自带的 GenerateValues()函数。比如,人体皮肤所对应的 value 值为 500,人体骨骼所对应的 value 值为 1150。

(3) 显示结果。通过前面这些工作,基本上已经完成了对数据的读取处理、映射等步骤,下面就要对数据进行显示了。通常这些步骤也叫作渲染引擎。可以通过调整 value 值和 actor 的相应属性达到重建三维图形的不同效果。

参考代码如下:

```
import vtk
# source.> filter(MC算法).> mapper.> actor.> render.> renderwindow.> interactor
# 读取 Dicom 数据,对应 source
v16 = vtk.vtkDicomImageReader()
# v16.SetDirectoryName('D: /dicom_image/V')
v16.SetDirectoryName('D: /dicom_image/vtkDicomRender.master/sample')
# 利用封装好的 MC 算法抽取等值面,对应 filter
marchingCubes = vtk.vtkMarchingCubes()
marchingCubes.SetInputConnection(v16.GetOutputPort())
marchingCubes.SetValue(0, 100)
# 剔除旧的或废除的数据单元,提高绘制速度,对应 filter
Stripper = vtk.vtkStripper()
Stripper.SetInputConnection(marchingCubes.GetOutputPort())
# 建立映射,对应 mapper
mapper = vtk.vtkPolyDataMapper()
#mapper.SetInputConnection(marchingCubes.GetOutputPort())
mapper.SetInputConnection(Stripper.GetOutputPort())
# 建立角色以及属性的设置,对应 actor
actor = vtk.vtkActor()
```

```
actor.SetMapper(mapper)
# 角色的颜色设置
actor.GetProperty().SetDiffuseColor(1, .94, .25)
# 设置高光照明系数
actor.GetProperty().SetSpecular(.1)
# 设置高光能量
actor.GetProperty().SetSpecularPower(100)
# 定义舞台,也就是渲染器,对应提交
renderer = vtk.vtkRenderer()
# 定义舞台上的相机,对应提交
aCamera = vtk.vtkCamera()
aCamera.SetViewUp(0, 0, .1)
aCamera.SetPosition(0, 1, 0)
aCamera.SetFocalPoint(0, 0, 0)
aCamera.ComputeViewPlaneNormal()
# 定义整个剧院(应用窗口),对应提交窗口
rewin = vtk.vtkRenderWindow()
# 定义与角色之间的交互,对应交互器
interactor = vtk.vtkRenderWindowInteractor()
# 将相机添加到舞台提交器
renderer.SetActiveCamera(aCamera)
aCamera.Dolly(1.5)
# 设置交互方式
style = vtk.vtkInteractorStyleTrackballCamera()
interactor.SetInteractorStyle(style)
# 将舞台添加到剧院中
rewin.AddRenderer(renderer)
interactor.SetRenderWindow(rewin)
# 将角色添加到舞台中
renderer.AddActor(actor)
# 将相机的焦点移动至中央
renderer.ResetCamera()
interactor.Initialize()
interactor.Start()
```

运行结果如图 7.41 所示。

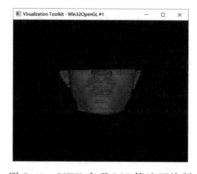

图 7.41　VTK 实现 MC 算法面绘制

7.6　体绘制

　　在现实世界中,有许多场景是不能用简单的面来表示的,实际上,这些场景形成的数据中并不包含真实面,如烟、火、云、雾等。在这种情况下,面绘制技术就不适用了,体绘制为研

究者理解数据中有趣的信息提供了一种更加有用的方法。

体绘制(Volume Rendering)以体素为基本单元,直接由体数据集生成三维物体的图像,也称直接体绘制。与面绘制不同,体绘制不借助中间几何图元,直接将数据场绘制到二维图像屏幕上。体绘制不仅可以绘制面,还可以表达对象的内部信息,包括每一个细节,也是其得到广泛使用的重要原因之一。这一点在医学可视化中特别有价值,数据场包含了许多物体,它们大小不一,并且大小各异的物体间的关系特别重要。同时,体绘制具有图像质量高、便于并行处理等优点。但计算量很大,运算速度慢,并且当视点改变时,图像必须进行大量的重新计算。

体绘制通过不透明度的设置可以得到半透明的绘制效果,这样就能有效地反映出物体内部结构,这也是体绘制与面绘制的最大区别。与面绘制相比,体绘制更适用于表现不均匀的材料,具有更好的绘制效果。

体绘制的应用领域如下。

(1) 体绘制主要的应用领域是医学领域,用于疾病的辅助诊断。计算机断层扫描(CT、PET 等)已经广泛应用于疾病的诊断,医疗领域的巨大需求推动了体绘制技术的高速发展。

(2) 体绘制可以用于地质勘探、气象分析、分子模型构造等科学领域。例如,"三维气象可视化"。气象数据通常非常庞大,完全可以称为海量数据,每个气压面上都有温度、湿度、风力、风向等格点数据,气象研究人员希望可以同时观察到很多气压面的情况,这时就可以采用体绘制技术,对每个切面(气压面)同时进行显示。

(3) 体绘制技术也适用于强化视觉效果,自然界中很多物体视觉效果是不规则的,如流体、云、烟等,它们很难用常规的几何元素进行建模,使用粒子系统的模拟方法也不能尽善尽美,而使用体绘制可以达到较好的模拟效果。图 7.42 所示为使用体绘制技术进行烟的模拟效果。

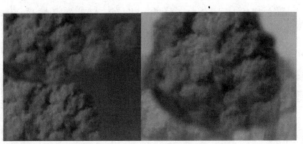

图 7.42 体绘制技术渲染的烟

体绘制流程如图 7.43 所示。

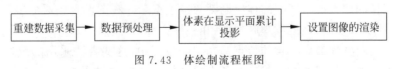

图 7.43 体绘制流程框图

7.6.1 体绘制概述

1. 体数据(Volume Data)

体数据记录了三维空间中每个离散格点上的值。虽然体数据和面数据都是三维的,但是体数据包含的是整个物体的细节信息,而面数据包含的仅仅是物体的等值面信息。只要是包含了物体细节信息的数据,都可以称之为体数据。体数据包含体素、体纹理等信息。

2. 体素(Voxel)

体素是组成体数据的最小单元,相当于二维空间中像素的概念。如图 7.44 所示,每个小方块代表一个体素。体素不存在绝对空间位置的概念,只有在体空间中的相对位置,这一点和像素是一样的。

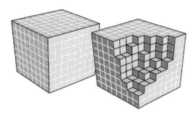

图 7.44　体数据中的体素

通常看到的体数据都会有一个体素分布的描述,即该数据由 $n \cdot m \cdot t$ 个体素组成,表示该体数据在 X、Y、Z 方向上分别有 n、m、t 个体素。在数据表达上,体素代表三维数组中的一个单元。假设一个体数据在三维空间上由 $256 \times 256 \times 256$ 个体素组成,则如果用三维数组表示,就必须在每一维上分配 256 个空间。体素不存在绝对空间位置的概念,只有在体空间中的相对位置这一点和像素是一样的。体素的单位是 mm,如 0.412mm 表示该体数据中相邻体素的间隔为 0.412mm。

3. 体纹理(Volume Texture)

体纹理是能够用于绘制原始的点或线的体素的三维集合。每个原始的点都需要三元素的纹理坐标。物体被组织成切片,可以将它堆叠出以宽度、高度为二维表面的宽度×高度×厚度的物体。体数据存储的最主要文件格式就是体纹理。其实,体纹理就是体数据按照一定规则存放得到的,换句话说,体纹理就是另一种形式的体数据。

4. 体绘制算法分类

体绘制方法可依据绘制次序的不同,分为以图像空间为序的体绘制和以物体空间为序的体绘制。

(1) 以图像空间为序。

以图像空间为序的体绘制,需要对数据值分类,赋予颜色值与不透明度值,并设置采样点。这些采样点由于不在像素点上,所以没有坐标值与灰度值,需要通过 3 个坐标轴方向上的线性插值计算出采样点的颜色值和不透明度值,并累加合成,得到二维图像的像素值,常见算法有光线投射法。

(2) 以物体空间为序。

以物体空间为序的体绘制,计算三维数据场的像素点对投影图像像素的贡献,并加以合成得到投影图像的像素值。所有的体绘制都要经过重采样和图像合成两个步骤。常见算法有抛雪球法、错切形变法、三维纹理映射法、相关性投影法等。

这两类体绘制方法都有各自的特点。在实际应用中,这些方法采用的重建核函数的精度在很大程度上决定了图像的质量。为了大幅度提高体绘制结果的质量,也可以采用高精度的重采样。值得一提的是,图像空间通常比物体空间小很多,所以以图像空间为序的体绘制算法的计算时间相对会少很多,但以物体空间为序的算法的并行处理更容易实现。

5. 光学模型(Optical Models)

几乎每个直接体绘制算法都将体数据当作在某一密度条件下,光线穿越体素时每个体素对光线的吸收发射分布情况。这一思想来源于物理光学，并最终通过光学模型进行分类描述。体绘制中的光学模型如下。

（1）光线吸收模型。最简单的光学模型就是光线吸收模型。首先假设射入三维空间中光线能够完全被小粒子吸收，同时该小粒子既不发射也不反射光线，如此就构建了一个光线吸收模型。该模型可用以下公式表示

$$I(s) = I_0 \exp\left(-\int_0^s \tau(t)\,\mathrm{d}t\right)$$

式中：参数 s 为光线的投射方向的长度；$I(s)$ 为距离为 s 处光线强度；$\tau(t)$ 为光强的衰减系数；I_0 为光线射入三维数据场中 $s=0$ 时的光线强度。

透明度计算公式为

$$T(s) = \exp\left(-\int_0^s \tau(t)\,\mathrm{d}t\right)$$

透明度与不透度之和为 1，由此可以计算不透明度。一般使用 0～1 来表示透明度范围。

（2）光线发射模型。在类似火焰等高温气体的可视化中，通常把粒子当作透明的来处理，认为它们仅能够发出很强的光线，并不具备吸收光线的功能，该模型可以用以下公式表示，即

$$I(s) = I_0 + \int_0^s g(t)\,\mathrm{d}t$$

（3）光线吸收和发射模型。这是目前应用最广泛的一种模型。在实际应用中的小粒子一般同时具有发射光线和吸收光线的功能，因此将光线吸收和发射模型结合起来，可以更好地反映光线在三维空间中的变化，即

$$I(D) = I_0 \exp\left(-\int_0^D \tau(t)\,\mathrm{d}t\right) + \int_0^D g(s)\exp\left(-\int_0^s \tau(t)\,\mathrm{d}t\right)\mathrm{d}s$$

把光线吸收模型中的透明度计算式代入式，可得下式

$$I(D) = I_0 T(D) + \int_0^D g(s)T(s)\,\mathrm{d}s$$

由于 $g(s) = C(s)\tau(s)$，C 是颜色值常数，则式中第二项可写为

$$\int_0^D g(s)\exp\left(-\int_0^s \tau(t)\,\mathrm{d}t\right)\mathrm{d}s = C\left(1 - \exp\left(-\int_0^D \tau(t)\,\mathrm{d}t\right)\right) = C(1 - T(D))$$

因此，光线吸收和发射模型可简化为

$$I(D) = I_0 T(D) + C(1 - T(D))$$

式中，$1 - T(D)$ 为不透明度。光线吸收和发射模型描述了背景光 I_0 和物质颜色值 C 在物体透明度 $T(D)$ 作用下的合成结果。

7.6.2　光线投射算法

光线投射算法（Ray Casting）是目前应用最为广泛、最为通用的体绘制方法，是基于图像序列的直接体绘制方法，由 Levoy 于 1988 年提出。该算法的基本原理是在二维图像平面的每个像素点发出一条光线，每条光线沿着视线方向穿过三维数据场，沿着光线方向按一定步长设置采样点，利用插值计算每个采样点的颜色值和不透明度；接着按照从前到后或从后到前的顺序对光线上的采样点进行合成，计算出这条光线对应的屏幕上像素点的颜色值。

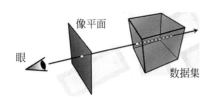

图 7.45   光线投影算法原理

其原理如图 7.45 所示。

光线投射算法基于射线扫描过程,符合人类生活常识,容易理解,可以达到较好的绘制效果。该算法可以较为轻松地移植到 GPU 上进行实现,从而达到实时绘制的要求。但当观察角度发生变化时,采样点的前后关系也随之变化,因此需要重新进行绘制,计算量极为庞大,绘制速度较低。针对算法所存在的问题,人们提出了不少优化方法,如光线提前终止、利用空间数据结构来跳过无用的体素,如八叉树、金字塔、KD 树等。

光线投射算法的流程框图如图 7.46 所示。

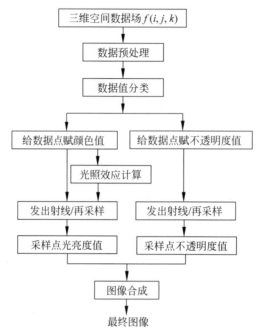

图 7.46   光线投射算法的流程框图

数据分类是将体数据的标量值映射为颜色和不透明度,这需要构造合适的转换函数。由于发射光线起点和方向是在图像空间描述的,而采样是在物体空间进行,对体数据的采样则需要进行坐标系的变换。图像空间到物体空间的转换可以通过旋转和平移操作来实现。将光线的描述转换到物体空间后,沿着光线等间隔采样,采样点的颜色和不透明度通过插值获得。最后需要沿着光线对所有采样点进行合成,得到光线对应的二维屏幕上像素点的颜色。

1. 数据分类

三维数据场是由二维断层数字图像叠加组合而成的,每个二维断层图像上都有像素点,所以三维数据场中的每个坐标位置都有像素值。阈值分类法是基于同种组织具有相近的灰度值,通过设置一个范围,把相同组织的灰度值设置在一个灰度区间内。若三维数据场的像素值为 I,d_i 与 d_{i+1} 是同种组织灰度值的上、下界限,同种组织的灰度值具有相近性,所以划分为一类。

$$d_i \leqslant I \leqslant d_{i+1} \quad (i=1,2,\cdots,n-1)$$

另一种分类方法是概率法。每个体素大都不是由单一物质组成的,如果求出其中不同物质的概率分布,就可以更准确地赋予颜色值和不透明度值。设单个体素中灰度值为 C 的概率为

$$P(C)=\sum_{i=0}^{n} p_i P(C\mid i)$$

式中:n 为单个体素中物质的种类数;p_i 为第 i 类物质在单个体素中所占的比例,在像素值为 C 的体素中第 i 类物质的概率计算公式为

$$P(i\mid C)=\frac{P(C\mid i)}{\sum\limits_{i=0}^{n} P(C\mid i)}$$

2．透明度和颜色赋值

断层图像通常是灰度图像,如果用灰度图像进行三维重建,重建结果并不理想,图像不清晰,达不到诊断要求。为了能在重建后更清晰地显示出不同的物质,需要把三维数据场中像素点的灰度值进行分类,并赋予不同的颜色值,使重建结果更清晰、明显。

除了颜色值外,还要根据分类结果对体素赋予不透明度值 α。α 的值一般与灰度值呈线性关系,并在$[0,1]$范围内。

3．沿射线进行重采样

视线是从图像空间发出的,而采样点在物体空间,所以要把图像空间坐标系转换到物体空间坐标系。图像空间到物体空间的转换可以通过旋转和平移操作实现。

重采样就是在穿过三维数据场的射线上设置采样点,如图 7.47 所示。采样点的颜色值和不透明度值由采样点所在体素的 8 个顶点的值通过插值来计算。采样点越密集,图像越清晰,绘制速度就会越慢;相反,图像就越模糊,绘制速度就越快。假定光线从 F 点投射到立方体中,并从 L 点投出,在立方体中穿越的距离为 m。当光线从 F 点投射到立方体中,穿越距离为 $n(n<m)$ 时进行采样,则存在公式

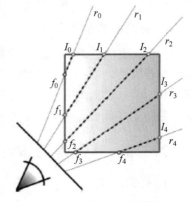

图 7.47 射线穿越体数据

$$t=t_{\text{start}}+d \cdot \text{delta}$$

式中:t_{start} 为立方体表面被投射点的体纹理坐标;d 为投射方向;delta 为采样间隔,随着 n 的增加而递增;t 为求得的采样纹理坐标。通过求得的采样纹理坐标就可以在体纹理上查询体素数据。直到 $n>m$,或者透明度累加超过 1,一条射线的采样过程才结束。采样点越密集,图像越清晰,绘制速度就会越慢;相反,图像就越模糊,绘制速度就越快。

4．二维图像像素值合成

把二维像素点发出的每条射线上采样点的颜色值和不透明度值分别一一累加,最终合成二维投影图像的像素值。累加的方法有两种,即由后向前累加和由前向后累加。由后向前累加是从投影图像向人的眼睛方向,将采样点的值累加;而由前向后的累加是从人的眼

睛向二维图像的方向进行采样点值的累加,最终形成二维图像的像素值。

在光线投射算法中,射线穿越体纹理的同时也就是透明度的排序过程。所以,这里存在一个合成的顺序问题。可以将射线穿越纹理的过程作为采样合成过程,这是从前面到背面进行排序,也可以反过来从背面到前面排序,毫无疑问,这两种方式得到的效果是不太一样的。

如果从前面到背面进行采样合成,则合成公式为

$$\alpha_{i+1} = \alpha_{i-1} + \alpha_i(1 - \alpha_{i-1})$$
$$C_{i+1} = C_{i-1} + C_i(1 - \alpha_{i-1})$$

式中:α_{i-1} 为这条光线从二维图像向人眼方向的之前计算过的所有采样点的不透明度值的累加和;α_i 为当前采样点的不透明度值,还未加入累加和;加入当前采样点的不透明度值之后的累加和是 α_{i+1},采样点按顺序依次累加不透明度值。进入当前采样点前的颜色值是 C_{i-1},当前采样点后的颜色值是 C_i,累加过当前采样点后的颜色值是 C_{i+1}。

不透明度值的累加需要的参数是所有采样点的不透明度值。可是颜色值的累加参数除了分类得到的伪彩色值外,还要有所有采样点的不透明度值参与计算。

如果从背面到前面进行采样合成,则公式为

$$\alpha_{i-1} = \alpha_{i+1}(1 - \alpha_i) + \alpha_i$$
$$C_{i-1} = C_{i+1}(1 - \alpha_i) + C_i$$

终止计算合成条件:当累计不透明度超过 1 时就停止合成操作,表明光线已无法穿透数据场。

在计算过程中,随着采样点的数量不断增加,不透明度值会逐渐增大。当不透明度值接近 1 时,就会完全不透明,停止计算合成。或当光线离开数据场后,停止计算合成。

5. 光线投射法优、缺点

由于该方法考虑了数据场所有体素对图像的贡献,利用了尽可能多的原始信息,从而能够产生较真实、较高质量的图像。但是,由于采用了光学方法,虽然能在一定程度上看到内部结构,但有时图像看起来比较模糊,需要一些特征增强手段才能表达出用户感兴趣的信息。每条光线要求大量的样本点,从而计算量特别大。

7.6.3　其他常见体绘制算法

1. 抛雪球算法

抛雪球算法(Splatting)是由 Westover 提出的,它是一种以物体空间为序的直接体绘制算法。它与光线投射法不同,是反复对体素的投影叠加效果进行运算。它用一个称为足迹(Footprint)的函数计算每一体素投影的影响范围,用高斯函数定义点或者小区域像素的强度分布,从而计算出其对图像的总体贡献,并加以合成,形成最后的图像。由于这个方法模仿了雪球被抛到墙壁上所留下的一个扩散状痕迹的现象,因而取名为"抛雪球法"。

抛雪球法把三维数据场中的每一个体素都看成一个能量源,三维空间中每个采样点对二维图像像素值的贡献也是不同的。当三维空间中每个采样点向二维图像平面投影时,用以体素的投影点为中心的重建核,将三维空间采样点的能量扩散到二维图像的像素值上。抛雪球法也要先对三维体数据场中每个像素点的灰度值进行分类,然后计算三维数据场采

样点对屏幕像素的贡献,如图 7.48 所示。

它的优点就是能按照体数据存储顺序来存取对象,同时只有与图像相关的体素才被投射和显示,这样可以大大减少体数据的存取数量,而且该算法适合并行操作。

但对于向前投射算法,像平面上的投影面是随着视点改变而随意缩放和旋转的,因而精确计

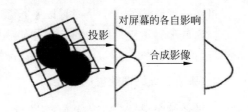

图 7.48 抛雪球算法原理

算对周围像素影响的范围和对其每一点所影响的大小是十分费时的。在透视投影中,这种变换更是按每一体素而不同。同时重构函数的选择也要十分仔细,要避免由于选择不当而产生的相邻体素投影到像平面上而产生的间隙或过分重叠。正因为如此,设计一个既能保证图像质量又是高效的重构函数往往比较困难。

2. 错切-形变算法

错切-形变算法(Shear-Warp)由 Lacroute 于 1994 年提出,其基本原理是将三维视觉变换分解成三维错切变换和两维变形变换,体数据按照错切变换矩阵进行错切,投影到错切空数据按照错切变换矩阵进行错切,投影到错切空间形成一个中间图像,然后中间图像经变形生成最后的结果图像。

其基本思想包括以下 3 个步骤。

(1) 将体数据变换到错切后的物体空间,并对每一层数据重采样。

(2) 按从前至后的顺序将体数据投射到二维中间图像平面。

(3) 通过变形变换,将中间图像投射到像空间产生最终的图像。

图 7.49(a)中显示了一个物体空间(体数据)和投影平面,按照传统方法进行直接投影,则得到图像为 AB。

图 7.49(b)示意了错切变形的基本思想。首先,根据视线方向(投影方向),确定一个中间平面,此平面垂直于物空间的某个轴方向,并将物体空间做分层错切变换(Shear),将数据场的每个切片转换到一个被称为“错切对象空间”的中间坐标系,且保证此错切对象空间中所有成像光线均与变换后的切片垂直;然后在错切对象空间进行体绘制的成像,生成一个中间图像($A'B'$)。由于是垂直投影,其计算量必然大大低于斜向投影。再将得到的中间图像 $A'B'$ 做二维扭曲变换(即“变形”,Warp),得到最终图像 AB。

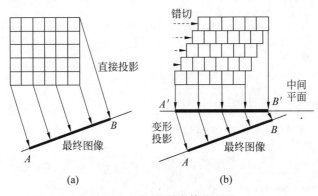

(a)   (b)

图 7.49 错切-形变算法原理

　　错切变形算法的实质是一种以平行于主轴的切片为基本图像合成单元的体绘制算法。由于错切变形算法绘制图像的有效分辨率与体数据的采样密度直接相关,其图像质量不如光线投射法、投雪球法。

3. 基于三维纹理映射的体绘制

　　三维纹理映射(Texture Mapping Algorithm)需要在三维体数据场中建立一个纹理坐标系。纹理坐标系的原点为体数据场的中心点,并且纹理坐标空间任意旋转,都在体数据场内。三维纹理映射流程:把三维数据场中的二维切片图像转换为纹理切片;建立纹理切片与三维物体空间中平行于坐标轴平面的映射关系,即三维纹理空间与三维物体空间的映射;对三维物体空间的像素点计算不透明度和光亮度;通过纹理混合,显示为屏幕图像,即通过三维物体空间生成二维投影图像。

　　光线投射法的优点是通过对不同灰度值的组织设置不同的颜色值可以同时看到人体内部的多种组织器官,并且重建效果最好,只是重建速度很慢。抛雪球法绘制时间较光线投射法快,但重建图像质量没有光线投射法效果好,并且不适合大规模数据场的重建。错切-形变算法是速度最快的体绘制方法,但是图像容易模糊、细节易丢失;当图像放大时,图像清晰度明显下降,并且占用内存较大。纹理映射的优点是纹理切片能真实反映三维模型,缺点是随着视线方向的变化,图像显示的效果会下降。

7.6.4　体绘制实例

【例7.11】　VTK实现光线投射法体绘制。

```python
import vtk
from vtk.util.misc import vtkGetDataRoot
# Create the renderer, the render window, and the interactor. The renderer
ren = vtk.vtkRenderer()
renWin = vtk.vtkRenderWindow()
renWin.AddRenderer(ren)
iren = vtk.vtkRenderWindowInteractor()
iren.SetRenderWindow(renWin)
#读取用于三维重建的二维图像
v16 = vtk.vtkDICOMImageReader()
v16.SetDirectoryName('D:/dicom_image/V')
#利用光线投射法进行体绘制
volumeMapper = vtk.vtkGPUVolumeRayCastMapper()
volumeMapper.SetInputConnection(v16.GetOutputPort())
volumeMapper.SetBlendModeToComposite()
# 分类设置每个体素颜色
volumeColor = vtk.vtkColorTransferFunction()
volumeColor.AddRGBPoint(0,    0.0, 0.0, 0.0)
volumeColor.AddRGBPoint(500,  1.0, 0.5, 0.3)
volumeColor.AddRGBPoint(1000, 1.0, 0.5, 0.3)
volumeColor.AddRGBPoint(1150, 1.0, 1.0, 0.9)
# 分类设置每个体素透明度
volumeScalarOpacity = vtk.vtkPiecewiseFunction()
volumeScalarOpacity.AddPoint(0,    0.00)
volumeScalarOpacity.AddPoint(500,  0.15)
volumeScalarOpacity.AddPoint(1000, 0.15)
volumeScalarOpacity.AddPoint(1150, 0.85)
```

```
# The gradient opacity function is used to decrease the opacity
# in the "flat" regions of the volume while maintaining the opacity
# at the boundaries between tissue types.  The gradient is measured
# as the amount by which the intensity changes over unit distance.
# For most medical data, the unit distance is 1mm.
volumeGradientOpacity = vtk.vtkPiecewiseFunction()
volumeGradientOpacity.AddPoint(0,    0.0)
volumeGradientOpacity.AddPoint(90,   0.5)
volumeGradientOpacity.AddPoint(100, 1.0)
```

#设置"体积"属性将颜色和不透明度函数附加到体积,并设置其他体积属性.插值应设置为"线性"以进行高质量渲染

```
volumeProperty = vtk.vtkVolumeProperty()
volumeProperty.SetColor(volumeColor)
volumeProperty.SetScalarOpacity(volumeScalarOpacity)
# volumeProperty.SetGradientOpacity(volumeGradientOpacity)
volumeProperty.SetInterpolationTypeToLinear()
volumeProperty.ShadeOn()
volumeProperty.SetAmbient(0.9)
volumeProperty.SetDiffuse(0.9)
volumeProperty.SetSpecular(0.9)
# The vtkVolume is a vtkProp3D (like a vtkActor) and controls the position
# and orientation of the volume in world coordinates.
volume = vtk.vtkVolume()
volume.SetMapper(volumeMapper)
volume.SetProperty(volumeProperty)
# Finally, add the volume to the renderer
ren.AddViewProp(volume)
# Set up an initial view of the volume.  The focal point will be the
# center of the volume, and the camera position will be 400mm to the
# patient's left (which is our right).
camera = ren.GetActiveCamera()
c = volume.GetCenter()
camera.SetFocalPoint(c[0], c[1], c[2])
camera.SetPosition(c[0] + 400, c[1], c[2])
camera.SetViewUp(0, 0, .1)
# Increase the size of the render window
renWin.SetSize(640, 480)
# Interact with the data.
iren.Initialize()
renWin.Render()
iren.Start()
```

运行结果如图 7.50 所示。

图 7.50　VTK 实现 Ray.casting 体绘制

实训 8　VTK 的面绘制

下面介绍抽取轮廓的面绘制。

① 基本思想。抽取轮廓(等值面)的操作对象是标量数据。其基本思想是：将数据集中标量值等于某一指定恒量值的部分提取出来。对于 3D 的数据集而言，产生的是一个等值面；对于 2D 的数据集而言，产生的是一个等值线。

② 应用。有气象图中的等温线、地形图中的等高线。对于医学数据而言，不同的标量值代表的是人体的不同部分，因而可以分别提取出人的皮肤或骨头。

③ 实现。抽取轮廓方法是由一个过滤器实现的，如 vtkContourFilter、vtkMarchingCubes。vtkContourFilter 可 以 接 受 任 意 数 据 集 类 型 作 为 输 入，因 而 具 有 一 般 性。 使 用 vtkContourFilter 时，除了需要设置输入数据集外，还需要指定一个或多个用于抽取的标量值。可用以下两种方法进行设置。

a. 使用方法 SetValue()逐个设置抽取值。该方法有个两个参数：第一个参数是抽取值的索引号，表示第几个抽取值。索引号从 0 开始计数；第二个参数就是指定的抽取值。

b. 使用方法 GenerateValues()自动产生一系列抽取值。该方法有 3 个参数：第一个参数是抽取值的个数，后面两个参数是抽取值的取值范围。

代码如下：

```
# coding = utf.8
import vtk
# source—filter -- mapper -- actor -- render -- renderwindow -- interactor
aRenderer = vtk.vtkRenderer()                    # 渲染器
renWin = vtk.vtkRenderWindow()                   # 渲染窗口,创建窗口
renWin.AddRenderer(aRenderer)                    # 渲染窗口
#renWin.Render()
iren = vtk.vtkRenderWindowInteractor()           # 窗口交互
iren.SetRenderWindow(renWin)


v16 = vtk.vtkDICOMImageReader()
# v16.SetDirectoryName('D: /dicom_image/V')
v16.SetDirectoryName('D: /dicom_image/vtkDicomRender.master/sample')


# An isosurface, or contour value of 500 is known to correspond to the
# skin of the patient. Once generated, a vtkPolyDataNormals filter is
# used to create normals for smooth surface shading during rendering.
skinExtractor = vtk.vtkContourFilter()
skinExtractor.SetInputConnection(v16.GetOutputPort())
skinExtractor.SetValue(0, .10)
# skinExtractor.GenerateValues(2, 100, 110)
skinNormals = vtk.vtkPolyDataNormals()
skinNormals.SetInputConnection(skinExtractor.GetOutputPort())
skinNormals.SetFeatureAngle(60.0)
skinMapper = vtk.vtkPolyDataMapper()             # 映射器
skinMapper.SetInputConnection(skinNormals.GetOutputPort())
skinMapper.ScalarVisibilityOff()
```

```
skin = vtk.vtkActor()
# 设置颜色 RGB 系统就是由 3 个颜色分量组成,即红色(R)、绿色(G)和蓝色(B)的组合表示,
# 在 VTK 里这 3 个分量的取值都是从 0 到 1,(0, 0, 0)表示黑色,(1, 1, 1)表示白色
# vtkProperty::SetColor(r,g, b)采用的就是 RGB 颜色系统设置颜色属性值
# skin.GetProperty().SetColor(0, 0, 1)
skin.SetMapper(skinMapper)
skin.GetProperty().SetDiffuseColor(1, .49, .25)
skin.GetProperty().SetSpecular(.5)
skin.GetProperty().SetSpecularPower(20)
# skin.GetProperty().SetRepresentationToSurface()
# 构建图形的方框
outlineData = vtk.vtkOutlineFilter()
outlineData.SetInputConnection(v16.GetOutputPort())
mapOutline = vtk.vtkPolyDataMapper()
mapOutline.SetInputConnection(outlineData.GetOutputPort())
outline = vtk.vtkActor()
outline.SetMapper(mapOutline)
outline.GetProperty().SetColor(0, 0, 0)

# 构建舞台的相机
aCamera = vtk.vtkCamera()
aCamera.SetViewUp(0, 0, .1)
aCamera.SetPosition(0, 1, 0)
aCamera.SetFocalPoint(0, 0, 0)
aCamera.ComputeViewPlaneNormal()

# Actors are added to the renderer.An initial camera view is created.
# The Dolly() method moves the camera towards the Focal  Point,
# thereby enlarging the image.
aRenderer.AddActor(outline)
aRenderer.AddActor(skin)
aRenderer.SetActiveCamera(aCamera)
# 将相机的焦点移动至中央
# and move along its initial view plane normal
aRenderer.ResetCamera()
# aCamera.Dolly(1.5)
# aCamera.Roll(180)
# aCamera.Yaw(60)

aRenderer.SetBackground(250, 250, 250)
# renWin.SetSize(640, 480)
# 该方法是从 vtkRenderWindow 的父类 vtkWindow 继承过来的,用于设置窗口的大小,以像素为单位
renWin.SetSize(500, 500)
aRenderer.ResetCameraClippingRange()

style = vtk.vtkInteractorStyleTrackballCamera()
iren.SetInteractorStyle(style)

iren.Initialize()
iren.Start()
```

运行结果如图 7.51 所示。

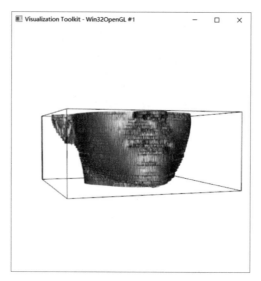

图 7.51 轮廓提取面绘制

第 8 章

图像的形态学处理

本章学习目标
- 理解二值图像和结构元素。
- 掌握腐蚀和膨胀运算。
- 对比形态学运算族操作。

由于原始图像灰度不均匀、阈值分割算法等因素的影响,图像分割处理后所得二值图像不可避免地存在边缘毛刺、边缘上细长突出和非边缘孤立斑点等缺陷。为了消除这些缺陷,需要用到图像形态学处理。

二值图像的腐烛与膨胀运算,是新兴学科数学形态学(Mathematical Morphology)在图像处理与分析中的应用。数学形态学是一门建立在集合理论基础上的学科,是进行几何形态分析和描述的有力工具。从某种意义上说,形态学图像处理是以几何学为基础的,它着重研究图像的几何结构。研究的基本思想是利用一个结构元素(Structuring Element)去探测被研究图像,考察是否能将该结构元素很好地填充在图像的目标区域内部,同时验证填放结构元素的方法是否有效。事实上,所有的形态学处理都是基于填放结构元素这一概念。

图像处理中的形态学操作用于图像与处理操作(去噪、形状简化)、图像增强(骨架提取、细化、凸包及物体标记)、物体背景分割及物体形态量化等场景中,形态学操作的对象是二值化图像。

8.1 二值图像和结构元素

8.1.1 二值图像

第 3 章曾经介绍二值图像,这里从另一个角度诠释。二值图像(Binary Image),按名字来理解只有两个值,即 0 和 1,0 代表黑,1 代表白,或者说 0 表示背景,而 1 表示前景。其保存也相对简单,每个像素只需要 1 位就可以完整存储信息。如果把每个像素看成随机变量,有 N 个像素,那么二值图像有 2^N 种变化,而 8 位灰度图有 255^N 种变化,8 位三通道 RGB 图像有 $(255 \times 255 \times 255)^N$ 种变化。也就是说,同样尺寸的图像,二值图像保存的信息更少。二值图像,即图像上的每一个像素只有两种可能的取值或灰度等级状态,人们经常用黑白、

B&W、单色图像表示二值图像。

如果 A 和 B 是二值图像,那么两者经过集合运算得到的也是一幅二值图像,若 A 和 B 中相应的像素是前景像素,则运算后的像素也是前景像素。如 $C=A \cup B$ 仍是二值图像。这里,如果 A 和 B 中相应的像素不是前景像素就是背景像素,那么 C 中的这个像素就是前景像素,函数 C 由下式给出,即

$$C(x,y) = \begin{cases} 1 & A(x,y) \text{ 或 } B(x,y) \text{ 为 }1,\text{或者两者均为 }1 \\ 0 & \text{其他} \end{cases}$$

另外,运用集合的观点,C 由下式给出,即

$C=\{(x,y)|(x,y) \in A \text{ 或}(x,y) \in B \text{ 或}(x,y) \in (A \text{ 和 }B)\}$。表 8.1 是在 Matlab 中逻辑表示二值图像上执行的集合运算。

表 8.1 二值图像的集合运算

集 合 运 算	Matlab 语句	名　称
$A \cap B$	A&B	与
$A \cup B$	A|B	或
A^c	～A	非(补)
$A - B$	A&～B	差

8.1.2　结构元素

形态学操作中一个非常重要的概念是结构元素(Structure Element,SE),如上面提到的二值图像 B 就可以称为结构元素。一般 A 是被处理的对象,而 B 是用来处理 A 的。结构元素通常都是一些比较小的图像,A 与 B 的关系类似于滤波中图像和模板的关系。

图 8.1　椭圆和矩形结构元素

结构元素可以是任意形状,其中的值可以是 0 或 1。常见的结构元素有矩形、椭圆和十字形。结构元素有一个锚点 O,O 一般定义为结构元素的中心(也可以自由定义位置)。图 8.1 所示为一个圆形(5×5)和矩形(3×3)形状的结构元素,紫红色(深色阴影)区域为锚点 O。图 8.2 是一个十字交叉形(5×5)结构元素。

在 OpenCV-Python 中,可以使用其自带的 getStructuringElement 函数(详解见 8.2 节),也可以直接使用 NumPy 的 ndarray 来定义一个结构元素。举例如下。

矩形:cv2. getStructuringElement(cv2. MORPH_RECT,(5,5))。

椭圆:cv2. getStructuringElement(cv2. MORPH_ELLIPSE,(5,5))。

十字形:cv2. getStructuringElement(cv2. MORPH_CROSS,(5,5))。

【例 8.1】　定义十字形结构元素,实现如图 8.2 所示。

```
# NumPy 数组定义十字形结构元素
import numpy as np
NpKernel = np.uint8(np.zeros((5,5)))        * 定义 5 行 5 列的 0 元素矩阵
for i in range(5):
```

```
    NpKernel[2, i] = 1
    NpKernel[i, 2] = 1
print("NpKernel ",NpKernel )
```

输出结果如图 8.2 所示。

```
NpKernel [[0 0 1 0 0]
 [0 0 1 0 0]
 [1 1 1 1 1]
 [0 0 1 0 0]
 [0 0 1 0 0]]
>>>
```

图 8.2　十字形结构元素

```
#OpenCV 自带函数定义十字形结构元素
import cv2
element = cv2.getStructuringElement(cv2.MORPH_CROSS,(5,5))
print(element )
[[0 0 1 0 0]
 [0 0 1 0 0]
 [1 1 1 1 1]
 [0 0 1 0 0]
 [0 0 1 0 0]]
```

定义矩形结构元素：

```
>>> cv2.getStructuringElement(cv2.MORPH_RECT,(5,5))
array([[1, 1, 1, 1, 1],
       [1, 1, 1, 1, 1],
       [1, 1, 1, 1, 1],
       [1, 1, 1, 1, 1],
       [1, 1, 1, 1, 1]], dtype = uint8)
```

定义椭圆结构元素：

```
>>> cv2.getStructuringElement(cv2.MORPH_ELLIPSE,(5,5))
array([[0, 0, 1, 0, 0],
       [1, 1, 1, 1, 1],
       [1, 1, 1, 1, 1],
       [1, 1, 1, 1, 1],
       [0, 0, 1, 0, 0]], dtype = uint8)
```

8.1.3　图像的二值化

图像的二值化就是将图像上的像素点的灰度值设置为 0 或 255,也就是将整个图像呈现出明显的只有黑和白的视觉效果。灰度值 0:黑。灰度值 255:白。

一幅图像包括目标物体、背景还有噪声,要想从多值的数字图像中直接提取出目标物体,常用的方法就是设定一个阈值 T,用 T 将图像的数据分成两部分,即大于 T 的像素群和小于 T 的像素群。这是研究灰度变换的最特殊的方法,称为图像的二值化(Binarization)。

OpenCV 提供的二值化函数如下:

```
cv2.threshold(img, threshold, maxval,type)
```

其中:threshold 是设定的阈值;maxval 是当灰度值大于(或小于)阈值时将该灰度值

赋成的值；type 规定的是当前二值化的方式，有以下 5 种方式。

（1）cv2.THRESH_BINARY：大于阈值的部分被置为 255，小于部分被置为 0。

（2）cv2.THRESH_BINARY_INV：大于阈值部分被置为 0，小于部分被置为 255。

（3）cv2.THRESH_TRUNC：大于阈值部分被置为 threshold，小于部分保持原样。

（4）cv2.THRESH_TOZERO：小于阈值部分被置为 0，大于部分保持不变。

（5）cv2.THRESH_TOZERO_INV：大于阈值部分被置为 0，小于部分保持不变。

Threshold 函数一般与形态学的腐蚀、膨胀等操作一起应用。

8.2　腐蚀和膨胀运算

通俗理解，形态学操作就是改变物体的形状，如腐蚀就是"变瘦"，膨胀就是"变胖"，作用于二值化图，来连接相邻的元素或分离成独立的元素。腐蚀和膨胀是针对图片中的前景白色部分，如图 8.3 所示。

(a)原图　　　　　(b)腐蚀　　　　　(c)膨胀

图 8.3　腐蚀和膨胀运算

腐蚀和膨胀的功能如下。

① 消除噪声。

② 分割出独立的图像元素，在图像中连接相邻的元素。

③ 寻找图像中的明细的极大值区域或极小值区域。

④ 求出图像的梯度。

从数学角度看，膨胀或腐蚀就是将图像（原图中的部分区域，如字母）与核（结构元素锚点 B）进行卷积。膨胀就是求局部最大值的操作，与 B 卷积，就是求 B 所覆盖区域的像素点的最大值，并将最大值赋给参考点指定的像素，从而增长高亮区域。腐蚀正好相反。

可以简单地认为膨胀求合集，腐蚀求交集，如图 8.4 所示。

(a)膨胀　　　　　　　　　(b)腐蚀

图 8.4　膨胀和腐蚀示意

8.2.1　腐蚀

腐蚀（Erosion），顾名思义，是将物体的边缘加以腐蚀。具体的操作方法就是用结构元素作为模板，对图像中的每一个像素 x 做以下处理：像素 x 置于模板的中心，根据模板的大小,遍历所有被模板覆盖的其他像素,修改像素 x 的值为所有像素中的最小值。这样操作的结果会将图像外围的突出点加以腐蚀。

如果将原图设为 A,结构元素设为 B,将结构元素 B 在图像 A 上滑动,把结构元素锚点位置的图像像素点的灰度值设置为结构元值为 1 的区域对应图像区域像素的最小值。用公式表示为

$$\text{dst}(x,y) = \min(\text{src}(x+x',y+y'))$$
$$(x',y'):\text{element}(x',y') \neq 0$$

其中,element 为结构元素的像素点,(x,y) 为锚点 O 的位置,x' 和 y' 为结构元值为 1 的像素相对锚点 O 位置的偏移,src 表示原图,dst 表示结果图。

腐蚀运算用公式符号记为:$A \Theta B = \{x,y | (B)xy \subseteq A\}$

OpenCV 提供 getStructuringElement()函数来获得核(结构元素),其格式如下:

```
kernel = cv2.getStructuringElement(shape,ksize,anchor)
```

其中:

① shape 为核的形状,有以下取值:

- cv2.MORPH_RECT:矩形。
- cv2.MORPH_CROSS:十字形(以矩形的锚点为中心的十字架)。
- cv2.MORPH_ELLIPSE:椭圆(矩形的内切椭圆)。

② ksize 为核的大小,矩形的宽、高格式为(width,height)。

③ anchor 为核的锚点,默认值为(-1,-1),即核的中心点。

函数返回一个指定形状和大小的 Mat 型矩阵(结构元素),可以被作为参数传递给 erode、dilate 或 morphologyEx 函数。只有交错形状的(cross-shaped)元素,依赖锚点位置,对于其他形状的元素,锚点规定了形态学处理结果的偏移量。

OpenCV 提供 erode()函数进行腐蚀操作,其格式如下:

```
dst = cv2.erode(src,kernel,anchor,iterations,borderType,borderValue):
```

其中:

① src:输入图像对象矩阵,为二值化图像。

② kernel:进行腐蚀操作的核,可以通过函数 getStructuringElement()获得。

③ anchor:锚点,默认为(-1,-1)。

④ iterations:腐蚀操作的次数,默认值为 1,即被扫描到的原始图像中的像素点,只有当卷积核对应的元素值均为 1 时,其值才为 1;否则其值修改为 0。换句话说,遍历到的某个位置时,其周围全部是白色,保留白色,否则变为黑色,图像腐蚀变小。

⑤ borderType:边界种类,有默认值。

⑥ borderValue:边界值,有默认值。

【例 8.2】 图像的腐蚀。

```
import cv2 as cv
img = cv.imread("logo.png")                    ＃将图片放在程序文件所在位置；否则采用绝对路径
img_cvt = cv.cvtColor(img,cv.COLOR_BGR2GRAY)               ＃从 RGB 彩色空间变换为灰度空间
ret,img_thr = cv.threshold(img_cvt,200,255,cv.THRESH_BINARY_INV)      ＃二值化
kernel = cv.getStructuringElement(cv.MORPH_RECT,(3,5))              ＃矩形结构元素作为核
dst = cv.erode(img_thr,kernel,iterations = 1)                     ＃腐蚀操作
```

```
cv.imshow("img",img)
cv.imshow("img_thr",img_thr)
cv.imshow("dst",dst)
cv.waitKey(0)
cv.destroyAllWindows()
```

运行结果如图 8.5 所示。

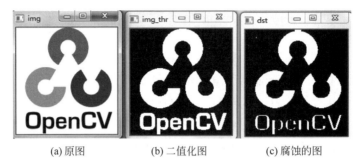

(a) 原图　　　　　　(b) 二值化图　　　　　　(c) 腐蚀的图

图 8.5　图像的腐蚀效果

8.2.2　膨胀

膨胀操作和腐蚀操作正好相反,是取核中像素值的最大值代替锚点位置的像素值,这样会使图像中较亮的区域增大,较暗的区域减小。如果是一张黑底,白色前景的二值图,就会使白色的前景物体颜色面积变大,就像膨胀了一样。

OpenCV 提供 dilate() 函数进行膨胀操作,其格式如下:

dst = cv2.dilate(src,kernel,anchor,iterations,borderType,borderValue)

其中:

① src:输入图像对象矩阵,为二值化图像。

② kernel:进行腐蚀操作的核,可以通过函数 getStructuringElement() 获得。

③ anchor:锚点,默认为(−1,−1)。

④ iterations:腐蚀操作的次数,默认为 1。

⑤ borderType:边界种类。

⑥ borderValue:边界值。

膨胀的数学表达式为

$$\mathrm{dst}(x,y) = \max(\mathrm{src}(x+x',y+y'))$$
$$(x',y'):\mathrm{element}(x',y') \neq 0$$

腐蚀运算用公式符号记为:$A \oplus B = \{x,y \mid (B)xy \bigcap A \neq \varnothing\}$

【例 8.3】　图像的膨胀。

```
import cv2 as cv
img = cv.imread("logo.png")
img_cvt = cv.cvtColor(img,cv.COLOR_BGR2GRAY)
ret,img_thr = cv.threshold(img_cvt,200,255,cv.THRESH_BINARY_INV)
kernel = cv.getStructuringElement(cv.MORPH_RECT,(3,5))
dst = cv.dilate(img_thr,kernel,iterations = 1)
cv.imshow("img",img)
cv.imshow("img_thr",img_thr)
```

```
cv.imshow("dst",dst)
cv.waitKey(0)
cv.destroyAllWindows()
```

运行结果如图 8.6 所示。

(a) 原图　　　　　　(b) 二值化图　　　　　　(c) 膨胀后的图

图 8.6　图像的膨胀效果

8.3　形态学运算族操作

在腐蚀和膨胀的基础上,可以构造出形态学运算族,它由上述两个运算的复合和集合操作组合而成。其中两个最为重要的组合运算是形态学开运算和闭运算。

开运算:先腐蚀后膨胀称为开运算(Opening Operate)。开运算能够有效地消除细小物体、毛刺,能在纤细连接点处分离物体,能平滑较大物体的边界但不明显改变物体的形状、面积和位置。开运算的符号表示为 $A \circ B$,表示用 B 对 A 进行开运算,其定义为

$$A \circ B = (A \Theta B) \oplus B$$

闭运算:先膨胀后腐蚀称为闭运算(Closing Operate)。闭运算能够有效地填充物体内部细小空洞,连接邻近物体,能在不明显改变物体面积的情况下平滑物体的边界。闭运算的符号表示为 $A \cdot B$,表示用 B 对 A 进行闭运算,其定义为

$$A \cdot B = (A \oplus B) \Theta B$$

一般来说,闭运算能够填平区域的小孔,弥合小裂缝,而总的位置和形状不变。

运算族中还有 3 个运算操作。

① 形态学梯度:膨胀运算结果减去腐蚀运算结果,可以得到轮廓信息。

② 顶帽运算:原始图像减去开运算结果。

③ 底帽运算:原始图像减去闭运算结果。

进行开运算、闭运算、顶帽运算、底帽运算、形态学梯度,OpenCV 提供了一个统一的函数 cv2.morphologyEx(),其格式如下:

```
dst = cv2.morphologyEx(src,op,kernel,anchor,iterations,borderType,borderValue)
```

其中:

① src:输入图像对象矩阵,为二值化图像。

② op:形态学操作类型,有以下几种。

• cv2.MORPH_OPEN,开运算。

• cv2.MORPH_CLOSE,闭运算。

- cv2. MORPH_GRADIENT,形态学梯度。
- cv2. MORPH_TOPHAT,顶帽运算。
- cv2. MORPH_BLACKHAT,底帽运算。

③ kernel：进行腐蚀操作的核，即结构元素，可以通过函数 getStructuringElement( )获得。

④ anchor：锚点，默认为(−1,−1)。

⑤ iterations：腐蚀操作的次数，默认为 1。

⑥ borderType：边界种类。

⑦ borderValue：边界值。

【例8.4】 图像的形态学运算族，包括开运算、闭运算、顶帽运算、底帽运算和梯度运算。

```python
import cv2 as cv
import Matplotlib.pyplot as plt

img = cv.imread("logo.png")
img_cvt = cv.cvtColor(img,cv.COLOR_BGR2GRAY)
ret,img_thr = cv.threshold(img_cvt,200,255,cv.THRESH_BINARY_INV)
kernel = cv.getStructuringElement(cv.MORPH_RECT,(3,5))
open = cv.morphologyEx(img_thr,cv.MORPH_OPEN,kernel,iterations = 1)
close = cv.morphologyEx(img_thr,cv.MORPH_CLOSE,kernel,iterations = 1)
gradient = cv.morphologyEx(img_thr,cv.MORPH_GRADIENT,kernel,iterations = 1)
tophat = cv.morphologyEx(img_thr,cv.MORPH_TOPHAT,kernel,iterations = 1)
blackhat = cv.morphologyEx(img_thr,cv.MORPH_BLACKHAT,kernel,iterations = 1)


images = [img_thr,open,close,gradient,tophat,blackhat]
titles = ["img_thr","open","close","gradient","tophat","blackhat"]
for i in range(6):
    plt.subplot(2,3,i + 1),plt.imshow(images[i],"gray")
    plt.title(titles[i])
    plt.xticks([]),    plt.yticks([])
plt.show()
```

运行结果如图8.7所示。

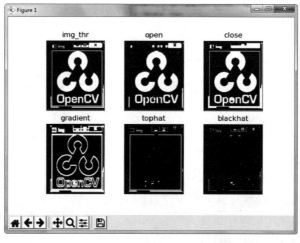

图 8.7　图像形态学运算族效果

实训 9　识别分割文字下画线

有下面一张中文图片，如图 8.8 所示，当进行字符切割时，常需要知道其中的汉字是否带下画线，以方便进行后续处理。

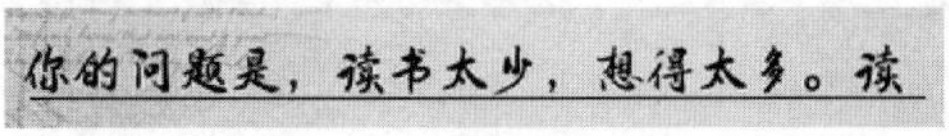

你的问题是，读书太少，想得太多。读

图 8.8　带下画线的中文文字

首先想到的可能是使用霍夫直线检测算法，但是直接检测时，会有很多干扰。可以通过采用一个横向的矩阵核来腐蚀字体，使图片中只剩下画线，然后再进行霍夫直线检测，这样干扰小，准确度也会高很多。具体实现代码如下：

```
import cv2 as cv

img = cv.imread("chinese.png")
img_cvt = cv.cvtColor(img,cv.COLOR_BGR2GRAY)
ret,img_thr = cv.threshold(img_cvt,100,255,cv.THRESH_BINARY)
kernel = cv.getStructuringElement(cv.MORPH_RECT,(30,1))
#由于是 1*30 的矩阵,字体会被横向空隙的白色腐蚀掉,而下画线横向都是黑色,不会腐蚀 dst =
cv.dilate(img_thr,kernel,iterations=1)
#由于是白底黑字,所有进行膨胀操作来去除黑色字体
cv.imshow("img_thr",img_thr)
cv.imshow("dst",dst)
cv.waitKey(0)
cv.destroyAllWindows()
```

运行后效果如图 8.9 所示。

img_thr
你的问题是，读书太少，想得太多。读
dst

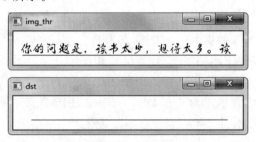

图 8.9　识别下画线

第 9 章
图像处理技术的综合应用

9.1 SEM 图像处理与纳米颗粒分析

9.1.1 应用背景

扫描电子显微镜（SEM）是一种常规使用的表征技术，它通过将聚焦电子束扫描到样品表面上，以提供样品的形貌和组成信息，其分辨率可达纳米级别。第一个实现的数据分析是由 NFFA-EUROPE IDRP 提供的服务，其核心是一个可自动进行图像识别的工具，可用于帮助存储、分类和标记 SEM 图像。

数据获取在研究中发挥着越来越重要的作用。实际上，许多研究领域几乎完全依赖于开放获取且管理完备的全球共享数据库，这些功能目前大多由数据存储平台实现，因而数据存储平台已成为科学研究基础设施的重要组成部分。

在此背景下，致力于欧洲纳米科学研究的 NFFA-EUROPE 项目（www.nffa.eu）将设计欧洲范围内有效的纳米级数据共享方法确立为其主要任务之一。该项目在欧洲共有 20 个合作单位，以及 150 多种不同的实验/计算仪器和技术。项目活动产生的科学数据将存储于 NFFA-EUROPE 信息和数据存储平台（IDRP）。该平台是完全开放的，科研人员在遵守数据政策的前提下可自由获取平台上的数据。IDRP 还配套有一系列数据分析服务，这些服务自 NFFA-EUROPE 项目开始以来就在不断进化。

在《科学数据》上发表的"The first annotated set of scanning electron microscopy images for nanoscience"一文中，来自 CNR-IOM 材料研究所的 Rossella Aversa 及同事建立了第一个公开的人类注解的扫描电子显微镜（SEM）图像数据集。大约 26000 张纳米 SEM 图像被划分为 10 个类别，进而分别纳入 4 个适合于图像识别任务的标注训练组。这 10 个类别包括：零维物质，如粒子；一维物质，如纳米线和纤维；二维物质，如薄膜、涂层表面及有图案表面；三维结构，如微机电系统（MEMS）器件和柱结构等。类别中还包括小部件、生物结构等以尽可能扩展图像范围。通过为各个类别创建子树结构，并将可用的图像尽可能归入所属类别，从而为该图像数据集引入了初步的层次结构。

9.1.2 问题描述

将单晶硅在高温中浸入氢氧化钾溶液中进行各向异性的碱刻蚀,硅表面会形成尺寸数微米左右的金字塔结构,如图 9.1 所示。

现在将单晶硅表面沉积一层银粒子,再浸入氢氟酸溶液中进行刻蚀,可以在硅表面形成纳米线结构,如图 9.2 所示。

两种纳米结构都是作为吸光结构而存在,通过延长入射光的折射路径来减少反射率,增强入射光的吸收,从而提高太阳电池的效率。纳米结构的尺寸和分布都会对硅表面的光折射率产生影响,因此了解纳米结构的尺寸和分布可以帮助找到规律,进一步降低折射率。

希望实现:能够对扫描电子显微镜(SEM)拍出的图像进行处理分析,识别图中纳米结构的形状,并计算出纳米结构的尺寸(金字塔结构颗粒粒径、线结构的高度、横截面中的宽度等),得到一个区域内纳米结构尺寸的统计分布。

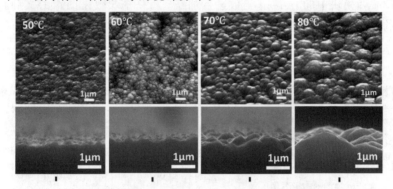

图 9.1 不同尺寸的硅金字塔结构(近似)的 45°俯视图和侧切面图

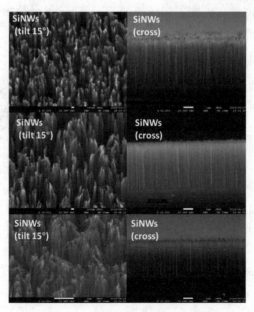

图 9.2 不同直径的硅纳米线结构

9.1.3 解决方案

1. 所需 Python 第三方库模块

所需 Python 第三方库模块包括 cv2、numpy、Matplotlib.pyplot。

这个示例所使用的图像为纳米材料表面经过 SEM 拍摄后形成的图像。

2. 导入所需模块

导入所需模块代码如下:

```
import cv2
import numpy as np
import Matplotlib.pyplot as plt
```

3. 加载初始图像

图像使用 cv2 模块中的 imread 函数进行加载,第一个参数是图像的文件路径,第二个参数是图像的加载方式,这里直接将三通道 RGB 图像加载为灰度图。

```
initial_img = cv2.imread("nami.png",cv2.IMREAD_GRAYSCALE)      # 加载图像
cv2.imshow("initial_img",initial_img)                          # 显示图像
```

加载出来的图像(图 9.3)凭借肉眼观察,可以看到有很多的颗粒物堆积在一起,图像的整体灰度级偏低,同时放大来看可以很明显地观察到图像的噪声很大,影响图像识别,所以接下来要做的就是将图像降噪。

图 9.3　原始纳米材料的 SEM 图像

4. 图像降噪

图像使用 cv2 模块中的 blur 函数进行降噪,不同的图像应按照图像的噪声性质选择不同的滤波进行降噪,在这幅图中使用 blur(均值滤波)便可以了。

```
blured_img = cv2.blur(initial_img,(3,3))      # 使用均值滤波降噪,滤波核大小为 3×3
cv2.imshow("blured_img",blured_img)
```

经过降噪后的图像如图 9.4 所示,可以很明显地看到图像经过降噪之后被基本消除,图像开始变得相对平滑。下一步就是要处理图像整体灰度值偏低(偏暗)的问题。

图 9.4　经过降噪处理的 SEM 图像

5. 直方图均衡化

首先使用 Matplotlib.pyplot 的 hist 函数查看降噪处理的图像灰度级分布(图 9.5),可很明显地看出整个图像的灰度值都偏低,因此需要对图像进行直方图均衡化。

使用 cv2 模块中的 equalizeHist 函数使图像直方图均衡化,代码如下:

注:所有的图像基本是二维数组,hist 函数只能对一维数组进行排列,所以要使用 ndarry 实例的内置方法 ravel 函数将二维数组降维为一维数组。

```
plt.hist(blured_img.ravel(),256)      # 对原始的图像查看灰度级的直方分布图
plt.show()                            # 展示图 9.5
```

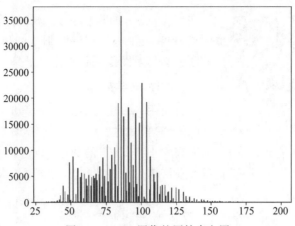

图 9.5 SEM 图像的原始直方图

```
equed_img = cv2.equalizeHist(blured_img)  # 图像直方图均衡化
cv2.imshow("equed_img",equed_img)         # 处理后图像 9.6

plt.hist(equed_img.ravel(),256)           # 查看改变后的图像灰度级直方分布图
plt.show()                                # 展示图 9.7
```

均衡化改变后的图像和直方分布如图 9.6 和图 9.7 所示。

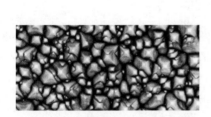

图 9.6 直方图均衡化后的 SEM 图像

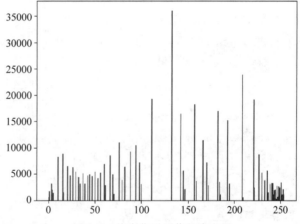

图 9.7 均衡化后图像的直方图

可以从图 9.6 和图 9.7 中看出,之前整体偏暗的图像被明显增亮,本身较暗的部分变得更暗,本身相对较亮的部分被明显增亮,这样就能方便后面使用阈值处理将图像二值化。

6. 使用 threshold 函数将图像进行二值化阈值处理

这里将使用 cv2 模块中的 threshold 函数进行二值化阈值处理,所选阈值处理模式即为 cv2.THRESH_BINARY。在处理之前,通过图 9.7 观察到,灰度级二值化最佳的阈值为 101 左右,所以可以将 threshold 中的阈值参数设定为 101 即可,代码如下:

```
retval,binaried_img = cv2.threshold(equed_img,101,255,cv2.THRESH_BINARY)
cv2.imshow("binaried_img",binaried_img)
```

处理后的图像如图 9.8 所示。

进行二值化阈值处理后的图像,纳米颗粒之间的分割界限已经非常明显了,但是仍然存

图 9.8　SEM 图像的二值化处理

在一个问题,即这些颗粒物的边缘处有很多细小的白点,颗粒物中心也有许多细小的黑点,为了解决这个问题就必须对图像进行形态学处理。

7. 形态学处理

使用 cv2 模块中的 morphology 函数的 MORPH_CLOSE 模式进行一次闭运算(先膨胀后腐蚀),使得颗粒物内部细小的点被消除,结构元的适宜大小为 3×3 的数组(结构元偏大可能使两个原本不挨边的颗粒物形成一个颗粒物,需要酌情考虑),迭代次数只需要 1 次便够了,代码如下:

```
k_c = np.ones((3,3),np.uint8)       # 结构元需要使用 numpy 生成
morph_closed_img = cv2.morphologyEx(binaried_img,cv2.MORPH_CLOSE,k_c,iterations = 1)
cv2.imshow("morph_closed_img",morph_closed_img)
```

进行闭运算后的图像如图 9.9 所示,可以看到颗粒物内部的小黑点有很大程度上的缩减,虽然仍然有一部分偏大的小黑点没有被消除,但是并不对后期的颗粒物测定造成很大的影响。

然后再使用 cv2 模块中的 morphology 函数的 MORPH_OPEN 模式进行一次开运算(先腐蚀后膨胀),将纳米颗粒外部的小白点消除掉,同时将两个中间只有非常小的线段连接的颗粒物而形成的一个颗粒物分割成两个颗粒物,结构元的适宜大小为 5×5 的数组,迭代次数只要 1 次就够了,代码如下:

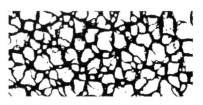

图 9.9　形态学处理后的图像

```
k_o = np.ones((5,5),np.uint8)           # 结构元需要使用 NumPy 生成
morph_opened_img = cv2.morphologyEx(morph_closed_img,cv2.MORPH_OPEN,k_o,iterations = 1)
cv2.imshow("morph_opened_img",morph_opened_img)
```

图 9.10　开运算效果

生成的图像如图 9.10 所示,可以看到纳米颗粒外部的小白点基本被消除,颗粒物边缘也变得相对平滑。到这一步,颗粒物的分割基本就已经完成了,接下来就是要对图像中的纳米颗粒(白色区块)进行轮廓检测。

8. 轮廓检测

使用 cv2 模块中的 findContours 函数对每个纳米颗粒的轮廓进行检测,由于只需要获得颗粒物的大小,所以只需要检测颗粒物的外轮廓即可,代码如下:

```
#生成一个 RGB 色彩空间的预备图像供后期使用
RGB_img = cv2.cvtColor(morph_opened_img,cv2.COLOR_GRAY2RGB)

#获得图像中纳米颗粒的轮廓信息,记录所有的轮廓点,只获得图形的外轮廓
contours,hierarchy = cv2.findContours(morph_opened_img,cv2.RETR_EXTERNAL,cv2.CHAIN_APPROX_
NONE)
#绘制图像的轮廓标记出来 - 画在 RGB 预备图上
cv2.drawContours(RGB_img,contours,-1,(0,0,255),1)
cv2.imshow("RGB_img",RGB_img)
```

上述代码中 findContours 函数中的第二参数轮廓模式为 RETR_EXTERNAL,只检测

外轮廓,第三参数轮廓点记录方式是 CHAIN_APPROX_
NONE,保存所有外轮廓像素点。drawContours 第二参
数提供的所有外轮廓信息,第三参数－1 表示绘制所有
的轮廓,第四参数是线条颜色,第五参数是线条粗细度,
所获得的绘制图像如图 9.11 所示(由于书籍黑白打印的
限制,所绘制的红色轮廓线条可能看不到)。

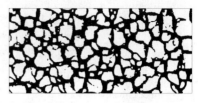

图 9.11 轮廓检测

9. 计算颗粒物的粒径大小

这里将使用 Matplotlib 库的可视化显示出颗粒物的粒径大小。纳米颗粒粒径大小通过
圆的面积计算直径来近似得到。通过 cv2 模块中的 contourArea 函数计算颗粒物的面积大
小,然后根据公式 $S = 3.14r^2$ 开根运算粗略计算颗粒物的粒径大小。代码如下:

```
# 对获得的轮廓进行面积计算,筛选掉面积偏小的颗粒
n = len(contours)        # 颗粒物总数 n
contour_S = []
for i in range(n):
    contour_S.append(cv2.contourArea(contours[i]))        # 依次进行计算
# 这里将 2000 像素以下的颗粒视为小颗粒,2000~5000 的颗粒视为中颗粒,5000~10000 的颗粒视
为大颗粒,大于 10000 的颗粒视为超大颗粒,对颗粒粒径进行粗略开根运算

number = [0,0,0,0]                                        # 颗粒大小分类统计个数
for i in contour_S:
    if 0 <= i < 2000:number[0] += 1
    elif 2000 <= i < 5000:number[1] += 1
    elif 5000 <= i < 10000:number[2] += 1
    elif 10000 <= i:number[3] += 1

# 使用 mayplotlib 对数据绘制直方图,这里的粒径大小的单位是像素
plt.xticks(range(4),["0~44","44~70","70~100",">100"])    # 开平方根,没有除 3.14
plt.bar(range(4),number)
plt.show()
```

由于粒径大小基本都不一致,本代码中将粒径大小分为 4 组,已查看图像中的粒径大小
数量分布情况,结果如图 9.12 所示(y 轴是当前粒径大小范围内的颗粒物数量,x 轴是粒径
大小范围(单位是像素,实际的大小需要根据拍照的比例尺确定))。

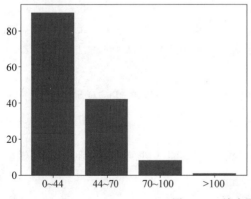
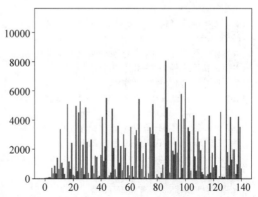

图 9.12 纳米颗粒大小分布统计

9.1.4　源程序代码

整个过程的代码如下：

```python
import cv2
import numpy as np
import Matplotlib.pyplot as plt

# 导入初始图像
initial_img = cv2.imread("nami.png",cv2.IMREAD_GRAYSCALE)
cv2.imshow("initial_img",initial_img)
#cv2.imwrite("initial_img.png",initial_img)                #保存初始图像

# 对比 3 种滤波处理后的效果

# 使用均值滤波降噪
blured_img = cv2.blur(initial_img,(3,3))
cv2.imshow("blured_img",blured_img)
#cv2.imwrite("blured_img.png",blured_img)

# 使用高斯滤波降噪
gaussianblured_img = cv2.GaussianBlur(initial_img,(3,3),0,0)
cv2.imshow("gaussianblured_img",gaussianblured_img)
#cv2.imwrite("gaussianblured_img.png",gaussianblured_img)

# 使用中值滤波降噪
medianblured_img = cv2.medianBlur(initial_img,3)
cv2.imshow("medianblured_img",medianblured_img)
#cv2.imwrite("medianblured_img.png",medianblured_img)
#发现均值滤波相对较好一点 –
# 对图像进行直方图均衡化
plt.hist(blured_img.ravel(),256)
plt.title("befoer blured")
plt.show()
equed_img = cv2.equalizeHist(blured_img)                #直方图均衡化
cv2.imshow("equed_img",equed_img)
#cv2.imwrite("equed_img.png",equed_img)
# 顺便看一下当前图像的直方图，为后面的阈值做准备
plt.hist(equed_img.ravel(),256)
plt.title("after blured")
plt.show()
# 能够看到原本偏黑的颗粒物现在被偏白地展示出来,之间的缝隙变得更加明显
# 使用阈值处理将图像二值化
# 使用二值化阈值处理
retval,binaried_img = cv2.threshold(equed_img,101,255,cv2.THRESH_BINARY)
cv2.imshow("binaried_img",binaried_img)
cv2.imwrite("binaried_img.png",binaried_img)
# 使用最大类件方差阈值法处理
retval,otsu_img = cv2.threshold(equed_img,0,255,cv2.THRESH_BINARY + cv2.THRESH_OTSU)
cv2.imshow("otsu_img",otsu_img)
#cv2.imwrite("otsu_img.png",otsu_img)
# 稍微感觉自己手动设定阈值(BINARY)的效果好一点
# 然后对图像进行形态学处理
# 图像闭运算处理 – 使得内部的细小点控去除掉
```

```python
k_c = np.ones((3,3),np.uint8)                          # 结构元需要使用 NumPy 手动生成
morph_closed_img = cv2.morphologyEx(binaried_img,cv2.MORPH_CLOSE,k_c,iterations = 1)
cv2.imshow("morph_closed_img",morph_closed_img)
#cv2.imwrite("morph_closed_img.png",morph_closed_img)
# 对图像进行一次开运算 - 去除细小连接处
k_o = np.ones((5,5),np.uint8)                          # 结构元需要使用 NumPy 手动生成
morph_opened_img = cv2.morphologyEx(morph_closed_img,cv2.MORPH_OPEN,k_o,iterations = 1)
cv2.imshow("morph_opened_img",morph_opened_img)
#cv2.imwrite("morph_opened_img.png",morph_opened_img)
# 基本已经成型
# 生成一个 RGB 色彩空间的预备图像
RGB_img = cv2.cvtColor(morph_opened_img,cv2.COLOR_GRAY2RGB)
# 对图像中的图形进行轮廓处理
# 获得图像中纳米颗粒的轮廓信息,记录所有的轮廓点,只获得图形的外轮廓
contours,hierarchy
cv2.findContours(morph_opened_img,cv2.RETR_EXTERNAL,cv2.CHAIN_APPROX_NONE)
# 绘制图像的轮廓标记出来 - 画在 RGB 预备图上
cv2.drawContours(RGB_img,contours,-1,(0,0,255),1)
cv2.imshow("RGB_img",RGB_img)
cv2.imwrite("RGB_img.png",RGB_img)
#contours 是一个列表< class "list">,列表的每个元素是一个二维数组,记录当前检测到的轮廓的
所有外边缘的点
# 比如 contours[0] 记录的就是检测到的第 0 个轮廓的所有轮廓点的坐标
# 对获得的轮廓进行面积计算,筛选掉面积偏小的颗粒
n = len(contours)
contour_S = []
k = 0
for i in range(n):
    # 依次进行计算
    contour_S.append(cv2.contourArea(contours[i]))
    k = k + 1
#颗粒序号——颗粒面积直方图
plt.bar(range(n),contour_S)
plt.title("Nanoparticle aea statistics")
plt.xlabel("Particle number")
plt.ylabel("Particle area")
plt.show()
# 这里将 2000 像素以下的颗粒视为小颗粒,2000~5000 的颗粒视为中颗粒,5000~10000 的颗粒视
为大颗粒,>10000 的颗粒视为超大颗粒,对颗粒粒径进行粗略开根运算
number = [0,0,0,0]
for i in contour_S:
    if 0 <= i < 2000:number[0] += 1
    elif 2000 <= i < 5000:number[1] += 1
    elif 5000 <= i < 10000:number[2] += 1
    elif 10000 <= i:number[3] += 1
# 使用 mayplotlib 对数据绘制直方图
plt.xticks(range(4),["0~44","44~70","70~100",">100"])
plt.bar(range(4),number)
plt.title("Nanoparticle size statistics")
plt.xlabel("Particle diameter")                        #颗粒直径,单位是像素,可以按比例尺换算为 nm
plt.ylabel("Particle number")
plt.show()
cv2.waitKey()
cv2.destroyAllWindows()
```

9.2 小儿肺炎 X 光片分析与病灶临床诊断

小儿 X 光片数据源：https://www.kaggle.com/paultimothymooncy/chest-xray-pneumonia。

9.2.1 应用背景

据 2018 年世界卫生组织统计显示，在 1～59 个月大的儿童中，每年约有 92 万死于肺炎（Infantile Pneumonia），相较于其他疾病，肺炎仍是导致儿童死亡的主要原因之一。若发病后未得到及时发现，可能引发多种并发症，威胁生命健康。

一般而言，肺炎的诊断大致分为两种，即病原学检查和影像学检查。临床中较为常见的是病毒感染性肺炎和细菌感染性肺炎，两者症状表现相似，医生难以根据经验判断并合理用药。因此，临床上大多采用痰培养的这种病原学检查方式明确致病原，但此法所需时间长，可能延误患儿宝贵的治疗时间。而 X 射线、CT（Computed Tomography）等影像学手段能够较为快捷地获取影像结果，对病因追根溯源，方便医生精准用药。X 光影像具有成本较低、辐射较小的特点，因此肺炎这类常规影像学检查，大多结合胸部 X 光片与患者临床症状做出诊断。然而，自医疗卫生改革以来，许多地区的儿科医疗资源匮乏，医护工作人员人才稀缺，巨大的人才缺口致使医生在超负荷工作下误诊、漏诊的概率增大。因此，实现肺炎的智能化特征识别和诊断尤为重要，计算机辅助检测不仅提高了放射科医生的读片速度，还能帮助经验不足的医生进行更好的学习与诊断，降低误诊、漏诊概率，降低延误治疗的比例。

深度学习由人工神经网络发展而来，通过多层人工神经网络的连接，实现高层图像特征的提取和分类，是通过搭建人工神经网络让计算机能够像人一样学习、思考和判断，已应用于多个医学领域，逐渐成为学者们的研究热点。基于 OpenCV 设计的医学图像处理软件，根据图像的轮廓特征对其进行预处理，提高了图片的信息分析效率。

本例提供了一种改进的 AlexNet 卷积神经网络模型，并且在 OpenCV 图像预处理的基础上进行训练，最后实现对小儿胸部 X 光图像的特征识别和分类。

9.2.2 问题描述

本例使用的是 Chest X 射线数据集，数据搜集自广州市妇女儿童医疗中心 1～5 岁的肺炎患者组中前后胸部 X 光片，所有的 X 光影像都来源于真实患者的日常护理与治疗诊断中。数据集由 5863 张 X 光片组成，分为肺炎和正常两类。数据集共有两份，包括训练集（共 5216 张图片）、测试集（共 624 张图片）。

训练集和测试集图片都要经过预处理，然后训练集输入到神经网络模型进行训练，通过调整参数，达到满意效果后，将测试集图片输入到模型，进行病灶识别和诊断。

数据集中的所有图片均有"Normal"和"Pneumonia"标识，如图 9.13 所示。

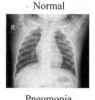

图 9.13　数据集中正常和病灶图像

9.2.3　图像预处理

与传统机器学习相比,深度学习的优势体现在它可以通过大量的数据学习,采集到更多的特征,但深度学习在发展中也面临许多严峻挑战,其中之一就是模型对数据的依赖性。因此,数据进入模型训练前,需要进行预处理。

1. 图像的平移、镜像、旋转处理

本书采用数据增广的方法对数据进行预处理,数据增广是深度学习中处理数据的方法之一,可以用于增强训练数据集,让数据集尽可能多样化。数据增广常见的方法有剪裁、平移、旋转等,图像增强也为数据增广的一种处理图像的手段,其通过调整图像的整体或局部来强调目标特征。

按照一定比例对训练集进行数据增广处理以提升数据量,通过该方法提升数据集中的相关数据,能防止模型学习到不相关的特征,显著地提升模型整体的性能。首先图片的尺寸参差不齐,故对每张图片裁剪以扩大胸部特征区域占比,避免图像中无关特征比例过高。X光图像属于灰度图像,不同于RGB图像,灰度图像为单通道,最终裁剪过后数据集的图像统一为 $120 \times 120 \times 1$。接着按照一定的比例对数据集中的图像进行平移、镜像、旋转等基本的图像变换,这类处理方法十分有效,它可以迫使卷积神经网络读取到所有角落的特征。图像的平移、镜像、旋转处理如图9.14所示。

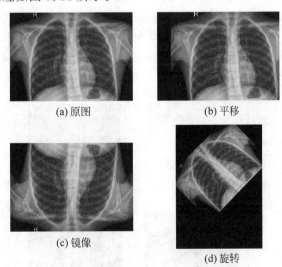

(a) 原图　　　　　　　(b) 平移

(c) 镜像

(d) 旋转

图9.14　图像平移、镜像、旋转预处理

2. 图像的噪声处理

噪声在图像上常常表现为引起较强视觉效果的孤立像素点或者像素块。一般噪声信号与要研究的对象不相关,以无用的信息形式出现,扰乱图像的可观测性,而这一点恰好适用于模型的训练,从而增强模型的泛化能力。本例主要通过增加高斯噪声和椒盐噪声来对部分图像进行增强处理。

高斯噪声是一类概率密度函数服从高斯分布的噪声。数字图像采集期间的不良照明或高温等因素会使传感器产生此类噪声。椒盐噪声也称为脉冲噪声,成因可能是影像信号受到突然的强烈干扰而产生、类比数位转换器或者位元传输错误,它是一种随机出现的白点或者黑点,可能是亮的区域有黑色像素或者暗的区域有白色像素。

当神经网络试图学习可能带有无用的高频特征图像时,通常会发生过拟合。具有零均值的高斯噪声基本上在所有频率中具有数据点,从而有效地扭曲高频特征。虽然这意味着较低频率的特征也会失真,但是神经网络通过大量的训练会克服这个问题,从而获得更好的训练效果。椒盐噪声是图像中经常见到的一种噪声,本例也通过随机加入方差为 0.2 的噪声来处理图像,以达到图像增强的目的,效果见图 9.15。

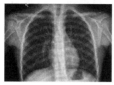
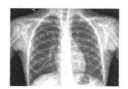
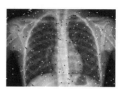

(a) 原图   (b) 高斯噪声   (c) 椒盐噪声

图 9.15   图像加噪处理

9.2.4   卷积神经模型

观察训练集分布(图 9.16)可以发现,标签为正常的数据与标签为肺炎的数据分布不平衡,网络模型对于训练样本的数据分布不均衡的问题十分敏感,可能会出现过拟合、训练效率低下等现象。解决数据分布不均衡的方法包括在数据方面修正和在算法层面修正。本例采用后者,因此本书在训练样本前事先指定代价敏感矩阵,即设定样本数多的类别的错分权重较低,小样本的类别错分权重较大,通过代价敏感方法来修正这一问题。防止因为数据不平衡而产生过拟合等问题。

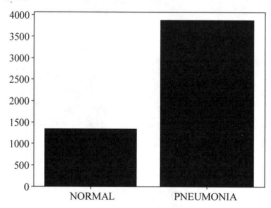

图 9.16   训练集分布

1. AlexNet 网络模型

自 1987 年 Alexander Waibel 等提出第一个卷积神经网络模型以来,随着深度学习和卷积神经网络的不断发展,该模型在图像识别领域越发显示出其优异的性能。2012 年的 ILSVRC 比赛中,Hinton 和他的学生 Krizhevsky 提出了 AlexNet 模型,一举获得比赛冠军。Alex 提出的卷积神经网络模型包含 5 层卷积层、3 层池化层和 3 层全连接层。此模型有两处革新点:一是在池化层内应用 ReLu 函数对特征矩阵进行非线性运算;二是该模型首次成功应用了 Dropout。此前虽然有单独的论文论述 Dropout,但是 AlexNet 将其实用化。本书的卷积神经网络模型基于 AlexNet 并对其作出改进,引入批量归一化层以进一步优化过拟合问题,以提升网络的训练速度。

在神经网络的搭建中,当批量归一化层和 Dropout 层结合时,会出现"方差偏移"的现象,反而导致模型的泛化能力下降,因此应将 Dropout 层置于所有批量归一化层后以降低出现这一现象的风险。本书的模型基于以上理论搭建,在每个卷积层和神经元激活函数之间引入批量归一化层,采用 ReLU 作为激活函数,通过全连接层和 Sigmoid 分类器实现胸部 X 光图像的分类。一般地,识别目标的大小与网络模型的卷积层数成正相关,目标越大,卷积层越多。而相对地,对于本书所解决的胸部 X 光识别,模型更需要保持对于小目标的识别分辨率,因此避免损失细节成为更重要的目标,本书在保证准确率与泛化性能的基础上结合奥卡姆剃刀原则,将模型简化到了 3 层卷积层,见图 9.17。

卷积层 1,使用维度为 $3 \times 3 \times 32$、间距为 1 的过滤器进行滤波操作,输出维度为 $120 \times 120 \times 32$ 的特征 map。然后通过池化层采用下采样尺寸为 2×2、间距为 2 的下采样算法进行降维操作,输出维度为 $60 \times 60 \times 32$ 的特征 map。

卷积层 2,使用维度为 $3 \times 3 \times 64$、间距为 1 的过滤器进行滤波操作,输出维度为 $60 \times 60 \times 64$ 的特征 map。然后通过池化层采用下采样尺寸为 2×2、间距为 2 的下采样算法进行降维操作,输出维度为 $30 \times 30 \times 64$ 的特征 map。

卷积层 3,使用维度为 $3 \times 3 \times 64$、间距为 1 的过滤器进行滤波操作,输出维度为 $30 \times 30 \times 64$ 的特征 map。然后通过池化层采用下采样尺寸为 2×2、间距为 2 的下采样算法进行降维操作,输出维度为 $15 \times 15 \times 64$ 的特征 map。

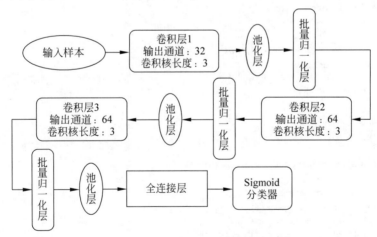

图 9.17 3 层卷积神经网络结构

2. 最大池化操作

池化即空间池化,在卷积神经网络中用于特征提取,通过对不同特征的聚合统计处理以获得相对更低的维度,同时避免出现过拟合现象。池化在降低各个特征图维度的同时可以保留大部分重要信息。其中,平均池化(Mean Pooling)和最大值池化(Max Pooling)两种池化操作在模型训练中使用频率较高。本书采用最大值池化,选取特征区域的最大值,以此作为该区域池化后的值来减弱卷积层权重值的差错对均值的影响,以达到保留更多纹理信息的目的。

3.图像识别和分类

神经网络中全连接层和分类器负责对胸部 X 光图像进行分类,如图 9.18 所示,在每层网络数据输入前对数据进行 Dropout 和批量归一化处理,输出端由全连接层和 Sigmoid 算法进行图像分类。同时,为了减少过拟合现象的发生,引入 Dropout 于全连接层中,使部分神经元暂时停止工作。但批量归一化层与 Dropout 层的混合使用可能会产生"方差偏移"的现象,反而导致模型泛化能力下降,故两者的作用必须遵循一定的顺序,因此将 Dropout 层置于批量归一化层和全连接层之后。对于二分类问题,Sigmoid 函数与 Softmax 函数在数学上是等价的,但在实际的模型搭建中,Sigmoid 相较于 Softmax 更易于优化与调整,因此本书选择 Sigmoid 函数作为分类器。

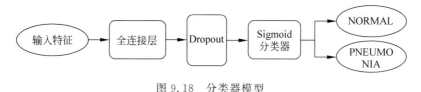

图 9.18　分类器模型

9.2.5　图像预处理代码

```python
import cv2
import random
import numpy as np
from Matplotlib import pyplot as plt

# 设置中文字体
font = {'family':'Microsoft Yahei','weight':'bold'}
plt.rc('font', ** font)

defsp_noise(image, prob):
    '''
    添加椒盐噪声
    prob:噪声比例
    '''
    output = np.zeros(image.shape, np.uint8)
    thres = 1 - prob
    for i in range(image.shape[0]):
        for j in range(image.shape[1]):
            rdn = random.random()
            if rdn < prob:
                output[i][j] = 0
            elif rdn > thres:
                output[i][j] = 255
            else:
                output[i][j] = image[i][j]
    return output

def gasuss_noise(image, mean = 0, var = 0.001):
    '''
        添加高斯噪声
        mean :均值
```

```
        var :方差
        '''
        image = np.array(image / 255, dtype = float)
        noise = np.random.normal(mean, var ** 0.5, image.shape)
        out = image + noise
        if out.min() < 0:
            low_clip = - 1.
        else:
            low_clip = 0.
        out = np.clip(out, low_clip, 1.0)
        out = np.uint8(out * 255)
        # cv.imshow("gasuss", out)
        return out


def move_pic(image, distance):
        # 平移
        # distance: 距离(像素)
        imgInfo = image.shape
        height = imgInfo[0]
        width = imgInfo[1]
        mode = imgInfo[2]
        dst = np.zeros([height, width, mode], np.uint8)
        for i in range( height ):
            for j in range( width - distance):
                dst[i,j + distance] = img[i,j]
        return dst


def rotation_pic(image, angle, scale):
        # 旋转
        # angle:角度
        # scale: 尺度
        imgInfo = image.shape
        height = imgInfo[0]
        width = imgInfo[1]
        mode = imgInfo[2]
        dst = np.zeros([height, width, mode], np.uint8)
        matRotate = cv2.getRotationMatrix2D((height * 0.5, width * 0.5), angle, scale)
        # 调用 cv 旋转方法
        dst = cv2.warpAffine(img, matRotate, (height, width))
        return dst


def mirror_pic(image):
        # 镜像
        imgInfo = image.shape
        height = imgInfo[0]
        width = imgInfo[1]
        mode = imgInfo[2]
        dst = np.zeros([height, width, mode], np.uint8)
        for i in range( height ):
            for j in range( width):
                dst[height - i - 1,j] = img[i,j]
        return dst


# 读取图片
img = cv2.imread('./chest_xray/test/NORMAL/IM - 0001 - 0001.jpeg')
plt.imshow(sp_noise(img,0.2))              # 调用预处理函数
plt.show()
```

```
# cv2.imwrite()写入图片
```

9.2.6　神经网络模型训练代码

```
import tensorflow as tf
from tensorflow.keras.preprocessing.image import ImageDataGenerator
from tensorflow.keras.optimizers import RMSprop
# 对读入的图片进行预处理
train_datagen = ImageDataGenerator(
    rescale = 1./255,
    rotation_range = 20,
    width_shift_range = 0.1,
    height_shift_range = 0.1,
    shear_range = 0.1,
    zoom_range = 0.1,
    horizontal_flip = True
                                       )
# 读取训练集图片
train_generator = train_datagen.flow_from_directory(
    './chest_xray/train',
    target_size = (120,120),
    batch_size = 20,
    color_mode = 'grayscale',
    class_mode = 'binary',
    shuffle = True
                                          )
validation_datagen = ImageDataGenerator(rescale = 1./255)
# 读取测试集图片
validation_generator = validation_datagen.flow_from_directory(
    './chest_xray/test',
    target_size = (120,120),
    batch_size = 20,
    color_mode = 'grayscale',
    class_mode = 'binary',
    shuffle = True

                                   )
# 搭建模型
model = tf.keras.models.Sequential([
    # tf.keras.layers.BatchNormalization(),
    tf.keras.layers.Conv2D(32, (3, 3), activation = 'relu', input_shape = (120, 120, 1),
padding = 'same'),
    # tf.keras.layers.Conv2D(32, (3,3), activation = 'relu', padding = 'same'),
    tf.keras.layers.BatchNormalization(),
    tf.keras.layers.MaxPooling2D(2, 2),
    tf.keras.layers.Conv2D(64, (3, 3), activation = 'relu', padding = 'same'),
    tf.keras.layers.BatchNormalization(),
    # tf.keras.layers.DropOut(0.2),                  # 此处和BN替换实验
    tf.keras.layers.MaxPooling2D(2, 2),
    tf.keras.layers.Conv2D(64, (3, 3), activation = 'relu', padding = 'same'),
    # tf.keras.layers.BatchNormalization(),
    # tf.keras.layers.Conv2D(64, (3,3),activation = 'relu'),
    tf.keras.layers.BatchNormalization(),
    tf.keras.layers.MaxPooling2D(2, 2),
    # tf.keras.layers.Conv2D(512, (3,3), activation = 'relu', padding = 'same'),
```

```python
    # tf.keras.layers.BatchNormalization(),
    # tf.keras.layers.Conv2D(512, (3,3), activation = 'relu', padding = 'same'),
    # tf.keras.layers.BatchNormalization(),
    # tf.keras.layers.Conv2D(512, (3,3), activation = 'relu', padding = 'same'),
    # tf.keras.layers.MaxPooling2D(2,2),
    tf.keras.layers.Flatten(),
    tf.keras.layers.Dense(512, activation = 'relu'),
    tf.keras.layers.BatchNormalization(),
    # tf.keras.layers.Dropout(0.2),
    # tf.keras.layers.Dense(512, activation = 'relu'),
    # tf.keras.layers.Dropout(0.5),
    tf.keras.layers.Dense(1, activation = 'sigmoid')
                ])
# 建立模型
model.compile(loss = 'mse',
                optimizer = RMSprop(lr = 0.001),
                metrics = ['acc'])
# 打印模型结构
model.summary()
# 训练模型
history = model.fit_generator(
    train_generator,
    steps_per_epoch = 100, # 100
    epochs = 500,
    validation_data = validation_generator,
    validation_steps = 50, # 50
    verbose = 2,
# callbacks = [callbacks]
                                )
import numpy as np
from Matplotlib import pyplot as plt
font = {"family":"Microsoft Yahei", "weight":'bold'}
plt.rc('font', ** font)
# accuracy
acc = history.history['acc']
val_acc = history.history['val_acc']
# loss
loss = history.history['loss']
val_loss = history.history['val_loss']
epoches = range(len(acc))
plt.figure(figsize = (5,3),dpi = 100)
plt.plot(epoches,acc,label = 'AlexNet',color = 'black')
plt.grid(0.2)
# plt.plot(epoches, val_acc, label = 'val_acc')
plt.legend()
plt.ylabel("准确率")
plt.xlabel("迭代步数")
plt.show()
plt.figure(figsize = (5,3),dpi = 100)
plt.plot(epoches,loss,label = 'AlexNet',color = 'black')
plt.grid(0.2)
# plt.plot(epoches,val_loss,label = 'val_loss')
plt.legend()
plt.ylabel("损失值")
plt.xlabel("迭代步数")
plt.show()
```

```python
np.savetxt("module_1_loss",loss)
np.savetxt("module_1_acc",acc)
from tensorflow.keras.preprocessing.image import load_img
from tensorflow.keras.preprocessing.image import img_to_array
import numpy as np
import os
os.chdir('D:/PycharmProjects/tf2_example/chest_xray/val/NORMAL')  #路径
print("以下是正常图像的预测结果: ")
time = 0
t = 0
for i in os.listdir():
    try:
        img = load_img(i, target_size = (120, 120),
                        color_mode = 'grayscale'
                        )
    except:pass
    x = img_to_array(img)
    x = np.expand_dims(x, axis = 0)
    images = np.vstack([x])
    classes = model.predict(images, batch_size = 1)
#   print(classes[0])
    if classes[0] == 1:
        t += 1
    time += 1
print("共有",time,'个样本','准确率为:',1 - t/time)
os.chdir('D:/PycharmProjects/tf2_example/chest_xray/val/PNEUMONIA')
print("以下是不正常图像的预测结果: ")
#  time = 0
for i in os.listdir():
    try:
        img = load_img(i, target_size = (120, 120),
                    color_mode = 'grayscale'
                    )
    except:
        continue
    x = img_to_array(img)
    x = np.expand_dims(x, axis = 0)
    images = np.vstack([x])
    classes = model.predict(images, batch_size = 1)
#   print(classes[0])
    if classes[0] == 0:
        t += 1
    time += 1
print("共有",time,'个样本','准确率为: ',1 - t/time)
os.chdir('D:/PycharmProjects/tf2_example')
```

　　说明：虽然本书中并没有讲解神经网络工作原理，但在5.5节介绍了神经网络在图像分割中的应用，本案例的初衷是让学习者体会图像预处理的重要性，同时了解OpenCV预处理图像与神经网络分析图像的结合应用。

参 考 文 献

[1] 赵璐.Python 语言程序设计教程[M].上海:上海交通大学出版社,2019.

[2] 强彦,郭志强.Python 基础案例教程[M].西安:西安电子科技大学出版社,2019.

[3] 张铮,倪红霞,苑春苗.精通 Matlab 数字图像处理与识别[M].北京:人民邮电出版社,2013.

[4] 张兆臣,李强,张春玲.医学数字图像处理及应用[M].北京:清华大学出版社,2017.

[5] 宋欢欢,李雷.基于模糊熵的自适应多阈值图像分割方法[J].计算机技术与发展,2014,24(12):32-36.

[6] 罗湘.基于神经网络的图像分割方法综述[J].计算机产品与流通,2019(09):161.

[7] 罗青青.基于图论的图像分割技术研究[D].南京:南京邮电大学,2014.

[8] 侯叶.基于图论的图像分割技术研究[D].西安:西安电子科技大学,2011.

[9] 黄菲.基于遗传算法的图像分割[D].武汉:武汉科技大学,2008.

[10] 基于小波变换的图像分割方法研究[C].//中国兵工学会第十四届测试技术年会暨中国高等教育学会第二届仪器科学及测控技术年会论文集.2008:1-4.

[11] 罗述谦,周果宏.医学图像处理与分析[M].北京:科学出版社,2003.

[12] 聂生东,邱建峰,郑建立.医学图像处理[M].上海:复旦大学出版社,2010.

[13] 陈显毅.图像配准技术及其 MATLAB 编程实现[M].北京:电子工业出版社,2009.

[14] 吕晓琪,张宝华,杨立东,等.医学图像配准技术与应用[M].北京:科学出版社,2015.

[15] 章新友.医学图形图像处理[M].北京:中国中医药出版社,2018

[16] 刘惠,郭冬梅,邱天爽.医学影像和医学图像处理[M].北京:电子工业出版社,2013.

[17] 杨帆.数字图像处理与分析[M].3 版.北京:北京航空航天大学出版社,2015.

[18] GONZALEZ R C,WOODS R E.数字图像处理[M].3 版.阮秋琦,译.北京:电子工业出版社,2017.

[19] 王凯华,李晓辉,周明珠,等.一种基于特征点的卷烟商标纸配准方法[J].数据与计算发展前沿,2020,2(04):132-141.

[20] 李玮琳.基于改进 ORB 算法的图像配准方法研究[J].信息通信,2020(06):50-51.

[21] 黄海波.图像配准中的特征提取与特征匹配算法研究[D].重庆:重庆三峡学院,2020.

[22] 赵夫群,李艳华.基于纹理特征的层次化图像配准方法[J].计算机与数字工程,2020,48(04):935-939.

[23] 张利,米立功.相位相关方法及其在图像配准中的应用[J].黔南民族师范学院学报,2018,38(04):11-15.

[24] 杨程,徐晓刚,王建国.图像配准技术研究[J].计算机科学,2016,43(S2):133-135.

[25] 白宇.基于轮廓特征的图像配准方法研究[D].武汉:华中科技大学,2016.

[26] 靳峰.基于特征的图像配准关键技术研究[D].西安:西安电子科技大学,2015.

[27] 邢正伟.基于归一化互信息的医学图像配准研究[D].昆明:昆明理工大学,2014.

[28] 孟庆霞.基于图分割的 SAR 图像配准方法的研究[D].天津:天津理工大学,2013.

[29] 赵启.图像匹配算法研究[D].西安:西安电子科技大学,2013.

[30] 曹晓燕.基于区域特征的图像拼接技术研究[D].长春:长春理工大学,2012.

[31] 刘秀朋.轮廓曲线的形状描述与匹配算法研究[D].南昌:南昌航空大学,2012.

[32] 舒小华,沈振康.基于特征区域的图像自动配准[J].计算机应用,2012,32(03):759-761.

[33] 郝万里.基于边缘特征的图像配准算法研究[D].沈阳:沈阳理工大学,2012.

[34] 宋智礼.图像配准技术及其应用的研究[D].上海:复旦大学,2010.

[35] 杨立娜.基于相位相关理论的最大互信息图像配准[D].西安:西安电子科技大学,2010.

[36] 陈洁,付冬梅,刘燕.基于轮廓特征的红外与可见光图像配准方法研究[J].红外,2009,30(12):1-5.

［37］黄勇杰,王树国,张生.基于区域特征的图像自动配准方法［J］.计算机工程与设计,2009,30(16)：3850-3852＋3855.

［38］陈显毅,周开利.医学图像配准常用方法与分类［J］.信息技术,2008(07)：17-19＋24.

［39］彭文.基于特征的医学图像配准中若干关键技术的研究［D］.杭州：浙江大学,2007.

［40］陈北京.医学图像增强和配准相似性测度的若干研究［D］.杭州：浙江大学,2006.

［41］葛永新.基于特征的图像配准算法研究［D］.重庆：重庆大学,2006.

［42］火元莲,齐永锋,宋海声.基于轮廓特征点最大互信息的多模态医学图像配准［J］.激光与红外,2008,31(1).

［43］黄勇,王建国,黄顺吉.一种 SAR 图像的自动匹配算法及实现［J］.电子与信息学报,2005(1)：6-9.

［44］叶耘恺.基于边缘特征的图像配准方法研究［D］.重庆：重庆大学,2004.

［45］李智,张雅声.基于轮廓特征的图象配准研究［J］.指挥技术学院学报,1998(3)：101-106.

［46］尹哲.医学图像三维重建系统的设计与实践［D］.成都：电子科技大学.2018.

［47］贺楠楠.医学图像三维重建算法研究［D］.南京：信息科学与工程学院.2018.

［48］金钊.基于 VTK 的医学图像三维重建关键技术及交互的研究［D］.济南：山东大学,2018.

［49］洪歧,张树生,王静,等.体绘制技术［J］.计算机应用研究,2004(10)：16-18＋38.

［50］尹学松,张谦,吴国华,等.四种体绘制算法的分析与评价［J］.计算机工程与应用,2004(16)：97-100.